国家出版基金资助项目

现代数学中的著名定理纵横谈丛书

丛书主编　王梓坤

APPROXIMATION PROBLEMS IN HILBERT SPACE

Hilbert空间的逼近问题

刘培杰数学工作室　编

内 容 简 介

本书从一道浙江省高考试题谈起，介绍了希尔伯特空间的逼近问题及其相关理论，全书共7章，主要介绍了距离空间、希尔伯特其人、希尔伯特空间、算子理论、希尔伯特空间的各种逼近问题等.

本书可供从事这一数学分支相关学科的数学工作者、大学生以及数学爱好者参考阅读.

图书在版编目(CIP)数据

Hilbert 空间的逼近问题/刘培杰数学工作室编. —哈尔滨：哈尔滨工业大学出版社，2024.3

(现代数学中的著名定理纵横谈丛书)

ISBN 978－7－5767－0102－9

Ⅰ.①H…　Ⅱ.①刘…　Ⅲ.①希尔伯特空间　Ⅳ.①O177.1

中国版本图书馆 CIP 数据核字(2022)第 109871 号

HILBERT KONGJIAN DE BIJIN WENTI

策划编辑　刘培杰　张永芹
责任编辑　刘立娟
封面设计　孙茵艾
出版发行　哈尔滨工业大学出版社
社　　址　哈尔滨市南岗区复华四道街 10 号　邮编 150006
传　　真　0451－86414749
网　　址　http://hitpress.hit.edu.cn
印　　刷　辽宁新华印务有限公司
开　　本　787 mm×960 mm　1/16　印张 19.75　字数 213 千字
版　　次　2024 年 3 月第 1 版　2024 年 3 月第 1 次印刷
书　　号　ISBN 978－7－5767－0102－9
定　　价　198.00 元

⊙代序

读书的乐趣

你最喜爱什么——书籍.

你经常去哪里——书店.

你最大的乐趣是什么——读书.

这是友人提出的问题和我的回答.真的,我这一辈子算是和书籍,特别是好书结下了不解之缘.有人说,读书要费那么大的劲,又发不了财,读它做什么?我却至今不悔,不仅不悔,反而情趣越来越浓.想当年,我也曾爱打球,也曾爱下棋,对操琴也有兴趣,还登台伴奏过.但后来却都一一断交,“终身不复鼓琴”.那原因便是怕花费时间,玩物丧志,误了我的大事——求学.这当然过激了一些.剩下来唯有读书一事,自幼至今,无日少废,谓之书痴也可,谓之书橱也可,管它呢,人各有志,不可相强.我的一生大志,便是教书,而当教师,不多读书是不行的.

读好书是一种乐趣,一种情操;一种向全世界古往今来的伟人和名人求教的方法，一种和他们展开讨论的方式；一封出席各种活动、体验各种生活、结识各种人物的邀请信；一张迈进科学宫殿和未知世界的入场券；一股改造自己、丰富自己的强大力量．书籍是全人类有史以来共同创造的财富，是永不枯竭的智慧的源泉．失意时读书，可以使人重整旗鼓；得意时读书，可以使人头脑清醒；疑难时读书，可以得到解答或启示；年轻人读书，可明奋进之道；年老人读书，能知健神之理．浩浩乎！洋洋乎！如临大海，或波涛汹涌，或清风微拂，取之不尽，用之不竭．吾于读书，无疑义矣，三日不读，则头脑麻木，心摇摇无主．

潜能需要激发

我和书籍结缘，开始于一次非常偶然的机会．大概是八九岁吧，家里穷得揭不开锅，我每天从早到晚都要去田园里帮工．一天，偶然从旧木柜阴湿的角落里，找到一本蜡光纸的小书，自然很破了．屋内光线暗淡，又是黄昏时分，只好拿到大门外去看．封面已经脱落，扉页上写的是《薛仁贵征东》．管它呢，且往下看．第一回的标题已忘记，只是那首开卷诗不知为什么至今仍记忆犹新：

日出遥遥一点红，飘飘四海影无踪．

三岁孩童千两价，保主跨海去征东．

第一句指山东，二、三两句分别点出薛仁贵（雪、人贵）．那时识字很少，半看半猜，居然引起了我极大的兴趣，同时也教我认识了许多生字．这是我有生以来独立看的第一本书．尝到甜头以后，我便千方百计去找书，向小朋友借，到亲友家找，居然断断续续看了《薛丁山征西》《彭公案》《二度梅》等，樊梨花便成了我心中的女英雄.我真入迷了.从此,放牛也罢,车水也罢,我总要带一本书,还练出了边走田间小路边读书的本领,读得津津有味,不知人间别有他事.

当我们安静下来回想往事时,往往会发现一些偶然的小事却影响了自己的一生.如果不是找到那本《薛仁贵征东》,我的好学心也许激发不起来.我这一生,也许会走另一条路.人的潜能,好比一座汽油库,星星之火,可以使它雷声隆隆、光照天地;但若少了这粒火星,它便会成为一潭死水,永归沉寂.

抄,总抄得起

好不容易上了中学,做完功课还有点时间,便常光顾图书馆.好书借了实在舍不得还,但买不到也买不起,便下决心动手抄书.抄,总抄得起.我抄过林语堂写的《高级英文法》,抄过英文的《英文典大全》,还抄过《孙子兵法》,这本书实在爱得狠了,竟一口气抄了两份.人们虽知抄书之苦,未知抄书之益,抄完毫末俱见,一览无余,胜读十遍.

始于精于一,返于精于博

关于康有为的教学法,他的弟子梁启超说:“康先生之教,专标专精、涉猎二条,无专精则不能成,无涉猎则不能通也.”可见康有为强烈要求学生把专精和广博(即“涉猎”)相结合.

在先后次序上,我认为要从精于一开始.首先应集中精力学好专业,并在专业的科研中做出成绩,然后逐步扩大领域,力求多方面的精.年轻时,我曾精读杜布(J. L. Doob)的《随机过程论》,哈尔莫斯(P. R. Halmos)的《测度论》等世界数学名著,使我终身受益.简言之,即“始于精于一,返于精于博”.正如中国革命一样,必须先有一块根据地,站稳后再开创几块,最后连成一片.

丰富我文采,澡雪我精神

辛苦了一周,人相当疲劳了,每到星期六,我便到旧书店走走,这已成为生活中的一部分,多年如此.一次,偶然看到一套《纲鉴易知录》,编者之一便是选编《古文观止》的吴楚材.这部书提纲挈领地讲中国历史,上自盘古氏,直到明末,记事简明,文字古雅,又富于故事性,便把这部书从头到尾读了一遍.从此启发了我读史书的兴趣.

我爱读中国的古典小说,例如《三国演义》和《东周列国志》.我常对人说,这两部书简直是世界上政治阴谋诡计大全.即以近年来极时髦的人质问题(伊朗人质、劫机人质等),这些书中早就有了,秦始皇的父亲便是受害者,堪称"人质之父".

《庄子》超尘绝俗,不屑于名利.其中"秋水""解牛"诸篇,诚绝唱也.《论语》束身严谨,勇于面世,"己所不欲,勿施于人",有长者之风.司马迁的《报任少卿书》,读之我心两伤,既伤少卿,又伤司马;我不知道少卿是否收到这封信,希望有人做点研究.我也爱读鲁迅的杂文,果戈理、梅里美的小说.我非常敬重文天祥、秋瑾的人品,常记他们的诗句:"人生自古谁无死,留取丹心照汗青""休言女子非英物,夜夜龙泉壁上鸣".唐诗、宋词、《西厢记》《牡丹亭》,丰富我文采,澡雪我精神,其中精粹,实是人间神品.

读了邓拓的《燕山夜话》,既叹服其广博,也使我动了写《科学发现纵横谈》的心.不料这本小册子竟给我招来了上千封鼓励信.以后人们便写出了许许多多的"纵横谈".

从学生时代起,我就喜读方法论方面的论著.我想,做什么事情都要讲究方法,追求效率、效果和效益,方法好能事半而功倍.我很留心一些著名科学家、文学家写的心得体会和经验.我曾惊讶为什么巴尔扎克在51年短短的一生中能写出上百本书,并从他的传记中去寻找答案.文史哲和科学的海洋无边无际,先哲们的明智之光沐浴着人们的心灵,我衷心感谢他们的恩惠.

读书的另一面

以上我谈了读书的好处,现在要回过头来说说事情的另一面.

读书要选择.世上有各种各样的书:有的不值一看,有的只值看20分钟,有的可看5年,有的可保存一辈子,有的将永远不朽.即使是不朽的超级名著,由于我们的精力与时间有限,也必须加以选择.决不要看坏书,对一般书,要学会速读.

读书要多思考.应该想想,作者说得对吗?完全吗?适合今天的情况吗?从书本中迅速获得效果的好办法是有的放矢地读书,带着问题去读,或偏重某一方面去读.这时我们的思维处于主动寻找的地位,就像猎人追找猎物一样主动,很快就能找到答案,或者发现书中的问题.

有的书浏览即止,有的要读出声来,有的要心头记住,有的要笔头记录.对重要的专业书或名著,要勤做笔记,"不动笔墨不读书".动脑加动手,手脑并用,既可加深理解,又可避忘备查,特别是自己的灵感,更要及时抓住.清代章学诚在《文史通义》中说:"札记之功必不可少,如不札记,则无穷妙绪如雨珠落大海矣."

许多大事业、大作品，都是长期积累和短期突击相结合的产物. 涓涓不息，将成江河；无此涓涓，何来江河？

爱好读书是许多伟人的共同特性，不仅学者专家如此，一些大政治家、大军事家也如此. 曹操、康熙、拿破仑、毛泽东都是手不释卷，嗜书如命的人. 他们的巨大成就与毕生刻苦自学密切相关.

王梓坤

目录

引　言

第1章

§1　一道试题的两种解法

经典的试题经得起时间的洗礼，多年以后总会反复出现，只不过将某个量重新包装，旧曲换新词，十年后再出新题.如 2005 年高考浙江卷中向量恒成立问题，通过将 $\boldsymbol{e}$ 换成二元线性运算 $x\boldsymbol{e}_1+y\boldsymbol{e}_2$，并考查空间向量基本定理，就包装成了 2015 年高考浙江卷中向量恒成立试题，这当然同样可用通性解法(代数法或几何法)来解决，只不过是将原来考查平面上的点线距升级成考查空间中的点面距(即点到平面的距离)问题.

问题 1　已知 $\boldsymbol{e}_1,\boldsymbol{e}_2$ 是空间单位向量，$\boldsymbol{e}_1\cdot\boldsymbol{e}_2=\frac{1}{2}$，若空间向量 $\boldsymbol{b}$ 满足 $\boldsymbol{b}\cdot\boldsymbol{e}_1=2$，$\boldsymbol{b}\cdot\boldsymbol{e}_2=\frac{5}{2}$，且对于任意 $x,y\in\mathbf{R}$，$|\boldsymbol{b}-(x\boldsymbol{e}_1+y\boldsymbol{e}_2)|\geqslant|\boldsymbol{b}-(x_0\boldsymbol{e}_1+$

$y_0\boldsymbol{e}_2)|=1(x_0,y_0\in\mathbf{R})$，则 $x_0=$ ________，$y_0=$ ________，$|\boldsymbol{b}|=$ ________.

（2015 年浙江省高考数学理科试题第 15 题）

解法 1 （几何角度）如图 1，设 $\overrightarrow{OC}=\boldsymbol{b}$，$\overrightarrow{OD}=x\boldsymbol{e}_1+y\boldsymbol{e}_2$，作 $CB\perp\boldsymbol{e}_2$ 于点 B，$CA\perp\boldsymbol{e}_1$ 于点 A. 由 $\boldsymbol{b}\cdot\boldsymbol{e}_1=2$，$\boldsymbol{b}\cdot\boldsymbol{e}_2=\frac{5}{2}$，得

$$OA=2,OB=\frac{5}{2}$$

由空间向量基本定理知，$\overrightarrow{OD}$ 为以 $\boldsymbol{e}_1$，$\boldsymbol{e}_2$ 为基底的平面内任意的一个向量，从而 $\overrightarrow{OD}$ 与 $\boldsymbol{e}_1$，$\boldsymbol{e}_2$ 共面. 在空间中，$|\boldsymbol{b}-(x\boldsymbol{e}_1+y\boldsymbol{e}_2)|$ 表示向量 $\boldsymbol{b}$ 的终点到 $\boldsymbol{e}_1$，$\boldsymbol{e}_2$ 所确定的平面上的点的距离. 对于任意 $x,y\in\mathbf{R}$，有

$$|\boldsymbol{b}-(x\boldsymbol{e}_1+y\boldsymbol{e}_2)|\geqslant|\boldsymbol{b}-(x_0\boldsymbol{e}_1+y_0\boldsymbol{e}_2)|=1$$

即点 C 到平面 AOB 的最短距离为 1，亦即 $|\overrightarrow{CD}|_{\min}=1$（其中点 D 为点 C 在平面 AOB 上的射影）.

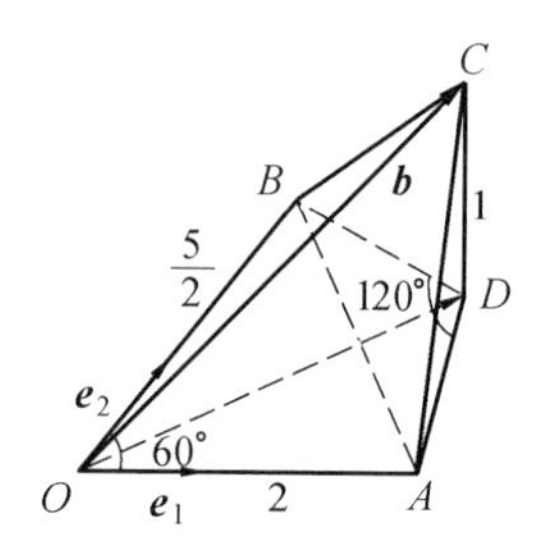

图 1

如图 2，因为 $\angle OBD=\angle OAD=90°$，所以点 O，A，D，B 共圆，OD 为圆的直径，从而

$$|AB|=|OD|\cdot\sin 60°$$

由余弦定理得

$$|AB|=\frac{\sqrt{21}}{2}$$

从而

$$|OD|=\sqrt{7}$$

于是

$$|\boldsymbol{b}|=\sqrt{7+1}=2\sqrt{2}$$

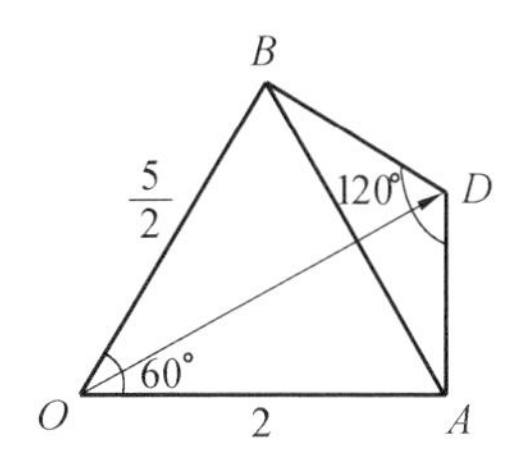

图 2

由图1及题意得$\overrightarrow{OD}=x_0\boldsymbol{e}_1+y_0\boldsymbol{e}_2$,两边平方得

$$x_0^2+y_0^2+x_0y_0=7 \tag{1.1}$$

设$\overrightarrow{OM}=x_0\boldsymbol{e}_1$,$\overrightarrow{ON}=y_0\boldsymbol{e}_2$,则四边形$OMDN$为平行四边形(图3). 在Rt△$OAD$中,由$|OD|=\sqrt{7}$,$|OA|=2$,知$|AD|=\sqrt{3}$;同理,在Rt△$OBD$中,$|BD|=\frac{\sqrt{3}}{2}$,从而

$$x_0\times\sqrt{3}=y_0\times\frac{\sqrt{3}}{2}$$

于是

$$y_0=2x_0 \tag{1.2}$$

由(1.1)和(1.2),得$x_0=1$,$y_0=2$.

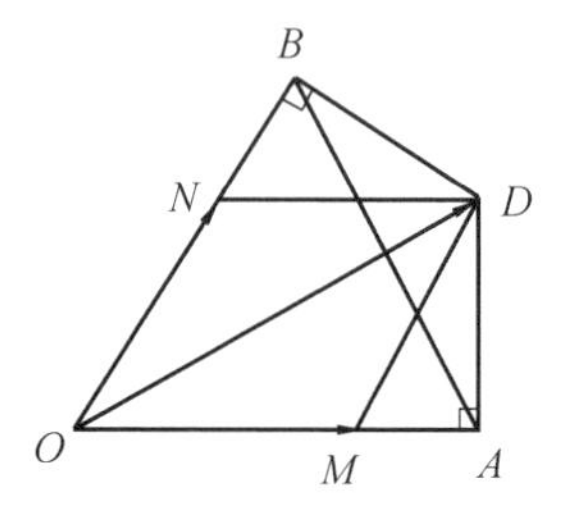

图 3

解法 2 （代数角度）设$\overrightarrow{OM}=\boldsymbol{e}_1$，$\overrightarrow{ON}=\boldsymbol{e}_2$，$\overrightarrow{OB}=\boldsymbol{b}$，$\overrightarrow{OP}=x\boldsymbol{e}_1+y\boldsymbol{e}_2$，$\overrightarrow{OH}=x_0\boldsymbol{e}_1+y_0\boldsymbol{e}_2$，则点 P，H 在平面 OMN 上.对于任意 $x,y\in\mathbf{R}$，有

$$|\overrightarrow{OB}-\overrightarrow{OP}|\geqslant|\overrightarrow{OB}-\overrightarrow{OH}|$$

即

$$|BP|\geqslant|BH|=1$$

从而 BH 的长就是点 B 到平面 OMN 的距离.

令$\overrightarrow{HB}=\boldsymbol{e}_3$，则

$$|\boldsymbol{e}_3|=1$$

$$\boldsymbol{e}_3\cdot\boldsymbol{e}_1=\boldsymbol{e}_3\cdot\boldsymbol{e}_2=0$$

$$\boldsymbol{b}=x_0\boldsymbol{e}_1+y_0\boldsymbol{e}_2+\boldsymbol{e}_3$$

因为

$$2=\boldsymbol{b}\cdot\boldsymbol{e}_1=x_0\boldsymbol{e}_1\cdot\boldsymbol{e}_1+y_0\boldsymbol{e}_2\cdot\boldsymbol{e}_1+\boldsymbol{e}_3\cdot\boldsymbol{e}_1=x_0+\frac{1}{2}y_0$$

$$\frac{5}{2}=\boldsymbol{b}\cdot\boldsymbol{e}_2=\frac{1}{2}x_0+y_0$$

解得

$$\begin{cases}x_0=1\\y_0=2\end{cases}$$

所以

$$b = e_1 + 2e_2 + e_3$$

故

$$\begin{aligned} |b| &= \sqrt{(e_1 + 2e_2 + e_3)^2} = \\ &\sqrt{e_1^2 + 4e_2^2 + e_3^2 + 4e_1 \cdot e_2} = \\ &2\sqrt{2} \end{aligned}$$

§2　多种解法及其背景研究[①]

浙江省绍兴市鉴湖中学的董泉发老师2016年对§1中问题1的解题方法及高等数学背景做了初步的研究.

这是一道向量与代数的综合题,作为填空题的压轴题,有一定的难度,解题关键是要看懂题目的意思,去除向量的外壳,深入到题目的核心处,采取各个击破的战术,进而给出解决问题的8种解法.

此题初看上去让人眼花缭乱,但仔细看就会发现题目的意思:向量 $b-(xe_1+ye_2)$ 的模有最小值1,求 $|b-(xe_1+ye_2)|$ 取到最小值1时,相应的系数 x,y 及 $|b|$ 的值.所以我们可以先撇开 x_0,y_0 不管,专注于向量 $b-(xe_1+ye_2)$ 的模.

思路　令 $z=|b-(xe_1+ye_2)|$,两边平方得

$$z^2 = x^2 + y^2 + xy - 4x - 5y + |b|^2$$

根据题意,x,y 是变量,而 $|b|$ 是参数,于是我们令 $f=x^2+y^2+xy-4x-5y$,其中 $x,y\in\mathbf{R}$,只要求出 f 的最小值即可.因此,求这个代数式的最小值才是此题的核心.

① 本节摘编自《数学教学》,2016(6):36-38.

基于该思路，我们求代数式 $f=x^2+y^2+xy-4x-5y$ 的最小值有以下方法.

解法 1

$$f=x^2+y^2+xy-4x-5y=$$
$$\left(x+\frac{y-4}{2}\right)^2+\frac{3}{4}(y-2)^2-7$$

当且仅当

$$\begin{cases}x+\dfrac{y-4}{2}=0\\ y-2=0\end{cases}$$

即 $x=1, y=2$ 时，$f_{\min}=-7$，此时 $|\boldsymbol{b}|^2-7=1$，故 $|\boldsymbol{b}|=2\sqrt{2}$.

点评 解法 1 实际上利用的是配方法.配方法是求最值的常见方法，我们非常熟悉的是用配方法求一元二次函数(代数式)的最值.事实上，对于某些二元二次代数式(高等数学里的二元二次函数)，也可用配方法求其最值(如果它有最值的话).

解法 2 令 $x=u+v, y=u-v$，则

$$f=x^2+y^2+xy-4x-5y=$$
$$3u^2+v^2-9u+v=$$
$$3\left(u-\frac{3}{2}\right)^2+\left(v+\frac{1}{2}\right)^2-7$$

当且仅当 $u=\dfrac{3}{2}, v=-\dfrac{1}{2}$，即 $x=1, y=2$ 时，$f_{\min}=-7$.

点评 解法 2 本质上是通过坐标旋转变换后再使用配方法，用代数变换消去了原来二元二次代数式中的二次交叉项，对于缺少二次交叉项的二元二次代数式来讲，配方更容易.

解法3　由 $f=x^2+y^2+xy-4x-5y$，移项并按 y 的降幂排列，得

$$y^2+(x-5)y+x^2-4x-f=0$$

把 x 看成参数，于是这个方程就是关于 y 的一元二次方程了，该方程有实数解的充要条件是其判别式

$$\Delta=(x-5)^2-4(x^2-4x-f)\geqslant 0$$

即

$$3x^2-6x-(4f+25)\leqslant 0$$

而该不等式有实数解的充要条件是其相应的一元二次方程的判别式

$$\Delta=36+12(4f+25)\geqslant 0$$

即

$$f\geqslant -7$$

当且仅当 $x=1$，$y=2$ 时，$f_{\min}=-7$.

点评　解法3利用的是典型的判别式法.判别式法也是求某些代数式最值的常用方法，但是，如果题目对代数式中的变量另外有范围约束，那么判别式法有时就不奏效了，此时用判别式法多数情况下只能得到题目的必要条件.

解法4　令 $y=tx$，将它代入

$$f=x^2+y^2+xy-4x-5y$$

得

$$f=(t^2+t+1)x^2-(4+5t)x$$

先把 t 当成参数，此时 f 是关于 x 的一元二次函数，记该函数的最小值为 $f(t)$，则当 $x=\dfrac{5t+4}{2(t^2+t+1)}$ 时

$$f(t)=-\frac{1}{4}\cdot\frac{(5t+4)^2}{t^2+t+1}\quad(t\in\mathbf{R})$$

令

$$k=\frac{(5t+4)^2}{t^2+t+1}$$

变形得

$$(25-k)t^2+(40-k)t+16-k=0$$

当 $k=25$ 时

$$t=\frac{3}{5}$$

即当 $t=\frac{3}{5}$ 时

$$k=25$$

当 $k\neq 25$ 时,方程要有实数解,于是有

$$(40-k)^2-4(16-k)(25-k)\geqslant 0$$

解得

$$k\leqslant 28$$

当 $t=2$ 时

$$k_{\max}=28$$

因此

$$f_{\min}=f(2)=-7$$

当且仅当 $x=1,y=2$.

点评　解法 4 本质上利用的也是配方法,与解法 1 类似,只是作了一下变量代换而已.

解法 5　令 $y=tx$,将它代入 $f=x^2+y^2+xy-4x-5y$,得

$$f=(t^2+t+1)x^2-(4+5t)x=$$

$$(t^2+t+1)\cdot\left(x-\frac{5t+4}{2(t^2+t+1)}\right)^2-$$

$$\frac{1}{4}\cdot\frac{(5t+4)^2}{t^2+t+1}$$

先把 t 当成参数，此时 f 是关于 x 的一元二次函数，记该函数的最小值为 $f(t)$，则当 $x=\dfrac{5t+4}{2(t^2+t+1)}$ 时

$$f(t)=-\frac{1}{4}\cdot\frac{(5t+4)^2}{t^2+t+1}\quad(t\in\mathbf{R})$$

令

$$k=\frac{(5t+4)^2}{t^2+t+1}$$

则

$$k=15\cdot\frac{t-\frac{3}{5}}{t^2+t+1}+25$$

令

$$u=\frac{t-\frac{3}{5}}{t^2+t+1}$$

则

$$u=\frac{t-\frac{3}{5}}{t^2+t+1}=\frac{t-\frac{3}{5}}{\left(t-\frac{3}{5}\right)^2+\frac{11}{5}\left(t-\frac{3}{5}\right)+\frac{49}{25}}$$

当 $t=\dfrac{3}{5}$ 时，$u=0,k=25$；当 $t\neq\dfrac{3}{5}$ 时

$$u=\frac{1}{\left(t-\frac{3}{5}\right)+\dfrac{\frac{49}{25}}{t-\frac{3}{5}}+\frac{11}{5}}$$

故

$$u\in\left[-\frac{5}{3},0\right)\cup\left(0,\frac{1}{5}\right]$$

综上可知

$$u \in \left[-\frac{5}{3}, \frac{1}{5}\right]$$

从而

$$k \in [0, 28]$$

$$f_{\min} = f(2) = -7$$

当且仅当 $t = 2$,即 $x = 1, y = 2$.

解法 6 设 $x^2 + y^2 + xy - 4x - 5y$ 的最小值为 λ,则 $x^2 + y^2 + xy - 4x - 5y \geqslant \lambda$ 恒成立且等号能取到.于是

$$x^2 + y^2 + xy - 4x - 5y - \lambda =$$

$$x^2 + (y-4)x + y^2 - 5y - \lambda$$

为完全平方式,其判别式 $\Delta = 0$,即

$$(y-4)^2 - 4(y^2 - 5y - \lambda) = 0$$

可得

$$\lambda = \frac{1}{4} \cdot (3y^2 - 12y - 16)$$

当 $y = 2$ 时,$\lambda = -7$ 最小,以下与解法 1 类似.

解法 7 我们引进第三个空间单位向量 $\boldsymbol{e}_3$,且规定 $\boldsymbol{e}_3 \cdot \boldsymbol{e}_1 = 0, \boldsymbol{e}_3 \cdot \boldsymbol{e}_2 = 0$,则 $\boldsymbol{e}_1, \boldsymbol{e}_2, \boldsymbol{e}_3$ 是空间中的一组基底.现在把向量 $\boldsymbol{b}$ 用 $\boldsymbol{e}_1, \boldsymbol{e}_2, \boldsymbol{e}_3$ 表示,即令 $\boldsymbol{b} = i\boldsymbol{e}_1 + j\boldsymbol{e}_2 + k\boldsymbol{e}_3$,其中 $i, j, k \in \mathbf{R}$,由 $\boldsymbol{b} \cdot \boldsymbol{e}_1 = 2, \boldsymbol{b} \cdot \boldsymbol{e}_2 = \frac{5}{2}$,得

$$i + \frac{j}{2} = 2$$

$$j + \frac{i}{2} = \frac{5}{2}$$

因此,$i = 1, j = 2$.于是

$$\boldsymbol{b} = \boldsymbol{e}_1 + 2\boldsymbol{e}_2 + k\boldsymbol{e}_3$$

则

$$|\boldsymbol{b}-(x\boldsymbol{e}_1+y\boldsymbol{e}_2)^2|=$$
$$|(1-x)\boldsymbol{e}_1+(2-y)\boldsymbol{e}_2+k\boldsymbol{e}_3|^2=$$
$$(1-x)^2+(2-y)^2+(1-x)(2-y)+k^2\geqslant 1$$

这里,k 是参数,x,y 是变量,因此只需求代数式 $(1-x)^2+(2-y)^2+(1-x)(2-y)$ 的最小值即可.显然

$$(1-x)^2+(2-y)^2+(1-x)(2-y)\geqslant$$
$$2|(1-x)(2-y)|+(1-x)(2-y)\geqslant 0$$

当且仅当 $x=1$,$y=2$ 时,等号成立,所以 $(1-x)^2+(2-y)^2+(1-x)(2-y)$ 的最小值为 0,从而 $k=\pm 1$,于是 $|\boldsymbol{b}|=2\sqrt{2}$.

点评 解法 7 最后的落脚点仍然是求一个二元二次代数式的最小值,即需求形如 x^2+y^2+xy 的最小值.表面上看,这比起前面的几种解法并没什么新意,实际不然.代数式 x^2+y^2+xy 比代数式 $x^2+y^2+xy-4x-5y$ 要简单很多,因此代数式 x^2+y^2+xy 的最小值很容易求,并不需要像之前求代数式 $x^2+y^2+xy-4x-5y$ 的最小值那样用到很多的技巧,我们只需要用一下均值不等式即可,即

$$x^2+y^2+xy\geqslant 2|xy|+xy\geqslant 0$$

当且仅当 $x=y=0$ 时,等号成立.

解法 8 可以采用三角代换,即令

$$\begin{cases}x=t\cos\theta\\ y=t\sin\theta\end{cases}$$

可得

$$f=x^2+y^2+xy-4x-5y=$$

$$\left(1+\frac{\sin 2\theta}{2}\right)t^2-(4\cos\theta+5\sin\theta)t$$

当 $t=\dfrac{4\cos\theta+5\sin\theta}{\sin 2\theta+2}$ 时

$$f=-\frac{(4\cos\theta+5\sin\theta)^2}{2(\sin 2\theta+2)}=$$

$$\frac{9}{4}\cdot\frac{1}{\dfrac{\sin 2\theta+2}{\cos 2\theta+\dfrac{39}{9}}}-10$$

令 $u=\dfrac{\sin 2\theta+2}{\cos 2\theta+\dfrac{39}{9}}$，$\dfrac{\sin 2\theta+2}{\cos 2\theta+\dfrac{39}{9}}$ 的几何意义为过单位圆上的点和点 $\left(-\dfrac{39}{9},-2\right)$ 的直线的斜率，利用数形结合可知，$u\in\left[\dfrac{9}{40},\dfrac{3}{4}\right]$.

于是当 $u=\dfrac{3}{4}$ 时，$f_{\min}=-7$.

总评　实际上，在高等数学里，利用多元函数的极值理论求多元多项式函数的最值（极值）应该是通法，否则，在初等数学里我们只有利用各种技巧才能求多元多项式函数（代数式）的最值，当然，并不是所有多元多项式函数都存在最值或极值，这个要到高等数学里面才能讨论.

§3　再谈高等数学背景

正如上节指出，§1中问题1是一道向量和代数的综合题，具有一定的难度.但是我们从题目条件中出现的两个向量差的绝对值 $|\boldsymbol{b}-(x\boldsymbol{e}_1+y\boldsymbol{e}_2)|$ 可以看出：

它表示两个向量(一个是定向量 $\boldsymbol{b}$,另一个是动向量 $x\boldsymbol{e}_1+y\boldsymbol{e}_2$)的"距离",而题目中的"1"表示它们的距离为1.利用高等数学的知识,从已知条件联想到这个问题的本质就是希尔伯特(Hilbert)空间的逼近定理.事实上,利用这个逼近定理求解此题,显得异常简单.为此,先回忆一下希尔伯特空间的逼近定理.

定理1　设 X 为希尔伯特空间,且 M 为 X 的闭线性子空间,则任给 $x_0\in X$,存在唯一的 $y_0\in M$,使得

$$\rho(x_0,M)=|x_0-y_0|$$

且

$$(x_0-y_0)\perp M$$

其中,$\rho(x_0,M)$ 表示点 x_0 到 M 的距离,$|x_0-y_0|$ 表示 x_0 和 y_0 的距离.

注意到 $\mathbf{R}^3$ 是一个特殊的希尔伯特空间,而 xOy 平面是 $\mathbf{R}^3$ 的一个闭线性子空间.因此定理1有如下的特殊情形:

定理2　设 $\boldsymbol{a}_0$ 是 $\mathbf{R}^3$ 中的一个始点在原点的非零向量,且 $\boldsymbol{a}_0$ 不在 xOy 平面上,则存在 xOy 平面上唯一的向量 $\boldsymbol{b}_0$,使得 $\boldsymbol{a}_0$ 的终点到 xOy 平面的距离等于 $|\boldsymbol{a}_0-\boldsymbol{b}_0|$,且有 $(\boldsymbol{a}_0-\boldsymbol{b}_0)\perp xOy$ 平面.

下面用希尔伯特空间的逼近定理求解§1中问题1.

解　依题意,设 $\boldsymbol{e}_1=(1,0,0)$,$\boldsymbol{e}_2=\left(\frac{1}{2},\frac{\sqrt{3}}{2},0\right)$,$\boldsymbol{b}=(c,d,f)$.

由于向量是平行移动的,因此设 $\boldsymbol{b}$ 的始点固定在坐标原点上.

由

$$\boldsymbol{b}\cdot\boldsymbol{e}_1=2$$
$$\boldsymbol{b}\cdot\boldsymbol{e}_2=\frac{5}{2}$$

可得

$$c=2, d=\sqrt{3}$$

另外，由

$$|\boldsymbol{b}-(x\boldsymbol{e}_1+y\boldsymbol{e}_2)|\geqslant 1$$

知 $\boldsymbol{b}$ 的终点到 xOy 平面的距离为 1，且 $\boldsymbol{b}$ 在 xOy 平面上的投影就是向量 $x_0\boldsymbol{e}_1+y_0\boldsymbol{e}_2$.

由定理 2 知

$$\boldsymbol{b}-(x_0\boldsymbol{e}_1+y_0\boldsymbol{e}_2)=\left(2-x_0-\frac{y_0}{2},\sqrt{3}-\frac{\sqrt{3}}{2}y_0,f\right)$$

与 xOy 平面垂直，且 $f=\pm 1$.

所以

$$\begin{cases}2-x_0-\dfrac{y_0}{2}=0\\\sqrt{3}-\dfrac{\sqrt{3}}{2}y_0=0\end{cases}$$

解得

$$\begin{cases}x_0=1\\y_0=2\\|\boldsymbol{b}|=2\sqrt{2}\end{cases}$$

评注 在高中数学中，我们对希尔伯特空间中的逼近定理并不陌生，例如我们熟悉的点到直线的距离公式其实也是希尔伯特空间的逼近问题之一.

距离空间[①]

第2章

§1 距离空间、L^p 空间

极限的概念是数学分析中重要的概念之一.这里,我们将揭示数列的收敛、函数列的均匀收敛等各种极限概念间本质的联系.我们将这些概念统一在距离空间的按距离收敛的概念中,这样的处理使我们有可能更容易发觉那些初看起来似乎毫无关系的某些极限过程的本质联系.

我们先从最简单的平面上的极限概念来考虑.平面上两点 $x=(x_1,x_2)$ 和 $y=(y_1,y_2)$ 间的距离是

$$\rho(x,y)=\sqrt{(x_1-y_1)^2+(x_2-y_2)^2}$$

① 本章摘编自《泛函分析》(试用本),复旦大学数学系编著,上海科学技术出版社,1960.

距离 $\rho(x,y)$ 具有如下的性质：x 和 y 重合的充要条件是 $\rho(x,y)=0$；x 和 y 间的距离等于 y 和 x 间的距离，即

$$\rho(x,y)=\rho(y,x)$$

并且由平面上三角形的两边之和不小于第三边，得

$$\rho(x,y)\leqslant\rho(x,z)+\rho(z,y)$$

这个不等式通常称为三点不等式.平面点列 $\{x^{(n)}\}$ 趋向于极限 x 的充要条件是

$$\rho(x^{(n)},x)\to 0\quad(n\to\infty)$$

对连续函数族常用的极限概念是均匀收敛.举例来说，设 $C[a,b]$ 是 $[a,b]$ 上连续函数的全体.$f,g\in C[a,b]$，记(图 1)

$$\rho(f,g)=\max_{x\in[a,b]}|f(x)-g(x)|\tag{1.1}$$

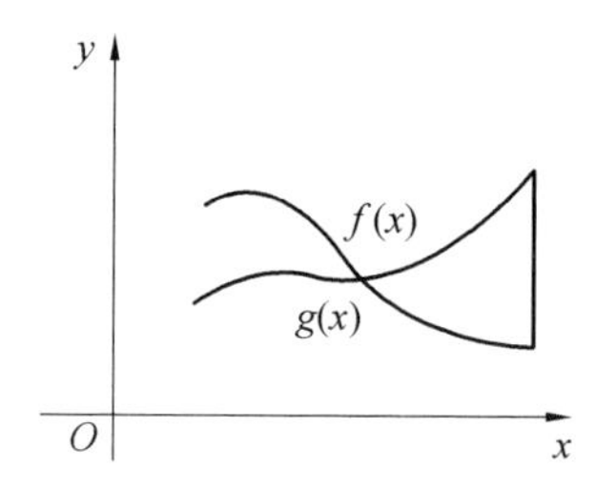

图 1

若 $f_n,f\in C[a,b]$，则 $f_n(x)$ 均匀收敛于 $f(x)$ 的充要条件是

$$\rho(f_n,f)\to 0\quad(n\to\infty)$$

这里的 $\rho(f,g)$ 也有上面所指的三个性质，即

$$\rho(f,g)=0$$

当且仅当 $f=g$ 时成立；以及

$$\rho(f,g)=\rho(g,f)$$

$$\rho(f,g) \leqslant \rho(f,h) + \rho(h,g)$$
$$(h \in C[a,b])$$

再举一个例子，设 $L[a,b]$ 是定义在 $[a,b]$ 上的勒贝格（Lebesgue）可积函数的全体. 对于 $f(x)$，$g(x) \in L[a,b]$，定义

$$\rho(f,g) = \int_a^b |f(x) - g(x)| \, \mathrm{d}x$$

容易验证，它是满足上述三个性质的. 若 $f_n, f \in L[a,b]$，则当 $\rho(f_n, f) \to 0 (n \to \infty)$ 时，我们说 $f_n(x)$ 平均收敛于 $f(x)$.

在上面各种情况下，ρ 的意义是不相同的，但是它们有相同的特点. 若把 $C[a,b]$，$L[a,b]$ 看成抽象的“空间”，把其中的函数看成空间中的点，则 $\rho(f,g)$ 可以看成两点 f 和 g 之间的距离. 在上面我们已经看到，极限过程能够用距离来描述.

把上述的这些函数空间中所定义的 ρ 抽象化，对一般集引进距离的概念.

定义 1　R 为一非空的集，设 R 中的每一对元素 x, y 唯一地对应着一个实数 $\rho(x,y)$，它满足以下条件：

（1）非负性：$\rho(x,y) \geqslant 0$，而 $\rho(x,y) = 0$ 当且仅当 $x = y$ 时成立；

（2）对称性：$\rho(x,y) = \rho(y,x)$；

（3）三点不等式：$\rho(x,y) \leqslant \rho(x,z) + \rho(z,y)$ $(z \in \mathbf{R})$，

则称 $\rho(x,y)$ 为 x 与 y 之间的距离，称 R 按距离 $\rho(x,y)$ 成为距离空间.

设 R 为距离空间，$x_n, x \in R (n = 1,2,\cdots)$，且

$\rho(x_n,x)\to 0(n\to\infty)$,就说$\{x_n\}$收敛于$x$,记为

$$\lim_{n\to\infty} x_n = x \text{ 或 } x_n \to x \quad (n\to\infty)$$

而称$\{x_n\}$为收敛点列,称x为点列$\{x_n\}$的极限.

我们能够证明,距离空间R中任一收敛点列具有唯一的极限.

事实上,若$\{x_n\}$为收敛点列,存在两个不同的极限$x,y\in R$,则对任意的$\varepsilon>0$,可找到N_1,使$n>N_1$时,$\rho(x,x_n)<\frac{\varepsilon}{2}$;又存在$N_2$,使$n>N_2$时,$\rho(y,x_n)<\frac{\varepsilon}{2}$,这时取$n>\max(N_1,N_2)$,由三点不等式

$$\rho(x,y)\leqslant\rho(x,x_n)+\rho(y,x_n)<\varepsilon$$

从而$\rho(x,y)=0$,即$x=y$,这与假设矛盾.

子空间 设M是距离空间R的子集.对M中任意两点用它们在R中的距离来作为在M中的距离.这样所得到的距离空间M称为R的子空间.

现在我们再举一些常用的距离空间的例子.

例1 n维欧几里得(Euclid)空间E_n为所有形如

$$x=(x_1,x_2,\cdots,x_n) \quad (x_v \text{ 为实数})$$

的点所构成的空间.在E_n中引入距离

$$\rho(x,y)=\sqrt{\sum_{i=1}^{n}(x_i-y_i)^2}$$

$$x=(x_1,x_2,\cdots,x_n)$$

$$y=(y_1,y_2,\cdots,y_n)$$

这个距离称作欧几里得距离.我们来验证$\rho(x,y)$的确适合距离的三个条件.非负性和对称性是容易明白的,现在验证条件(3).

由柯西-布尼亚柯夫斯基(Cauchy-Bunyakovsky)不

等式

$$\left(\sum_{i=1}^{n} a_i b_i\right)^2 \leqslant \sum_{i=1}^{n} a_i^2 \cdot \sum_{i=1}^{n} b_i^2$$①

得到

$$\sum_{i=1}^{n}(a_i+b_i)^2 = \sum_{i=1}^{n} a_i^2 + 2\sum_{i=1}^{n} a_i b_i + \sum_{i=1}^{n} b_i^2 \leqslant$$

$$\sum_{i=1}^{n} a_i^2 + 2\sqrt{\sum_{i=1}^{n} a_i^2 \cdot \sum_{i=1}^{n} b_i^2} + \sum_{i=1}^{n} b_i^2 =$$

$$\left(\sqrt{\sum_{i=1}^{n} a_i^2} + \sqrt{\sum_{i=1}^{n} b_i^2}\right)^2$$

取

$$z=(z_1,z_2,\cdots,z_n)$$

$$a_i = z_i - x_i$$

$$b_i = y_i - z_i$$

则

$$y_i - x_i = a_i + b_i$$

代入上面的不等式,得到

$$\rho(x,y) \leqslant \rho(x,z) + \rho(z,y)$$

例2　在 E_2 中还可以用下面的方法定义距离

$$\rho(x,y) = |x_2 - x_1| + |y_2 - y_1|$$

这个距离可以这样解释:

街道往往是相互垂直的,一个人要从一地 A 到另一地 B(图2),所要走的距离并不是两地之间直线的长度.

---

① 柯西－布尼亚柯夫斯基不等式可由下面的恒等式推出

$$\left(\sum_{i=1}^{n} a_i b_i\right)^2 = \sum_{i=1}^{n} a_i^2 \cdot \sum_{i=1}^{n} b_i^2 - \frac{1}{2}\sum_{i=1}^{n}\sum_{j=1}^{n}(a_i b_j - b_i a_j)^2$$

这个恒等式是不难验证的.

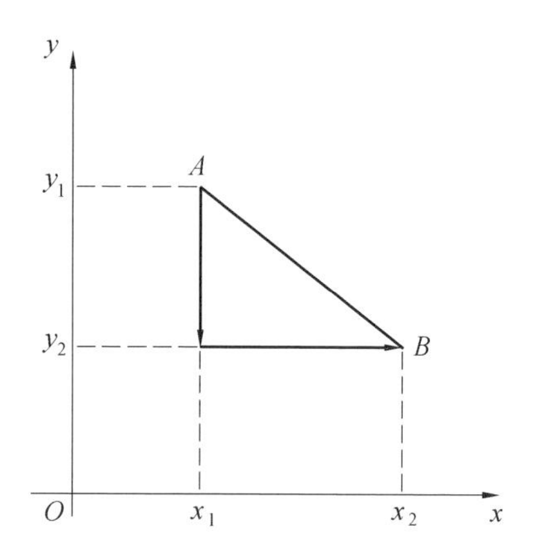

图 2

易证,$\rho(x,y)$ 满足距离的三个条件.

例 2 说明在一个空间中,可以定义多种距离,下面的例子也可以说明这一点.

例 3 $C[a,b]$ 是$[a,b]$上连续函数的全体,定义

$$\rho(f,g)=\int_a^b |f(x)-g(x)|\,\mathrm{d}x$$

则 $\rho(f,g)$ 满足距离定义中的三个条件,但这时 f_n 收敛于 f 的意义是

$$\rho(f_n,f)=\int_a^b |f_n(x)-f(x)|\,\mathrm{d}x$$

趋于零,即 $f_n(x)$ 平均收敛于 $f(x)$.

例 4 设 S 为实数列的全体所构成的空间,在 S 中定义距离如下:设 $x=\{x_i\}$,$y=\{y_i\}$,令

$$\rho(x,y)=\sum_{i=1}^{\infty}\frac{1}{2^i}\cdot\frac{|x_i-y_i|}{1+|x_i-y_i|}$$

容易验证 $\rho(x,y)$ 适合条件(1),(2).至于三点不等式,可由

$$\frac{|a+b|}{1+|a+b|} \leqslant \frac{|a|}{1+|a|} + \frac{|b|}{1+|b|}$$

推出.这个不等式的证明如下：

设 $f(x)=\dfrac{x}{1+x}$,由 $f'(x)=\dfrac{1}{(1+x)^2}>0$ 知道 $f(x)$ 是增函数,由 $|a+b|\leqslant|a|+|b|$ 得到

$$\begin{aligned}\frac{|a+b|}{1+|a+b|} &\leqslant \frac{|a|+|b|}{1+|a|+|b|} = \\ &\frac{|a|}{1+|a|+|b|} + \\ &\frac{|b|}{1+|a|+|b|} \leqslant \\ &\frac{|a|}{1+|a|} + \frac{|b|}{1+|b|}\end{aligned}$$

因此

$$\begin{aligned}\rho(x,y) = &\sum_{i=1}^{\infty} \frac{1}{2^i} \cdot \frac{|x_i-y_i|}{1+|x_i-y_i|} = \\ &\sum_{i=1}^{\infty} \frac{1}{2^i} \cdot \frac{|x_i-z_i+z_i-y_i|}{1+|x_i-z_i+z_i-y_i|} \leqslant \\ &\sum_{i=1}^{\infty} \frac{1}{2^i} \cdot \frac{|x_i-z_i|}{1+|x_i-z_i|} + \\ &\sum_{i=1}^{\infty} \frac{1}{2^i} \cdot \frac{|z_i-y_i|}{1+|z_i-y_i|} = \\ &\rho(x,z)+\rho(z,y)\end{aligned}$$

现在我们来证明在S中点列收敛的意义相当于按坐标收敛,即 S 中的点列 $x_n=(x_1^{(n)},x_2^{(n)},\cdots)$ 收敛于 $x=(x_1,x_2,\cdots)$(就是说 $\rho(x_n,x)\to 0(n\to\infty)$ 相当于 $\lim\limits_{n\to\infty} x_i^{(n)}=x_i(i=1,2,\cdots)$).

事实上,当

$$\rho(x_n,x)=\sum_{i=1}^{\infty}\frac{1}{2^i}\cdot\frac{|x_i^{(n)}-x_i|}{1+|x_i^{(n)}-x_i|}$$

趋于零时，每一被加项都趋于零，即$\lim\limits_{n\to\infty}x_i^{(n)}=x_i(i=1,2,\cdots)$.

若$\lim\limits_{n\to\infty}x_i^{(n)}=x_i(i=1,2,\cdots)$，则对任一$\varepsilon>0$，存在自然数$m$，使

$$\sum_{i=m+1}^{\infty}\frac{1}{2^i}\cdot\frac{|x_i^{(n)}-x_i|}{1+|x_i^{(n)}-x_i|}<\frac{\varepsilon}{2}$$

对于$i=1,2,\cdots,m$，存在N_i，使$m>N_i$时

$$|x_i^{(n)}-x_i|<\frac{\varepsilon}{2}$$

取$N=\max(N_1,N_2,\cdots,N_m)$，则当$n>N$时

$$\sum_{i=1}^{m}\frac{1}{2^i}\cdot\frac{|x_i^{(n)}-x_i|}{1+|x_i^{(n)}-x_i|}<\frac{\varepsilon}{2}$$

即说明了当$n>N$时，$\rho(x_n,x)<\varepsilon$.

例5　设S为单位圆$|z|<1$上解析函数的全体所构成的空间，当$f(z),g(z)\in S$时，定义

$$\rho(f,g)=\sum_{n=1}^{\infty}\frac{1}{2^n}\cdot\frac{\sup\limits_{|z|\leqslant 1-\frac{1}{n}}|f(z)-g(z)|}{1+\sup\limits_{|z|\leqslant 1-\frac{1}{n}}|f(z)-g(z)|}$$

利用例4所用的不等式，可证明它是满足条件(1)，(2)，(3)的.

$\rho(f_k,f)\to 0(k\to\infty)$相当于$f_k(z)$在$|z|<1$内闭匀敛于$f(x)$.

事实上，相仿于例4，我们知道$\rho(f_k,f)\to 0$的充要条件是对每一n，下式成立

$$\max_{|z|\leqslant 1-\frac{1}{n}}|f_k(z)-f(z)|\to 0$$

而这等价于 $f_k(z)$ 内闭匀敛于 $f(z)$.

例6　设 M 为有界实数序列 $x=(x_1,x_2,\cdots)$ 的全体,设

$$\rho(x,y)=\sup_k |y_k-x_k|$$

$$y=(y_1,y_2,\cdots)$$

易证 M 是距离空间.

例7　在博弈论中也用到距离空间的概念.

有甲、乙两人进行比赛,双方各有策略,设甲的策略全体为 $A:\{a_n\}$,乙的策略全体为 $B:\{b_n\}$,称 A,B 为策略空间.甲与乙进行一次比赛有一结果,对于甲以结果函数 $K(a_n,b_n)$ 表示,对于乙则为 $-K(a_n,b_n)$.博弈论中讨论对于甲的最优结果函数,要引入

$$\rho(a_1,a_2)=\sup_{b\in B}|K(a_1,b)-K(a_2,b)|$$

可证 $\rho(a_1,a_2)$ 为距离.

例8　l^2:满足 $\sum_{k=1}^{\infty}x_k^2<\infty$ 的实数列 $x=(x_1,x_2,\cdots,x_k,\cdots)$ 的全体记作 l^2.

设 $x=(x_1,x_2,\cdots,x_n,\cdots)$ 和 $y=(y_1,y_2,\cdots,y_n,\cdots)$ 属于 l^2;定义 x 和 y 的距离为

$$\rho(x,y)=\sqrt{\sum_{k=1}^{\infty}(x_k-y_k)^2}$$

应用例1中得到的一个不等式

$$\sqrt{\sum_{k=1}^{\infty}(x_k+y_k)^2}\leqslant\sqrt{\sum_{k=1}^{\infty}x_k^2}+\sqrt{\sum_{k=1}^{\infty}y_k^2}$$

可以验证,它是符合距离定义中三个条件的,这样得到的空间是欧几里得空间在无限维情况下的拓广,以后(例10)还要考虑更一般的空间.

例9　设 L^p 为在 $[a,b]$ 上绝对值的 p 次幂勒贝格

可积的可测函数全体($p\geqslant 1$),有时候为了区别起见,标出所定义的区间$[a,b]$,记为$L^p[a,b]$.这是一个重要的函数族.对L^p中的f,g,令①

$$\rho(f,g)=\left[\int_a^b |f(x)-g(x)|^p\mathrm{d}x\right]^{\frac{1}{p}}$$

现在证明$\rho(f,g)$是f与g间的距离.这里把几乎处处相等的函数看成是相同的函数.(1)和(2)是易证的.为了证明(3),我们先介绍赫尔德(Hölder)不等式和闵可夫斯基(Minkowski)不等式,它们在别的地方也都有用处.

赫尔德不等式 设$\frac{1}{p}+\frac{1}{q}=1(p>1)$,$f(x)\in L^p$,$g(x)\in L^q$,则$f(x)g(x)\in L^1$,且下式成立

$$\int_a^b |f(x)g(x)|\mathrm{d}x\leqslant\sqrt[p]{\int_a^b |f(x)|^p\mathrm{d}x}\cdot\sqrt[q]{\int_a^b |g(x)|^q\mathrm{d}x}$$

证 首先,当$A,B\geqslant 0$时,下述不等式成立

$$A^{\frac{1}{p}}B^{\frac{1}{q}}\leqslant\frac{A}{p}+\frac{B}{q}$$

事实上,设$y=f(x)(x\geqslant 0)$,$f(0)=0$为单调递增连续函数,$x=g(y)$为$f(x)$的逆函数($y\geqslant 0$),如图3.

从图中可看出下式永远成立

$$\int_0^a f(x)\mathrm{d}x+\int_0^b g(y)\mathrm{d}y\geqslant ab$$

取$f(x)=x^{p-1}$,$g(y)=y^{q-1}$,$a=A^{\frac{1}{p}}$,$b=B^{\frac{1}{q}}$,即得

① 下面将在证明闵可夫斯基不等式时证明$\rho(f,g)$为有限数.

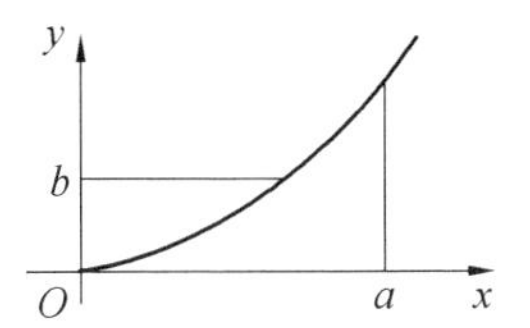

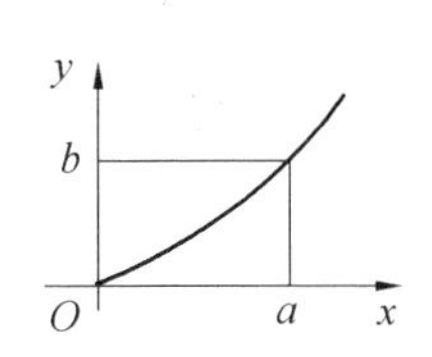

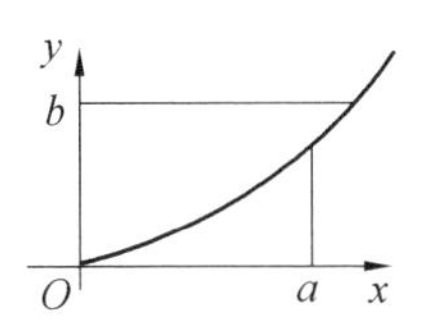

图 3

$$A^{\frac{1}{p}}B^{\frac{1}{q}} \leqslant \frac{A}{p} + \frac{B}{q} \tag{1.2}$$

其次,我们来证明赫尔德不等式.不妨设 $f(x)$,$g(x)$ 几乎处处不为零,否则不等式是显然的,即

$$\int_a^b |f(x)|^p \mathrm{d}x > 0$$

$$\int_a^b |g(x)|^q \mathrm{d}x > 0$$

作函数

$$\varphi(x) = \frac{f(x)}{\sqrt[p]{\int_a^b |f(x)|^p \mathrm{d}x}}$$

$$\psi(x) = \frac{g(x)}{\sqrt[q]{\int_a^b |g(x)|^q \mathrm{d}x}}$$

设 $A = |\varphi(x)|^p$,$B = |\psi(x)|^q$,代入不等式(1.2)得到

$$|\varphi(x)\psi(x)| \leqslant \frac{|\varphi(x)|^p}{p} + \frac{|\psi(x)|^q}{q}$$

两边积分后即得

$$\int_a^b |\varphi(x)\psi(x)| \mathrm{d}x \leqslant \int_a^b \frac{|\varphi(x)|^p}{p} \mathrm{d}x + \int_a^b \frac{|\psi(x)|^q}{q} \mathrm{d}x = 1$$

所以

$$\varphi(x)\psi(x) \in L^1$$

即

$$f(x)g(x) \in L^1$$

且

$$\int_a^b |f(x)g(x)| \mathrm{d}x \leqslant \sqrt[p]{\int_a^b |f(x)|^p \mathrm{d}x} \cdot \sqrt[q]{\int_a^b |g(x)|^q \mathrm{d}x}$$

闵可夫斯基不等式 设 $f(x), g(x) \in L^p[a, b]$，则 $f(x) + g(x) \in L^p[a, b]$，且下式成立

$$\left[\int_a^b |f(x)+g(x)|^p \mathrm{d}x\right]^{\frac{1}{p}} \leqslant \left[\int_a^b |f(x)|^p \mathrm{d}x\right]^{\frac{1}{p}} + \left[\int_a^b |g(x)|^p \mathrm{d}x\right]^{\frac{1}{p}}$$

证 当 $p = 1$ 时，不等式显然成立. 若 $p > 1$，$f(x), g(x) \in L^p[a, b]$，因为

$$|f(x) \pm g(x)|^p \leqslant 2^p(|f(x)|^p + |g(x)|^p)^{①}$$

即得

$$f(x) \pm g(x) \in L^p[a, b]$$

① 因为 $(a+b)^p \leqslant [2\max(|a|, |b|)]^p \leqslant 2^p(|a|^p + |b|^p)$.

所以

$$\int_a^b |f(x)-g(x)|^p \mathrm{d}x < \infty$$

并且

$$|f(x)+g(x)|^{\frac{p}{q}} \in L^q$$

于是根据赫尔德不等式,可得

$$\int_a^b |f(x)||f(x)+g(x)|^{\frac{p}{q}} \mathrm{d}x \leqslant$$

$$\left(\int_a^b |f(x)|^p \mathrm{d}x\right)^{\frac{1}{p}} \left(\int_a^b |f(x)+g(x)|^p \mathrm{d}x\right)^{\frac{1}{q}}$$

而

$$\int_a^b |f(x)+g(x)|^p \mathrm{d}x =$$

$$\int_a^b |f(x)+g(x)||f(x)+g(x)|^{\frac{p}{q}} \mathrm{d}x \leqslant$$

$$\int_a^b |f(x)||f(x)+g(x)|^{\frac{p}{q}} \mathrm{d}x +$$

$$\int_a^b |g(x)||f(x)+g(x)|^{\frac{p}{q}} \mathrm{d}x \leqslant$$

$$\left[\left(\int_a^b |f(x)|^p \mathrm{d}x\right)^{\frac{1}{p}} +\right.$$

$$\left.\left(\int_a^b |g(x)|^p \mathrm{d}x\right)^{\frac{1}{p}}\right] \cdot$$

$$\left(\int_a^b |f(x)+g(x)|^p \mathrm{d}x\right)^{\frac{1}{q}}$$

所以

$$\left(\int_a^b |f(x)+g(x)|^p \mathrm{d}x\right)^{\frac{1}{p}} \leqslant \left(\int_a^b |f(x)|^p \mathrm{d}x\right)^{\frac{1}{p}} + \left(\int_a^b |g(x)|^p \mathrm{d}x\right)^{\frac{1}{p}}$$

这个不等式说明了 $L^p[a,b]$ 空间中三点不等式是成立的，即 $L^p[a,b]$ 是距离空间.而在 $L^p[a,b]$ 中，$f_n(x)$ 按距离收敛于 $f(x)$，称 $f_n(x)$ 为 p 方平均收敛于 $f(x)$.

对于点列也有类似的不等式，即若 $x=(x_1, x_2,\cdots)$，$y=(y_1,y_2,\cdots)$，则下式成立

$$\sum_{k=1}^{\infty}x_k y_k \leqslant \sqrt[p]{\sum_{k=1}^{\infty}|x_k|^p}\cdot\sqrt[q]{\sum_{k=1}^{\infty}|y_k|^q}$$

$$\sqrt[p]{\sum_{k=1}^{\infty}|x_k+y_k|^p}\leqslant\sqrt[p]{\sum_{k=1}^{\infty}|x_k|^p}+\sqrt[p]{\sum_{k=1}^{\infty}|y_k|^p}$$

证明的方式也一样，这两个不等式也分别称为赫尔德不等式和闵可夫斯基不等式.

例 10 设 l^p 为满足 $\sum_{k=1}^{\infty}x_k^p<\infty$ 的实数列 $(x_1, x_2,\cdots,x_n,\cdots)$ 的全体，当 $x=(x_1,x_2,\cdots,x_n,\cdots)$ 和 $y=(y_1,y_2,\cdots,y_n,\cdots)$ 属于 l^p 时，定义

$$\rho(x,y)=\sqrt[p]{\sum_{k=1}^{\infty}(x_k-y_k)^p}$$

则由闵可夫斯基不等式，容易验证 l^p 是距离空间.

综上所述，我们常见的函数族及其中的极限概念，如平均收敛、均匀收敛、内闭匀敛等都可以统一在距离空间的收敛概念中，由此我们以后将着重研究一般的距离空间中的极限概念.

§2 距离空间中的开集和闭集

在分析中，我们常用直线上的开集和闭集的概念，在距离空间中也可以相仿地建立起开集和闭集的概念.

设 R 是距离空间,A 是 R 中的集.设 $x_0 \in R$,若 A 中有点列 $\{x_n\}$,$x_n \neq x_0 (n=1,2,\cdots)$,使 $\rho(x_n, x_0) \to 0 (n \to \infty)$,则称 x_0 为 A 的极限点,A 的极限点全体记为 A',记 $A^\circ = A + A'$,称为 A 的包.若 A 包含了它自身的所有极限点,即 $A = A^\circ$,则称 A 为 R 中的闭集.和直线上的情况一样,集 A 为闭集的充要条件是 A 中任一点列必收敛于 A 中的一点.

例 1　A:平面上的矩形 $a < x \leqslant b, c < y \leqslant d$.$A$ 作为欧几里得平面的子集时不是闭集.但是,若把 A 看成距离空间,其中距离的定义和欧几里得平面上的距离相同,则 A 自身是闭的.这说明一个集是否为闭集,必须确定是对哪一空间而言的.

例 2　任一距离空间中,有限个点所构成的集是闭的.

例 3　设 x_0 为 $[a,b]$ 中的一个定点,F 为 $C[a,b]$①上满足条件 $f(x_0)=0$ 的函数全体所构成的集,则 F 是 $C[a,b]$ 中的闭集.

事实上,若 $f_n \in F$,$f_n(x)$ 均匀收敛于 $f(x)$,则由 $f_n(x_0)=0 (n=1,2,\cdots)$,得到 $f(x_0)=0$,所以 $f \in F$.

设 $x_0 \in R$,$\rho > 0$,记 R 中与 x_0 距离小于 ρ 的全体点所构成的集为 $O(x_0, \rho)$,称为以 x_0 为中心,ρ 为半径的球或称为 x_0 的一个邻域.设 $A \subset R$,$x_0 \in A$,若存在 $\rho > 0$,使 $O(x_0, \rho) \subset A$,则称 x_0 为 A 的内点.如果 R 中的集 A,其每一点都是 A 的内点,则称 A 为开

---

①　$C[a,b]$ 上的距离由 §1 例 3 来定义,以后若不特别标注,则都表示由 §1 例 3 中所定义的距离.

集.

利用邻域的概念,我们把极限的另一说法表述如下:若对任意一个 $\rho>0$,$O(x_0,\rho)$ 与 $A-\{x_0\}$[①] 的通集为非空集,则称 x_0 为 A 的极限点.可以证明,这个定义和上面的定义是等价的.

在距离空间中,开集和闭集有什么关系呢? 下面的定理回答了这个问题.

记 $R-A=A^c$,我们将其称为 A 的余集.

定理 1 开集的余集是闭集,闭集的余集是开集.

证 若 O 是 R 中的开集,$x\in O$,必有 $\rho>0$,使

$$O(x,\rho)\subset O$$

则 x 不可能是 O^c 的极限点,即 O^c 中所有极限点都包含在其自身中,故 O^c 是闭集.

若 A 是闭集,则 A^c 中的点一定都为内点.否则有 $x\in A^c$,而不是 A^c 的内点,即对任何的 $\rho>0$,$O(x,\rho)$ 中必有 A 的点,因而 x 是 A 的极限点,得出矛盾,故 A^c 是开集.

下面两个定理说明开集和闭集的基本性质,在今后常常要用到.

定理 2 (1) 全空间和空集为闭集;

(2) 任意多个闭集的通集为闭集;

(3) 有限个闭集的和集是闭集.

证 (1) 是显然的.我们来证明(2).设 $\{A_\lambda\}$ 为一族闭集,λ 为指标,则

$$(\prod_\lambda A_\lambda)'\subset\prod_\lambda A'_\lambda\subset\prod_\lambda A_\lambda$$

---

① 此处的 $\{x_0\}$ 是仅包含 x_0 一点的集,$A-\{x_0\}$ 表示集 A 中除去点 x_0 的集.

事实上,若 $x_0 \in (\prod_{\lambda} A_{\lambda})'$,则必有 $x_k \in \prod_{\lambda} A_{\lambda}$, $x_k \neq x_0, x_k \to x_0 (k \to \infty)$.这时 $\{x_k\} \in A_{\lambda}$,因为 A_{λ} 为闭集,所以 $x_0 \in A'_{\lambda} \subset A_{\lambda}$,即 $x_0 \in \prod_{\lambda} A_{\lambda}$,故 $\prod_{\lambda} A_{\lambda}$ 为闭集.(2) 证毕.

若 $\{A_n\}(n=1,2,\cdots,m)$ 为有限个闭集,则

$$(\sum_{n=1}^{m} A_n)' \subset \sum_{n=1}^{m} A'_n \subset \sum_{n=1}^{m} A_n$$

事实上,设 $x_0 \in (\sum_{n=1}^{m} A_n)'$,则必有 $x_k \in \sum_{n=1}^{m} A_n$, $x_k \neq x_0, x_k \to x_0 (k \to \infty)$,必有一 $n_0, 1 \leqslant n_0 \leqslant m$,使 $\{x_n\}$ 中无限项属于 A_{n_0},即有子序列 $\{x_{k_v}\} \in A_{n_0}$, $x_{k_v} \to x_0 (v \to \infty)$.因而 $x_0 \in A'_{n_0} \subset A_{n_0}$,即证明了 $\sum_{n=1}^{m} A_n$ 为闭集.(3) 证毕.

注　可列个闭集的和集不一定是闭集.

例 4　在直线上取 $A_n = \left[\frac{1}{n}, 1\right]$,则 $\sum_{n=1}^{\infty} A_n = (0, 1]$,它不是闭的.

和通表示式(对偶原理)　若 $\{A_{\lambda}\}$ 是一列集,则下式成立

$$(\prod_{\lambda} A_{\lambda})^c = \sum_{\lambda} A_{\lambda}^c \tag{2.1}$$

若 $\{O_n\}$ 是一列集,则上式可以表示为

$$(\sum_{\lambda} O_{\lambda})^c = \prod_{\lambda} O_{\lambda}^c \tag{2.2}$$

我们将利用这两个等式来证明:

定理 3　(1) 全空间及空集是开集;

(2) 任意多个开集的和集是开集;

(3) 有限个开集的通集是开集.

证 设$\{O_\lambda\}$是一族开集,则$\{O_\lambda^c\}$是一族闭集,由定理2知$\prod\limits_\lambda O_\lambda^c$是闭集,再根据(2.1)即得$\sum\limits_\lambda O_\lambda$是开集.(2)证毕.定理的(3)也可同样证明,至于(1)是显然的.

注 可列个开集的通集不一定是开集.

例5 在直线上取开集$O_n=\left(-\dfrac{1}{n},\dfrac{1}{n}\right)$,则$\prod\limits_n O_n=\{0\}$为只含一个元素0的集,它不是开集.

一般空间中的开集、闭集与实轴上的开集、闭集有不同的地方,举例说明如下:

例6 由一点所构成的距离空间,这个空间是开集,但是实轴上的一点所构成的集不是实轴上的开集.

例7 实轴上的既开又闭的集只有全空间和零集,但对一般距离空间,这个事实不成立.例如由实轴上的子集:$(0,1)+(2,3)$所构成的空间,其中距离即实轴上的距离.$(0,1)$是这个空间中既开又闭的集,$(2,3)$也一样.

§3 完备性、L^p空间的完备性

在研究实数数列时,我们常引用柯西收敛条件,现在相仿地在距离空间中引入下面的概念.

设R是距离空间,$\{x_n\}$是R中的点列,若对任一$\varepsilon>0$,存在$N(\varepsilon)$,使当$n,m\geqslant N(\varepsilon)$时,$\rho(x_n,x_m)<\varepsilon$,则称$\{x_n\}$为$R$中的基本点列或基本序列.

若$\{x_n\}$为R中的收敛点列,即存在$x\in R$,使$x_n\to x$,则$\{x_n\}$必为基本点列.因为对任一$\varepsilon>0$,存

在 $N(\varepsilon)$，使当 $n,m \geqslant N(\varepsilon)$ 时，$\rho(x_n,x) < \frac{\varepsilon}{2}$，$\rho(x_m,x) < \frac{\varepsilon}{2}$，因此

$$\rho(x_n,x_m) \leqslant \rho(x_n,x) + \rho(x_m,x) < \varepsilon$$

当 R 是全体实数时，基本点列必为收敛点列.但对一般的距离空间来说，基本点列不全为收敛点列.

例 1　设 R 为有理数全体，距离由下式定义

$$\rho(r_1,r_2) = |r_1 - r_2|$$

取数列$\{r_n\}$：$r_n = \left(1+\frac{1}{n}\right)^n$，$r_n \to \mathrm{e}(n \to \infty)$，故$\{r_n\}$是基本数列，因为它必然满足柯西收敛条件，但是我们知道 e 不是有理数，故$\{r_n\}$ 在 R 中没有极限.

从上面的例子可以粗略地看出有些距离空间中基本点列不收敛是由于其中还缺少一些点，因而我们要引入一个重要的概念：

定义 1　若距离空间 R 中任一基本序列都收敛于 R 中的点，则称 R 是完备空间.

在微分方程的理论中，常常要用到完备空间的概念，例如假设$\{u_n\}$ 是某一方程的一列“近似解”，它是某一空间 R 中的基本点列，$\{u_n\}$ 的极限是否属于 R，不属于 R 时又有什么性质？这是我们关心的问题.如果 R 是完备空间，那么问题的解决是明显的.如果 R 不是完备的，那么我们能否用某一个方法，把 R 扩大一些，使得$\{u_n\}$ 在这个扩大后的空间中有极限点呢？事实上，有下面的定理：

定理 1　设 R 为一个距离空间，则必有完备距离空间 R'，使 R 成为 R' 的子空间.此时称 R' 为 R 的完备

化扩张[①].

由于非完备的空间总是包含在一个完备空间中作为一个子空间,因而通常只需要研究完备空间就足够了.

常用的空间如 $C[a,b]$,$L^p[a,b]$,S,s,m[②] 等都是完备空间.这里,我们仅详细地证明 L^p 空间的完备性.

定理 2 空间 $L^p[a,b]$ 是完备的.

证 设 $\{f_n(x)\}$ 为 $L^p[a,b]$ 中的基本序列,因此存在 m_k,使当 $m,n \geqslant m_k$ 时

$$\int_a^b |f_n(x) - f_m(x)|^p \mathrm{d}x \leqslant \frac{1}{2^{kp}}$$

(此式右边预先取$\frac{1}{2^{kp}}$,只是为了以后要用到$\sum_{k=1}^{\infty}\frac{1}{2^k} < \infty$).取 $n_1 < n_2 < \cdots$,$n_k \geqslant m_k$,则

$$\rho(f_{n_k}, f_{n_{k+1}}) = \left(\int_a^b |f_{n_{k+1}}(x) - f_{n_k}(x)|^p \mathrm{d}x\right)^{\frac{1}{p}} \leqslant \frac{1}{2^k}$$

因此

$$\sum_{k=1}^{\infty}\rho(f_{n_k}, f_{n_{k+1}}) \leqslant \sum_{k=1}^{\infty}\frac{1}{2^k} < \infty$$

由赫尔德不等式(当 $p > 1$ 时)

① 我们不打算证明这个定理,读者可参看 Л.А.Люстерник 和 В.И.Соболев 的《泛函分析概要》一书.

② 此处的 $L^p[a,b]$,S,s,m 空间都是由 §1 例子中所定义的,此后,也都这样表示.

$$\int_a^b |f_{n_{k+1}}(x) - f_{n_k}(x)| dx \leqslant$$

$$\left(\int_a^b |f_{n_{k+1}}(x) - f_{n_k}(x)|^p dx\right)^{\frac{1}{p}} \cdot$$

$$\left(\int_a^b |1|^q dx\right)^{\frac{1}{q}} \leqslant$$

$$(b-a)^{\frac{1}{q}} \rho(f_{n_k}, f_{n_{k+1}})$$

因此,当 $p \geqslant 1$ 时,级数

$$\sum_{k=1}^{\infty} \int_a^b |f_{n_{k+1}}(x) - f_{n_k}(x)| dx$$

是收敛的.由列维(Levi) 定理,我们知道级数

$$\sum_{k=1}^{\infty} |f_{n_{k+1}}(x) - f_{n_k}(x)|$$

是几乎处处收敛的,因而级数

$$f_{n_1}(x) + \sum_{k=1}^{\infty} \{f_{n_{k+1}}(x) - f_{n_k}(x)\}$$

也是几乎处处收敛的,所以极限

$$\lim_{k \to \infty} f_{n_k}(x)$$

几乎处处存在.记 $f(x) = \lim_{k \to \infty} f_{n_k}(x)$,我们来证明 $f(x) \in L^p[a,b]$.

由于对任一 $\varepsilon > 0$,存在 N,使当 $m,n > N$ 时

$$\rho(f_n, f_m) = \left(\int_a^b |f_m(x) - f_n(x)|^p dx\right)^{\frac{1}{p}} < \varepsilon$$

对于上面所取的子序列 $\{f_{n_k}\}$,取适当大的 k_0,使 $n_{k_0} > N$.于是对 $k > k_0$,下式成立

$$\int_a^b |f_{n_k}(x) - f_n(x)|^p dx < \varepsilon^p \quad (n \geqslant N)$$

利用法图(Fatou) 引理

$$\int_a^b |f_n(x)-f(x)|^p \mathrm{d}x \leqslant$$

$$\lim_{k\to\infty}\int_a^b |f_n(x)-f_{n_k}(x)|^p \mathrm{d}x < \varepsilon^p$$

再由 $f(x)=[f(x)-f_n(x)]+f_n(x)$ 和闵可夫斯基不等式得到 $f(x)\in L^p[a,b]$.又由当 $n\geqslant N$ 时，$\rho(f_n,f)<\varepsilon$，即知$\{f_n\}$收敛于 f，因而 $L^p[a,b]$ 是完备的.

例 2 在 $C[a,b]$ 中定义距离

$$\rho(f,g)=\max_{a\leqslant x\leqslant b}|f(x)-g(x)|$$

则 $C[a,b]$ 是完备的距离空间.

事实上，若$\{f_n(x)\}$是 $C[a,b]$ 中的基本序列，即对任一 $\varepsilon>0$，存在 $N(\varepsilon)>0$，使当 $n,m\geqslant N(\varepsilon)$ 时，对于任何 $x\in[a,b]$，有

$$|f_n(x)-f_m(x)|<\varepsilon$$

$\{f_n(x)\}$必均匀收敛于一个极限函数，又因为均匀收敛的连续函数列的极限函数为连续的，所以 $C[a,b]$ 是完备的.

例 3 若在 $C[a,b]$ 中定义距离

$$\rho(f,g)=\int_a^b |f(x)-g(x)|\mathrm{d}x$$

右端为勒贝格积分，则 $C[a,b]$ 是不完备空间.例如取（图 4）

$$f_n(x)=\begin{cases}1, c+\dfrac{1}{n}\leqslant x\leqslant b\\ \text{线性}, c-\dfrac{1}{n}<x<c+\dfrac{1}{n}\\ -1, a\leqslant x\leqslant c-\dfrac{1}{n}\end{cases}$$

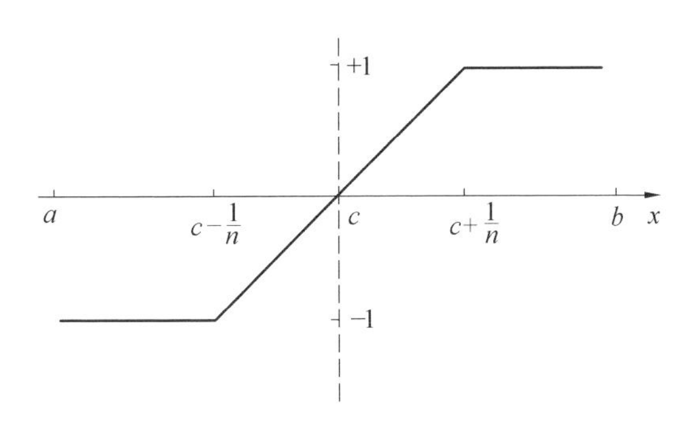

图 4

使 $f_n(x) \in C[a,b]$.作

$$f(x)=\begin{cases}1, c < x \leqslant b \\ 0, x = c \\ -1, a \leqslant x < c\end{cases}$$

则

$$\rho(f_n, f) \to 0 \quad (n \to \infty)$$

因而$\{f_n(x)\}$是基本序列.容易看出,若 $\rho(f_n, g) \to 0$,则 $f=g$,因而 g 不属于$C[a,b]$.

但是把 $C[a,b]$ 扩大为 $L^1[a,b]$ 后,在这里的距离意义下就成为完备的距离空间了.

定理 3　空间 l^p 是完备的.

证明方法完全类似于L^p 空间完备性的证法,这里不再赘述了.

§4　稠密性、可析点集、多项式全体在 $C[a,b]$ 和 $L^p[a,b]$ 中的稠密性

我们可以直观地看到有理数全体在实数全体中是稠密的,应该精确地定义稠密性这个概念,现在对一

般的距离空间来介绍这个概念.

定义 1 设 R 为距离空间,E 是 R 中的集,$A \subset E$,若 A 的包 $A^{\circ} \supset E$,则称 A 在 E 中稠密.

稠密性的概念启示我们,在考察 E 是否具有某些性质时,我们可先对其中的稠密子集 A 加以考察,而后利用极限过程推出关于 E 上的结论,在本书中常用这个方法.

例 1 设 A 为有理数的全体,E 为实数的全体,则 A 在 E 中是稠密的,这是由于任一实数总是某一有理数列的极限.

为了对稠密性的概念了解得更加具体,我们介绍两个 A 在 E 中稠密的充要条件.

定理 1 A 在 E 中稠密的充要条件是对任一 $x \in E$,及任一 $\rho > 0$,$O(x,\rho)$ 中含有 A 中的点,即 $O(x,\rho) \cdot A$ 非空.

证 设 $A^{\circ} \supset E$,这时:

(1) 若 $x \in A$,则 $O(x,\rho)$ 中含有 A 中的 x.

(2) 若 $x \notin A$,则 $x \in A^{\circ} - A$,因此它是 A 中某一点列的极限点,故对任一 $\rho > 0$,$O(x,\rho)$ 中含有 A 中的点.

反之,若 $x \in E$,任一 $\rho > 0$,$O(x,\rho) \cdot A$ 非空,这时,若 $x \in A$,则 $x \in A^{\circ}$.若 $x \notin A$,取一列 $\rho_n = \dfrac{1}{n}$,在 $O(x,\rho_n) \cdot A$ 中任取一点 x_n,显然 $x_n \to x\ (n \to \infty)$,则 x 是 A 的极限点.

定理 2 A 在 E 中稠密的充要条件是对任一 $x \in E$,存在 $x_n \in A$,使 $x_n \to x$.

证 (1) 必要性:若 A 在 E 中稠密,则对任一 $x \in$

E 及自然数 n，有 $x_n \in O\left(x, \frac{1}{n}\right) \cdot A, x_n \to x(n \to \infty)$，但 $x_n \in A$.

(2) 充分性：若 $x \in E, x_n \in A, x_n \to x$，则或者 $x \in A$，或者 $x \notin A$；此时 $x \in A'$，总之 $x \in A^\circ$，故 $A^\circ \supset E$.

以下，我们记 C_0 为 $[a,b]$ 上简单函数全体，P 为多项式全体，并且证明 P 在 $C[a,b]$ 和 $L^p[a,b]$ 中是稠密的，这样，在许多场合下，我们若要探讨 $C[a,b]$ 和 $L^p[a,b]$ 的某些性质，则可以先对 P 来研究.

定理 3　P 在 $C[a,b]$ 中是稠密的.

这是古典的魏尔斯特拉斯(Weierstrass) 定理，我们采取伯恩斯坦(Bernstein) 的证法.我们先证明：

引理 1　对于 $[0,1]$ 中的任一 x，下式成立

$$\sum_{m=0}^{n} \mathrm{C}_n^m x^m (1-x)^{n-m} = 1$$

证　因为

$$(p+q)^n = \sum_{m=0}^{n} \mathrm{C}_n^m p^m q^{n-m} \tag{4.1}$$

令 $p = x, q = 1 - x$，即得引理 1.

引理 2　对于任何 $0 \leqslant x \leqslant 1$，有

$$\sum_{m=0}^{n} (m - nx)^2 \mathrm{C}_n^m x^m (1-x)^{n-m} = nx(1-x) \leqslant \frac{1}{4} n$$

证　将(4.1) 对 p 求微商，并用 p 乘之，得

$$\sum_{m=0}^{n} m \mathrm{C}_n^m p^m q^{n-m} = np(p+q)^{n-1} \tag{4.2}$$

再重做一次这样的运算，得到

$$\sum_{m=0}^{n} m^2 C_n^m p^m q^{n-m} = np(np+q)(p+q)^{n-2} \quad (4.3)$$

在(4.1),(4.2),(4.3)中令 $p=x$,$q=1-x$,然后分别用 n^2x^2,$-2nx$ 及 1 乘它们并且相加,注意到 $nx(1-x)\leqslant \frac{n}{4}$,即得结果.

定理3的证明 我们不妨对$[0,1]$上的连续函数进行讨论,称

$$B_n(x)=\sum_{m=0}^{n} f\left(\frac{m}{n}\right) C_n^m x^m (1-x)^{n-m}$$

为伯恩斯坦多项式.以下证明对任一$f(x)\in C[a,b]$,当 $n\to\infty$ 时

$$\rho(B_n(x), f(x)) \to 0$$

这里采用 $C[0,1]$ 中的距离(即均匀收敛).

设 $M=\max|f(x)|$,对任一$\varepsilon>0$,存在$\delta>0$,使当$|x''-x'|<\delta$ 时

$$|f(x'')-f(x')|<\varepsilon$$

设 $x\in[0,1]$,由引理1,得

$$f(x)=\sum_{m=0}^{n} f(x) C_n^m x^m (1-x)^{n-m}$$

从而

$$|B_n(x)-f(x)|<$$

$$\sum_{m=0}^{n}\left|f\left(\frac{m}{n}\right)-f(x)\right| C_n^m x^m (1-x)^{n-m} \quad (4.4)$$

对一固定的x,将整数$m=0,1,\cdots,n$分成A_x,B_x两部分:

当$\left|\frac{m}{n}-x\right|<\delta$ 时,$m\in A_x$;

当$\left|\frac{m}{n}-x\right|\geqslant\delta$ 时,$m\in B_x$.

所以当 $m \in A_x$ 时，$\left|f\left(\frac{m}{n}\right)-f(x)\right|<\varepsilon$，因而

$$\sum_{A_x}\left|f\left(\frac{m}{n}\right)-f(x)\right|C_n^m x^m(1-x)^{n-m}\leqslant$$

$$\varepsilon\sum_{A_x}C_n^m x^m(1-x)^{n-m}\leqslant$$

$$\varepsilon\sum_{m=0}^{n}C_n^m x^m(1-x)^{n-m}=\varepsilon \tag{4.5}$$

当 $m \in B_x$ 时

$$\frac{(m-nx)^2}{n^2\delta^2}\geqslant 1$$

由引理 2，得

$$\sum_{B_x}\left|f\left(\frac{m}{n}\right)-f(x)\right|C_n^m x^m(1-x)^{n-m}\leqslant$$

$$\frac{2M}{n^2\delta^2}\sum_{B_x}(m-nx)^2C_n^m x^m(1-x)^{n-m}\leqslant$$

$$\frac{2M}{n^2\delta^2}\sum_{m=0}^{n}(m-nx)^2C_n^m x^m(1-x)^{n-m}\leqslant$$

$$\frac{M}{2n\delta^2} \tag{4.6}$$

由(4.4)，(4.5)，(4.6) 得到

$$|B_n(x)-f(x)|<\varepsilon+\frac{M}{2n\delta^2}\quad(x\in[0,1])$$

取 $n>\frac{M}{2\varepsilon\delta^2}$，则得

$$|B_n(x)-f(x)|<2\varepsilon\quad(x\in[0,1])$$

这就证明了 P 在 $C[0,1]$ 中是稠密的，对 $C[a,b]$ 只要作一代换 $y=\frac{b-x}{b-a}$ 就可以将 $C[0,1]$ 换成 $C[a,b]$，而多项式 P 经过代换仍是多项式.

利用定理3,我们可以证明:

定理3′ 设 T 是三角多项式全体,$C_{2\pi}$ 是周期为 2π 的连续函数全体,则 T 在 $C_{2\pi}$ 中稠密.

证 作变换 $y=\cos x$,把$[0,\pi]$变为$[-1,1]$,若 $\varphi(x)\in C_{2\pi}$,则 $\varphi(\arccos y)$ 为$[-1,1]$上的连续函数.由定理3,对任一 $\varepsilon>0$,存在 y 的多项式 $P(y)=\sum_{k=0}^{n}a_k y^k$ 使

$$|\varphi(\arccos y)-P(y)|<\varepsilon$$

即

$$|\varphi(x)-\sum_{k=0}^{n}a_k\cos^k x|<\varepsilon$$

$\sum_{k=0}^{n}a_k\cos^k x$ 是 n 阶偶三角多项式(因为 $\cos\alpha\cos\beta=\frac{1}{2}(\cos(\alpha-\beta)+\cos(\alpha+\beta))$),因此对于偶函数

$$f(x)+f(-x),[f(x)-f(-x)]\sin x$$

存在偶三角多项式 T_1,T_2,使

$$|f(x)+f(-x)-T_1(x)|<\frac{\varepsilon}{2}$$

$$|[f(x)-f(-x)]\sin x-T_2(x)|<\frac{\varepsilon}{2}$$

将 x 替换为 $-x$,上述两个不等式不改变,故不等式在$[-\pi,0]$上也成立.由于周期性,不等式对所有实数 x 都成立.

把两个不等式改写为

$$f(x)+f(-x)=T_1(x)+\alpha_1(x)$$
$$[f(x)-f(-x)]\sin x=T_2(x)+\alpha_2(x)$$

其中 $|\alpha_i(x)|<\frac{\varepsilon}{2}(i=1,2)$.把第一式与第二式分别

乘上 $1-\sin^2 x$，$\sin x$，将两式相加，以2除之，得

$$f(x)\sin^2 x = T_3(x)+\beta(x)$$

$$\left(|\beta(x)|<\frac{\varepsilon}{2}\right) \tag{4.7}$$

$T_3(x)$ 为三角多项式.

因为 $f\left(x-\frac{\pi}{2}\right)\in C_{2\pi}$，所以，由(4.7)，存在三角多项式 $T_4(x)$ 使

$$f\left(x-\frac{\pi}{2}\right)\sin^2 x = T_4(x)+\gamma(x)$$

$$\left(|\gamma(x)|<\frac{\varepsilon}{2}\right)$$

将 x 替换为 $x+\frac{\pi}{2}$，且令

$$T_4\left(x+\frac{\pi}{2}\right)=T_5(x)$$

便得

$$f(x)\cos^2 x = T_5(x)+\delta(x)$$

$$\left(|\delta(x)|<\frac{\varepsilon}{2}\right)$$

这时

$$f(x)=T_3(x)+T_5(x)+\beta(x)+\delta(x)$$

所以对所有的 x，有

$$|f(x)-T_3(x)-T_5(x)|<\varepsilon$$

证毕.

注 在定理的证明过程中，利用了如下的事实：若 $T(x)$ 为三角多项式，则 $\sin xT(x)$，$\cos xT(x)$，$T\left(x+\frac{\pi}{2}\right)$ 都是三角多项式，这都是容易知道的.

定理 4 P 在 $L^p[a,b]$ 中是稠密的，C_0 在 $L^p[a,b]$ 中是稠密的.

证 (1) 对 L^p 中的任一函数 $f(x)$，任取 $\varepsilon>0$，令

$$f_n(x)=\begin{cases}f(x), & |f(x)|\leqslant n\\ 0, & |f(x)|>n\end{cases}$$

则 $f_n(x)$ 是有界可测函数，且

$$\int_a^b |f_n(x)-f(x)|^p\mathrm{d}x=$$

$$\int_{|f(x)|>n} |f(x)|^p\mathrm{d}x$$

右端不大于定数$\int_a^b |f(x)|^p\mathrm{d}x$，但又不小于

$$n^p\mu(|f(x)|>n)$$

其中$\mu(|f(x)|>n)$表示在$[a,b]$中满足$|f(x)|>n$ 的 x 的全体测度，则

$$\mu(|f(x)|>n)\leqslant\frac{1}{n^p}\int_a^b |f(x)|^p\mathrm{d}x$$

当 $n\to\infty$ 时，$\mu(|f(x)|>n)\to 0$. 由积分的全连续性，对 $\varepsilon>0$，存在 N，当 $n\geqslant N$ 时

$$\int_a^b |f_n(x)-f(x)|^p\mathrm{d}x<\frac{\varepsilon^p}{4^p}$$

对 $f_N(x)$，存在简单函数 $|g(x)|\leqslant n$，使

$$\int_a^b |f_N(x)-g(x)|\mathrm{d}x\leqslant\frac{\varepsilon^p}{4^p(2N)^{p-1}}$$

所以

$$\int_a^b |f_N(x)-g(x)|^p\mathrm{d}x=$$

$$\int_a^b |f_N(x)-g(x)|\cdot$$

$$|f_N(x)-g(x)|^{p-1}\mathrm{d}x \leqslant$$

$$(2N)^{p-1}\cdot\int_a^b |f_N(x)-g(x)|\,\mathrm{d}x <$$

$$\frac{\varepsilon^p}{4^p}$$

因而

$$\int_a^b |f(x)-g(x)|^p\,\mathrm{d}x \leqslant$$

$$\int_a^b |f_N(x)-g(x)|^p\,\mathrm{d}x +$$

$$\int_a^b |f(x)-f_N(x)|^p\,\mathrm{d}x <$$

$$\frac{\varepsilon}{2^p}$$

故 $O(f,\varepsilon)\cdot C_0$ 非空,因此 C_0 在 $L^p[a,b]$ 中稠密.

(2) 因为对简单函数 $g(x)$,存在连续函数 $q(x)$,使

$$\int_a^b |g(x)-q(x)|\,\mathrm{d}x < \left(\frac{\varepsilon}{4}\right)^p\cdot\left(\frac{1}{2M_1}\right)^{p-1}$$

$$|g(x)|<M_1,\ |q(x)|<M_1$$

所以

$$\int_a^b |g(x)-q(x)|^p\,\mathrm{d}x < \left(\frac{\varepsilon}{4}\right)^p$$

(3) 由定理 3,对连续函数 $q(x)$,存在多项式 $p(x)$,使

$$\max_{x\in[a,b]} |q(x)-p(x)| < \frac{\varepsilon}{4}(b-a)^{\frac{1}{p}}$$

所以

$$\int_a^b |q(x)-p(x)|^p\,\mathrm{d}x < \left(\frac{\varepsilon}{4}\right)^p$$

于是

$$f(x)-p(x)=f(x)-f_n(x)+f_n(x)-g(x)+g(x)-q(x)+q(x)-p(x)$$

$$|f(x)-p(x)|\leqslant|f(x)-f_n(x)|+|f_n(x)-g(x)|+|g(x)-q(x)|+|q(x)-p(x)|$$

所以,对两边 p 次幂积分,再由闵可夫斯基不等式得

$$\int_a^b|f(x)-p(x)|^p\mathrm{d}x<\varepsilon^p$$

即 $O(f,\varepsilon)\cdot P$ 非空,因此 P 在 L^p 中稠密.

证毕.

应用定理 $3'$ 和定理 4,我们立即可证明:

定理 4′ 设 T 是三角多项式全体,$L^2[0,2\pi]$ 是周期为 2π 的绝对值平方可积函数全体,则 T 在 $L^2[0,2\pi]$ 中稠密.

对于二元函数,我们也有类似的定理(在这里不加证明).

设 D 为矩形($a\leqslant x\leqslant b;c\leqslant y\leqslant d$),$L^p(D)$ 为 D 上绝对值 p 次幂勒贝格可积的可测函数全体($p\geqslant 1$).

定理 5 在矩形 D 上连续函数的全体 $C(D)$ 在 $L^p(D)$ 中稠密.

下面我们要介绍积分方程中常用的一个定理.

定理 6 设 $f(x,y)$ 是矩形 D 上的平方可积函数,则一定存在下面形式的函数序列

$$\sum_{i=1}^{m}f_i(x)g_i(y)(f_i(x)\in L^2[a,b],g_i(y)\in L^2[c,d])\tag{4.8}$$

平方平均收敛于 $f(x,y)$.

证　作函数 $f_N(x,y)$,即

$$f_N(x,y)=\begin{cases}f(x,y), & |f|\leqslant N\\ 0, & |f|>N\end{cases}$$

则单调递减函数列 $\{|f(x,y)-f_N(x,y)|^2\}$ 几乎处处收敛于零.故由列维引理,推出

$$\lim_{N\to\infty}\iint_D |f(x,y)-f_N(x,y)|^2\mathrm{d}x\,\mathrm{d}y=0$$

因此,对任何 $\varepsilon>0$,存在 N_ε,使

$$\iint_D |f(x,y)-f_{N_\varepsilon}(x,y)|^2\mathrm{d}x\,\mathrm{d}y<\frac{\varepsilon^2}{4}$$

因为 $f_{N_\varepsilon}(x,y)$ 为有界可测函数,存在简单函数 $\psi_{N_\varepsilon}(x,y)$, $|\psi_{N_\varepsilon}|<N_\varepsilon$,使

$$\iint |f_{N_\varepsilon}-\psi_{N_\varepsilon}|\,\mathrm{d}x\,\mathrm{d}y<\frac{\varepsilon^2}{8N_\varepsilon}$$

得

$$\iint |f_{N_\varepsilon}-\psi_{N_\varepsilon}|^2\mathrm{d}x\,\mathrm{d}y\leqslant 2N_\varepsilon\iint |f_{N_\varepsilon}-\psi_{N_\varepsilon}|\,\mathrm{d}x\,\mathrm{d}y<\frac{\varepsilon^2}{4}$$

所以

$$\iint |f-\psi_{N_\varepsilon}|^2\mathrm{d}x\,\mathrm{d}y\leqslant\varepsilon$$

但 $\psi_{N_\varepsilon}(x,y)$ 可写成形如(4.8)的函数,故取 $\varepsilon=\frac{1}{n}$ $(n=1,2,\cdots)$,得到一列形如(4.8)的函数平方平均收敛于 $f(x,y)$.

证毕.

定义 2 设 A 为距离空间 R 中的子集,若存在一点列 $\{x_k\}$,它在 A 中稠密,则称 A 为可析点集,即是说,对 A 中任一点 x,在任一邻域 $O(x,\varepsilon)$ 中,总有 $\{x_k\}$ 中的点 x_{k_0},当空间 R 为可析集时,称为可析空间.

直观地说,可析点集是比较简单的点集,因为我们在研究这个点集的某些性质时,有可能利用其中的稠密点列来考察,在可析点集中,许多极限过程要比较简单些.

例 1 实数全体按通常的距离是可析空间,因为有理数全体在其中稠密.

例 2 $C[a,b]$ 和 $L^p[a,b]$ 是可析空间,因为对任一多项式 $P(x)$,总有以有理数为系数的多项式 $P_n(x)$,使

$$|P(x)-P_n(x)|<\varepsilon$$

由定理 3,4 即得结果.

例 3 有理数列全体组成的空间 M 是不可析的.

M 中形如 $\{x_i\}$,$x_i=0$ 或 1 的点,其全体记为 K,则 K 是不可列集①. 对 K 中的任意两个不同的点:$x^{(1)}=\{x_i^{(1)}\}$,$x^{(2)}=\{x_i^{(2)}\}$,必有 $\rho(x^{(1)},x^{(2)})=1$,即 M 中有一个不可列的集 K,每两点之间距离都为 1.若 M 是可析的,即有 $\{y_k\}$ 在 M 中稠密,以 K 中的点为中

① K 是不可列集的证明:对$[0,1]$中任一数 x,总可表示成 $x=\frac{a_1}{2}+\frac{a_2}{2^2}+\frac{a_3}{2^3}+\cdots$,其中 a_k 为 0 或 1,因 $(a_1,a_2,\cdots)$ 与 $\frac{a_1}{2}+\frac{a_2}{2^2}+\frac{a_3}{2^3}+\cdots$ 的对应是一对一的,因而$[0,1]$中的数与 $(a_1,a_2,\cdots)$ 建立起一一对应(把 $(a_1,a_2,\cdots,a_k,0,0,\cdots)$ 与 $(a_1,\cdots,a_{k-1},1,1,\cdots)$ 看成相同的,这只是可列个),由$[0,1]$中的实数全体不可列可知 K 是不可列集.

心，$\frac{1}{3}$为半径作球，这种球彼此不相交，但由于$\{y_k\}$在M中稠密，每一球中至少有一个y_k，因此这种球的全体包含K，但$\{y_k\}$只有可列个，总有一个y_k属于两个球，例如$O\left(x^{(1)},\frac{1}{3}\right)$，$O\left(x^{(2)},\frac{1}{3}\right)$，这样一来

$$\rho(x^{(1)},x^{(2)})\leqslant\rho(x^{(1)},y_{k_0})+\rho(y_{k_0},x^{(2)})\leqslant \frac{1}{3}+\frac{1}{3}=\frac{2}{3}$$

得出矛盾，故M是不可析的.

§5　致密性、等度连续函数族

我们知道，直线（实数系）上极限理论中魏尔斯特拉斯定理："任一有界数列必有子数列收敛"是一个有力的工具，许多重要的定理如闭区间上的连续函数是均匀连续的等都是利用此工具来证明的.魏尔斯特拉斯定理可以拓广到n维的欧几里得空间中（见定理1）.但是对于一般的距离空间，有界点列不一定有子点列收敛.我们先引入距离空间中有界集的概念：

定义1　设R为距离空间，A为R中的集，如果存在A中的点x_0及常数$r>0$，使$A\subset O(x_0,r)$，则称A为有界集.

若$\{x_n\}$为R中的点列，而其中的点的全体成为有界集，则称此点列为有界点列.

例1　在$C[0,1]$中取连续函数列$A:\{f_n(x)\}$

$$f_n(x)=\begin{cases}0,x\geqslant\frac{1}{n}\\ 1-nx,x<\frac{1}{n}\end{cases}$$

这显然是有界序列，但不可能有子序列在 $C[0,1]$ 中收敛（图5）.因为，若 $\{f_{n_k}(x)\}$ 收敛于 $f(x)\in C[0,1]$，但

$$f(x)=\lim_{k\to\infty}f_{n_k}(x)=\begin{cases}1, x=0\\0, x>0\end{cases}$$

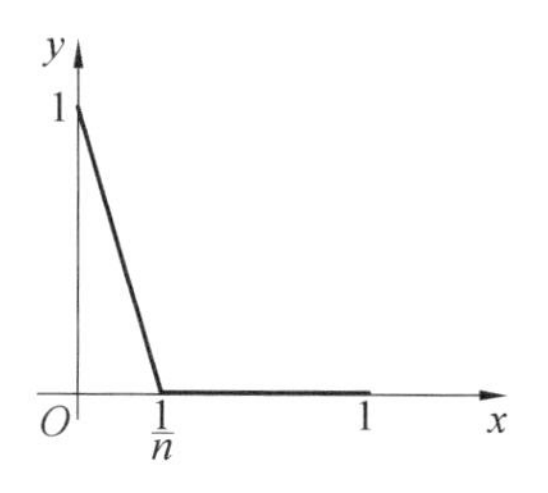

图5

则这和 $f(x)$ 的连续性矛盾（顺便证明了 A 是闭集，因为它没有极限点）.故魏尔斯特拉斯定理在 $C[0,1]$ 中不成立，即在一般的距离空间的有界集中不是每一点列都有收敛子点列，因此有必要引入如下的概念.

定义2 设 R 为距离空间，A 为 R 中的集，若 A 的任何点列必有收敛子点列，则称 A 为致密集.

定理1 设 $\{P_n\}$ 是 n 维欧几里得空间 E_n 中的有界点列，则必有子点列 $\{P_{n_v}\}$ 收敛.

证 设 $P_k=(x_1^{(k)},x_2^{(k)},\cdots,x_n^{(k)})$.因为 $\{x_1^{(k)}\}$ 是有界的，所以由实数系的魏尔斯特拉斯定理，必有收敛子数列 $\{x_1^{(k_1)}\}$ 收敛于 x_1.又因为 $\{x_2^{(k)}\}$ 有界，所以收敛子数列 $\{x_2^{(k_2)}\}$ 收敛于 x_2，继续用同样的方法做下去，可在 $\{x_n^{(k)}\}$ 中选择一个收敛子数列 $\{x_n^{(k_n)}\}$.这时 $\{x_v^{(k_v)}\}(v=1,2,\cdots,n)$ 当然是收敛的，且分别收敛于 $x_v(v=1,2,\cdots,n)$，则易知 $\{P_{k_v}\}$ 收敛于 $(x_1,x_2,\cdots,$

x_n).

前面的例1中说明了一般距离空间中有界集不一定是致密集,反过来呢?

定理2　致密集必为有界集.

证　设A不是有界集,则固定A中某点x_0,A中存在点x_1,使$\rho(x_1,x_0)>1$.又有$x_2\in A$,$\rho(x_2,x_0)>\rho(x_1,x_0)+1$.依此类推,得$x_1,x_2,\cdots,x_n,\cdots\in A$,使

$$\rho(x_n,x_0)>\rho(x_1,x_0)+\rho(x_2,x_0)+\cdots+\rho(x_{n-1},x_0)+1$$

那么当$n>m$时

$$\rho(x_n,x_0)>\rho(x_m,x_0)+1$$

由

$$\rho(x_n,x_0)<\rho(x_n,x_m)+\rho(x_m,x_0)$$

得到

$$\rho(x_n,x_m)>1$$

因此在$\{x_n\}$中不可能找到收敛子点列,即$\{x_n\}$没有极限点,所以A不是致密集,矛盾.

证毕.

引理1　设A为致密集,对任一$\varepsilon>0$,必有A中的有限个点$x_\nu(\nu=1,2,\cdots,n)$,使A中任一点与这有限个点的距离小于ε.

证　任取$x_0\in A$,再取$x_1\in A$,使$\rho(x_1,x_0)\geqslant\varepsilon$,再取$x_2\in A$,使$\rho(x_2,x_1)\geqslant\varepsilon$,$\rho(x_2,x_0)\geqslant\varepsilon$.如此继续下去,必然有一$n$使$\rho(x_\mu,x_\nu)\geqslant\varepsilon$,$\mu,\nu\leqslant n$,而对任一$x\in A$,必有$x_\nu(\nu=1,2,\cdots,n)$使$\rho(x,x_\nu)<\varepsilon$,不然的话得到$A$中的一列点$x_\nu(\nu=1,2,\cdots)$,其中任意两点的距离不小于$\varepsilon$,则$\{x_\nu\}$不存在

收敛子点列,这和 A 的致密性矛盾.

定理 3 致密集必是可析集.

证 对任一正整数 n,由引理1,必有 A 中的有限个点:$x_1^{(n)},\cdots,x_m^{(n)}$,使对 A 中任一点 x,必有 $x_k^{(n)}$ 使 $\rho(x,x_k^{(n)})<\frac{1}{n}$,因此可列集 $\{x_\mu^{(\nu)}\}(\mu=1,2,\cdots,m;\nu=1,2,\cdots)$ 在 A 中处处稠密.故 A 是可析集.

证毕.

由于致密集有很强的性质,我们自然要问:给定距离空间中的集,如何确定它是否致密?下面我们只给出 $C[a,b]$ 中集为致密的充要条件,这在微分方程和积分方程理论中是有用的.

定义 3 设 F 为 $C[a,b]$ 中的一个集,若对任何 $\varepsilon>0$,可以取到 $\delta>0$,使当 $|x'-x''|<\delta,x',x''\in[a,b]$ 时

$$|f(x')-f(x'')|<\varepsilon$$

对 F 中任何 f 都成立,则称点集 F 或函数族 F 为等度连续的.

设 M 为一个常数,若 F 中任一函数满足李普希兹(Lipschitz)条件

$$|f(x)-f(y)|<M|x-y|$$
$$(x,y\in[a,b])$$

(M 对 F 中所有 f 都适用),则 F 为等度连续的.

定理 4 $C[a,b]$ 中有界集 A 为致密的充要条件是 A 为等度连续的.

证 (1)必要性:设 A 为致密集,但 A 不是等度连续的,那么,存在 $\varepsilon_0>0$ 及一列 $f_n\in A,x'_n\in[a,b]$,$x''_n\in[a,b]$ 使

$$|x'_n - x''_n| < \frac{1}{n}$$

但

$$|f_n(x'_n) - f_n(x''_n)| \geqslant \varepsilon_0$$

$\{x'_n\}$既然是区间$[a,b]$上的点列，它必有收敛子点列$\{x'_{n_k}\}$，设$x'_{n_k} \to c$，则显然$x''_{n_k} \to c$.因为A为致密集，所以$\{f_{n_k}(x)\}$必有均匀收敛的子函数列$\{f_{n_{k_l}}(x)\}$，它的极限函数记作$f(x)$，由$f(x)$的连续性，必有$\delta > 0$，使当$|x-c| < \delta$时

$$|f(x) - f(c)| < \frac{\varepsilon_0}{6}$$

取m_1，使当$k > m_1$时

$$|x'_{n_k} - c| < \delta,\ |x''_{n_k} - c| < \delta$$

故此时

$$|f(x'_{n_k}) - f(x''_{n_k})| < \frac{\varepsilon_0}{3}$$

由于$f_{n_k}(x)$均匀收敛于$f(x)$，故存在l_1，使当$l > l_1$时，$k_l > m_1$，且当$l > l_1$时

$$\begin{aligned}
&|f_{n_{k_l}}(x'_{n_{k_l}}) - f_{n_{k_l}}(x''_{n_{k_l}})| \leqslant \\
&|f_{n_{k_l}}(x'_{n_{k_l}}) - f(x'_{n_{k_l}})| + \\
&|f_{n_{k_l}}(x''_{n_{k_l}}) - f(x''_{n_{k_l}})| + \\
&|f(x'_{n_{k_l}}) - f(x''_{n_{k_l}})| \leqslant \\
&\frac{\varepsilon_0}{6} + \frac{\varepsilon_0}{6} + \frac{\varepsilon_0}{3} = \frac{2}{3}\varepsilon_0
\end{aligned}$$

但这与假设矛盾，故$C[a,b]$中的致密集必为等度连续的.

(2) 为了证明充分性，先证下列引理：

引理2　设$\{f_n(x)\}$为点集M中的一列函数，

$\{x_n\}$为M中的一列点,且设对在点列中的任何点x_k,$\{f_n(x_k)\}$关于n成为有界函数列(即$|f_n(x_k)|<c_k,n=1,2,\cdots$).那么必可选出$\{f_n(x)\}$中的子函数列$\{f_{n_\nu}(x)\}$,使对任何$x_k$,$\lim\limits_{\nu\to\infty}f_{n_\nu}(x_k)$存在.

证 由$\{f_n(x_1)\}$的有界性,我们取$\{f_n(x)\}$的子函数列$\{f_n^{(1)}(x)\}$,使$\{f_n^{(1)}(x_1)\}$收敛,又由$\{f_n^{(1)}(x_2)\}$的有界性,取$\{f_n^{(1)}(x)\}$的子函数列$\{f_n^{(2)}(x)\}$,使$\{f_n^{(2)}(x_2)\}$收敛.一般地,由$\{f_n^{(k)}(x_{k+1})\}$的有界性,可以取$\{f_n^{(k)}(x)\}$的子函数列$\{f_n^{(k+1)}(x)\}$,使$\{f_n^{(k+1)}(x_{k+1})\}$收敛,这样我们取出了无限多个子函数列

$$\begin{gathered}
f_1^{(1)}(x),f_2^{(1)}(x),\cdots,f_n^{(1)}(x),\cdots \\
f_1^{(2)}(x),f_2^{(2)}(x),\cdots,f_n^{(2)}(x),\cdots \\
\vdots \\
f_1^{(k)}(x),f_2^{(k)}(x),\cdots,f_n^{(k)}(x),\cdots \\
\vdots
\end{gathered}$$

取$\{f_n(x)\}$的子函数列,$f_{n_\nu}(x)=f_\nu^{(\nu)}(x)$,即从上述无穷矩阵中取对角线元素作为子函数列.现在证明此子函数列在每一点x_k为收敛的;从$\{f_{n_\nu}(x)\}$的做法知道$\{f_{n_\nu}(x)\}$中除了前面k项都含于无穷矩阵的第k行,即$\{f_n^{(k)}(x)\}$中,因此$\{f_{n_\nu}(x_k)\}$是收敛的.

证毕.

这个引理的证明方法,称为对角线方法.它是处理极限过程的常用方法之一.

利用上述引理2,我们来证明条件的充分性.由假设$\{f_n(x)\}$均匀有界

$$|f_n(x)|\leqslant L$$

故根据引理2,取$\{x_k\}$为$[a,b]$上的有理点全体,

$\{f_n(x)\}$的子函数列$\{f_{n_\nu}(x)\}$在$[a,b]$中任何有理点处收敛.现在证明在区间$[a,b]$上$\{f_{n_\nu}(x)\}$收敛.对任何$\varepsilon>0$,取$\delta>0$,使当$|x'-x''|<\delta$时

$$|f_n(x')-f_n(x'')|<\frac{\varepsilon}{3} \tag{5.1}$$

然后,取有限个有理数$x_1,x_2,\cdots,x_k$,使对任一$x\in[a,b]$,可以找到$x_l(l\leqslant k)$,满足$|x-x_l|<\delta$.于是

$$\begin{aligned}&|f_{n_\mu}(x)-f_{n_\nu}(x)|\leqslant\\&|f_{n_\mu}(x)-f_{n_\mu}(x_l)|+\\&|f_{n_\mu}(x_l)-f_{n_\nu}(x_l)|+\\&|f_{n_\nu}(x_l)-f_{n_\nu}(x)|\leqslant\\&\frac{\varepsilon}{3}+|f_{n_\mu}(x_l)-f_{n_\nu}(x_l)|+\frac{\varepsilon}{3}\end{aligned}$$

取适当大的N,使当$\mu,\nu\geqslant N$时

$$|f_{n_\mu}(x_l)-f_{n_\nu}(x_l)|<\frac{\varepsilon}{3}$$
$$(l=1,2,\cdots,k)$$

因此当$\mu,\nu\geqslant N$,而$x\in[a,b]$时

$$|f_{n_\mu}(x)-f_{n_\nu}(x)|<\frac{\varepsilon}{3}+\frac{\varepsilon}{3}+\frac{\varepsilon}{3}=\varepsilon \tag{5.2}$$

因此,对任何$x\in[a,b]$,$\{f_{n_\nu}(x)\}$为基本数列,故$\{f_{n_\nu}(x)\}$有极限.

希尔伯特与希尔伯特空间

第3章

§1 现代数学的巨人
——纪念希尔伯特诞生120周年[①]

我们必须知道，

我们将会知道！

——对自然的认识和逻辑(1930)

1.早年

1862年1月23日，大卫·希尔伯特出生在东普鲁士的柯尼斯堡.小希尔伯特刚刚上学念书时，并不聪明.别的小孩六岁上学，他八岁才上学，而且从来没听说他有什么突出的成绩.他上的文法学校以文科为主，没有自然科学课程，数学

① 作者胡作玄.

是不受重视的，拉丁文、希腊文是主修课程．大数学家高斯(Gauss)、黎曼(Riemann)学习这些古典语言时都是兴趣盎然、成绩出色的，可是希尔伯特学起来却很吃力，死记硬背，勉强过关．据他的同学讲，他的理解力也颇为迟钝，他自己觉得只有学起数学来才从容、舒服．这比起他的同乡，从俄国来的犹太人移民闵可夫斯基家的孩子们真是差远了．老三赫尔曼·闵可夫斯基(Hermann Minkowski)，五年多就把八年多的功课学完了，小时候在家里就已经熟读莎士比亚、歌德和席勒这些文学巨匠的作品，《浮士德》大半会背下来．

最后一学年，希尔伯特转到另一所学校，那所学校比较重视数学，他以勤奋博得优秀的成绩.学校的老师没有忽视他的才能所在，在评语中写道："他对数学表现出极强烈的兴趣，而且理解深刻，他能用非常好的方法掌握老师讲课的内容，并能有把握地、灵活地运用它们."

希尔伯特在选择自己的前途时还能有什么犹疑呢？他的祖父、父亲都是法官，好多亲友也在法律界做事.他的父亲自然希望子继父业，攻读法律.但是，他的母亲给他另外一种影响.他的母亲对哲学、天文学、数学有着病态的爱好，她经常谈到素数的奇妙性质，而且对于柯尼斯堡的伟大哲学家康德(Kant)的遗迹有着近乎崇拜的感情.小希尔伯特的心中早就响着康德的名句"世上使我惊异的只有头上的星空和我们心中的道德规范".这一切比起法律上的世俗事务来又是多么诱人！

他决定进家乡的大学攻读数学.柯尼斯堡大学有着悠久的学术传统，康德在这里教过哲学和数学，仅次于高斯的德国数学家雅可比(Jacobi)在这里教过十八年书，他创立了讨论班这种形式，培养起一代新人.

希尔伯特进了这样的大学简直是如鱼得水，他发现大学的生活要多自由就有多自由，教授们想开什么课就开什么课，学生们想听什么课就听什么课，没有点名，没有考试，没有必修课，他可以完完全全地献身给数学了.

在大学的第一学期，他听了积分学、矩阵论和曲面的曲率论三门课.根据当时的习惯，大学生在四年大学期间往往要到两个、三个或更多的大学上课，这种流动

使得学生们可以从每所大学、每位教授那里吸收知识，吸取各方面的精华，开拓他们的眼界.希尔伯特在大学第二学期就到海德堡大学去听当时的微分方程的权威拉撒路·富克斯(Lazarus Fuchs)的讲课.富克斯课前不备课，讲课时现想现推.这样非但没有影响教学质量，反而使学生能亲身体会一下数学的思考过程实际上是怎么进行的.

第三学期他本来可以去当时德国数学的中心——柏林大学，可是他太想家了，还是回到柯尼斯堡大学念书.海因里希·韦伯(Heinrich Weber)是该校的数学教授，他是一位数论、函数论专家.希尔伯特听了他的数论和椭圆函数论的课，还参加了韦伯的关于“不变式理论”的讨论班，正是这个讨论班使他接触到这个新领域，它在以后十年里是希尔伯特的主要研究方向.

1883 年韦伯到夏洛滕堡去当教授，继任数学教授的是林德曼(Lindemann).1882 年林德曼证明圆周率 π 是一个超越数，而成了数学界的大明星.由于林德曼证明了 π 是超越数(也就是它不是以有理数为系数的代数方程的根)，因而推出“化圆为方”这个千年难题是办不到的.林德曼的确是希尔伯特的真正老师，是他使希尔伯特转向不变式论，1884 年希尔伯特的博士论文题目也是他出的.希尔伯特在 1893 年的一篇论文中给出 e 和 π 是超越数的一个非常简单的证明.

希尔伯特在大学里所受到的最大影响不是源自听讲，不是源自看书，也不是源自参加讨论班，而是源自同两位青年数学家的交往.一位是赫尔曼·闵可夫斯基，他比希尔伯特小两岁，上大学却早半年，1882 年春天在柏林大学读了三学期后回到柯尼斯堡.这个十分爱害羞的十七岁的孩子,正在干着一件惊人的事业.1881年春天,巴黎科学院悬赏征求下面问题的解法:把一个整数分解为五个平方数之和.这个问题实际上已被英国数学家亨利·史密斯(Henry Smith)解决,只是若尔当(Jordan)、埃尔米特(Hermite)这些法国院士不懂英文也不知道.闵可夫斯基一个人潜心研究,他的结果大大超出了原问题的范围.1883年4月这个数学大奖授予史密斯和闵可夫斯基.这件事轰动了柯尼斯堡,希尔伯特的父亲告诫他,不要冒冒失失去和"这样出名的人"交朋友.他却不顾父亲的告诫,和这位天才成了终身的好友.他们对于数学有着共同的热爱,对于数学的前途充满了信心,对于当时流行的悲观论调"我们无知,我们将永远无知",他们的回答是:"每一个确定的数学问题必定能够得到一个准确的回答;或者对所提的问题实际上给出肯定答案,或者证明问题是不可解的,从而所有企图证明它成立的努力必然失败."

1884年春天,希尔伯特的另一位真正的老师——阿道夫·胡尔维茨(Adoef Hurwitz)到柯尼斯堡大学担任副教授.他比希尔伯特还大不了三岁,这位刚刚25岁的副教授,就已经对数学的整个领域都有了非常深刻的了解.希尔伯特同这两位一大一小的良师益友的交往是他毕生难忘的.

每天下午五点,他们三人碰头向苹果树走去.在日复一日的散步中,他们考察了数学世界的每一个王国,讨论了当前数学的状况,相互交换新得到的知识,相互交流彼此的想法和研究计划.就这样,三个人结成了终

身的友谊.胡尔维茨以其全面、系统的知识对其他两位有着十分深刻的影响.希尔伯特用这种既容易又有趣的学习方式,像海绵吸水一样吸收数学知识,给自己的未来事业打下了牢固而全面的基础.比起这两位数学天才来,希尔伯特还是一个无名之辈,可是二十年后、三十年后、四十年后……许许多多第一流的数学家的名字变得晦暗,希尔伯特的名字却依然光彩照人.

2.新思想

博士学位是学术的阶梯上的第一级.林德曼建议他搞一个代数不变式的题目.

代数不变式的观念在 18 世纪就已有萌芽,但是正式提出来这个概念的是英国数学家、逻辑学家乔治·布尔(George Boole),现在计算机科学中常谈到的布尔代数就是来源于他.1841 年布尔正式提出了不变式的观念.不变式理论中最主要的问题是对于给定的齐次多项式(型或形式),求出它的所有不变式来,更进一步说,可以问这些不变式是否能够由有限多个"基本的"不变式产生出来?这些"基本的"不变式之间有什么关系?这个问题是极为困难的,英国数学家凯莱(Cayley)对于两变元的形式给出了这个问题的解答,他说如果多项式的次数大于 8,那么"基本的"不变式会有无限多个.十多年来,没有人对此说个"不"字.可是到 1868 年,德国数学家戈丹(Gordan)指出,凯莱的结果是不对的,任何两变元的形式的不变式都只有有限多个"基本的"不变式.他的方法十分巧妙,写出来的都是具体公式,不由你不心服口服.这样一个突破使得他荣获"不变式之王"的雅号.他随即提出一个问题,对于三元型、四元型是否不变式也具有"有限基"呢?这个问题,经过英、德、法、意等国许多数学家的努力,十几年来仍旧进展不大,希尔伯特就是从研究这种数学上的前沿问题走上数学研究的大道的.

1884年12月11日希尔伯特通过了口试,1885年2月7日他通过答辩正式被授予哲学博士学位.

希尔伯特开始向戈丹问题进攻了.这个问题具有他认为是一个重大的、关键的问题所应具有的特点:

(1) 清晰性和易懂性("因为清楚、易于理解的问题能够吸引人的兴趣,而复杂的问题使人望而却步").

(2) 困难("这才能诱使我们去钻研它")但又不是完全无从下手("免得我们徒劳无功").

(3) 意义重大("在通向那隐藏着的真理的曲折道路上,它是一盏指路明灯").

希尔伯特一生正是本着这样的原则去进攻一个又一个问题而取得一个又一个重大成就的.而且他每研究一个问题总是锲而不舍,不达目的决不罢休.在通往解决问题的大道上,他总是不为陈规陋习所束缚,而去寻求各种途径,充分发挥他巨大的创造才能.

对于戈丹问题这个迫切的难题,他先从吃透戈丹所解决的二元情形入手.他先给出一个简单证明,然后,对于三元、四元乃至 n 元情形,发现可以用统一的方法来处理.这就是著名的希尔伯特基定理.希尔伯特一反以前的一个公式接着一个公式的构造方法,而是从基定理用逻辑证明,任何 n 元型的不变式都具有有限基.这个干净利落的存在性证明引起了"不变式之王"戈丹大声叫喊:"这不是数学,这是神学."许多人对他的结果的可靠性也有所怀疑.1888年他发表的短短四页的文章未免太少了一点,他又花上几年时间用

构造的方法把主要定理 —— 基定理证明出来,使得大家没有话说了,连戈丹最后也说:“神学也有神学的用处嘛!”

正是这样,希尔伯特在数学方法论上完成了一次革命,用存在性证明来代替构造性证明.

不变式的时期结束以后,希尔伯特进入他的数论时期.1893 年在慕尼黑召开的德国数学联合会上,希尔伯特对于代数数域的基本定理 —— 每一个理想可以唯一分解为素理想,给出一个新的证明.这个定理以前由戴德金(Dedekind)和克罗内克(Kronecker)用不同的方法证明过.在这次会议上,德国数学联合会委托希尔伯特和闵可夫斯基在两年之内准备一篇“数论报告”.可是闵可夫斯基很快就没有兴趣研究下去了,整个工作由希尔伯特独自完成,当然他不断地征求他的朋友们,特别是闵可夫斯基的意见.这篇报告最后于 1897 年 4 月完成,它大大超过一篇报告的分量.它是数学中最优秀的综合报告,几十年来一直为学习代数数论的人指明方向.

从 19 世纪初,高斯发表了他那部著名的《算术研究》起,代数数论已经取得许多成果,但不同的数学家不但看问题的角度互不相同,而且连使用的术语和记号都不相同,这给其他数学家带来很大的困难.希尔伯特细致地搜集代数数论的知识,然后用一种统一的观点来对这些知识重新组织,给出新的表述和新的证明,并且在这个基础上描绘成未来的宏伟大厦 —— 类域论的蓝图.

在 1893—1897 年这几年间,希尔伯特做了大量的工作,而且揭示出数论这个原来比较孤立的分支与数学其他分支的联系.他从特殊的例子出发,由特殊到一般,最后概括出"类域"这个概念,并猜想了许多定理.这些猜想在以后三四十年间成为数学家集中研究的对象.在20世纪,所有数学中最漂亮的理论之一——类域论就是以希尔伯特的报告为出发点的,而且他所提出的许多概念还预示了抽象代数、同调代数的发展.

3.哥廷根的黄金时代

在希尔伯特集中力量研究数论的时候,1894年12月初,他接到克莱因(Klein)的一封信.由于韦伯到斯特拉斯堡去任教,空下的教授职位,克莱因想让希尔伯特接替.1895年3月他到哥廷根去当教授,从此,哥廷根成为世界数学的中心.

哥廷根大学建于1737年,它的伟大科学传统是由高斯开创的.他开辟了哥廷根大学的理论与实际结合的优良传统.他的继承人狄利克雷(Dirichlet)和黎曼都对数学做出了杰出的贡献.1886年赫赫有名的克莱因来到哥廷根大学,哥廷根开始成为吸引着各国学生的圣地.

在哥廷根,克莱因无疑是绝对权威.他擅长纵观全局,能在完全不同的问题中洞察到统一的思想,还有集中必要的材料阐明统一见解的艺术.他选择的课题使学生对于整个数学能够获得一个全面的了解.他的课程准备得非常仔细,每个细节都有周密的安排.他魁梧威严、风度翩翩,被人形容为云端的一尊大神.

希尔伯特可完全不一样,他中等个儿、头顶已秃、留着淡红色的胡子,说话还保留着浓重的东普鲁士口音,看上去根本不像一位教授.希尔伯特的教学也不太"高明",他讲得很慢,经常重复,有点像中学教员讲课,

但是他的讲课方式注意“简练、自然、逻辑上严格”，而且往往有许多“精彩的观点”，还是给许多学生留下深刻的印象.

在讨论班上，他总是聚精会神地听，总是温和地纠正别人的错误，对于好的工作也总是热心表扬，对于不好的工作也提出直率的批评.他不能容忍假话和空话，那是要引起他大发雷霆的.

希尔伯特到了哥廷根，三年来只谈“数域”，可是 1898—1899 年冬天他转而讲授“几何基础”，这使人们产生惊异的感觉.不过，他对几何基础问题的兴趣并不自今日始.

1891 年，他曾在哈勒听过赫尔曼·维纳(Hermann Wiener)关于几何基础的讲演.在返回柯尼斯堡的路上，他在柏林车站对别人说：“在一切几何学命题中，我们必定可以用桌子、椅子和啤酒杯来代替点、线、面.”这种朴素的说法，包含着他后来在《几何学基础》中阐述的本质思想.

长期以来，欧几里得几何学一直是数学思维的典范，连牛顿(Newton)的《自然哲学的数学原理》和斯宾诺莎(Spinoza)的《伦理学》都仿照《几何原本》的格式.文艺复兴以后，很多人尝试对于平行公理做出证明，但是都失败了.这使得人们从另外一个角度来考虑问题，把平行公理换成另一个公理，这导致 19 世纪 20 年代非欧几何的出现，大约同时射影几何也正式形成.曾有许多人考虑几何的公理化，一直到 1882 年帕什(Pasch)给出了第一个逻辑上封闭的射影几何和欧氏几何公理系统，他发现欧氏几何体系中许多关系隐含在公理中，而且他还具有几何实体不是靠直观，而是靠公理来定义的思想.但是,正是希尔伯特给出一个几何学公理系统,其中有三组对象:可以叫点、线、面,叫别的也可以,这些对象满足五组公理.不管你怎样解释这些对象,只要它们满足这些公理,那么由公理推得的定理都一定成立.

尤其是希尔伯特对于公理提出了一些逻辑上的要求,也就是:

(1) 完备性.如果除掉任何一条公理,那么就会有某些定理得不到证明.

(2) 相容性.从这些公理出发不能推出互相矛盾的定理.

希尔伯特的独到之处在于他巧妙地创造代数的工具,使用代数模型来证明相容性和独立性.希尔伯特给数学家提供了公理化方法的典范.

1899年,希尔伯特的《几何学基础》的讲义出版,这本书产生了巨大的影响.其中最有决定意义的是"那种特殊的希尔伯特精神……即把逻辑力量与创造活力结合起来;藐视一切陈规陋习;几乎以康德式的乐观精神把各种本质关系转化成为对立面,并最充分地运用数学思想的自由……".

《几何学基础》是他的著作中读者最多的一部,在他生前再版七次,他去世后又出过八、九、十版.它不仅对几何学的影响至为巨大,而且预示后来他关于数学基础的工作.

1899年夏天,《几何学基础》刚刚出版不久,希尔伯特又转而研究另外一个著名的老问题——狄利克雷原理.在力学、电磁学中都要解拉普拉斯(Laplace)方程的边值问题,从直观上来看,这个方程的解的存在

是不成问题的，但是从数学上就要有严格的证明.高斯发现这个解就是使得某个二重积分达到极小的函数.黎曼不经证明就认为这个使积分达到极小的函数一定存在.可是一贯以严格著称的魏尔斯特拉斯认为这样不合理，1870 年他还举出反例证明在某些情形下，这样的函数并不存在.

但是，狄利克雷原理太有用了，而数学家只能绕过它.许多数学家真觉得严格性是一个负担，可是希尔伯特不这么看，他坚定地相信严格有助于方法的简化.他高度赞赏魏尔斯特拉斯将直觉的连续性的理论改造成为严格的逻辑体系的工作.但是，他对于魏尔斯特拉斯对狄利克雷原理的批判并不赞同.这个原理的诱人的简明性和谁也不能不承认的有着丰富的应用的可能性使他确信它有内在的真实性.于是，他于 1899 年 9 月在德国数学联合会上提出使狄利克雷原理“复生”的尝试.他的方法就是回到问题的根源，回到原始概念的简明性上.他以伟大探索者的质朴无华、摆脱任何传统偏见的精神进行研究.他通过巧妙的处理，消除了魏尔斯特拉斯指出的缺陷，激起大家的惊叹和赞美.整个思路简单明了，但是直观上并不显然，克莱因称赞他“成功地给曲面剪了毛”.后来他又给出另外的证明，他的证明经过简化和推广，使狄利克雷原理由一个纯粹数学的原理变成一个强有力的计算方法——黎兹方法.

4.20 世纪的数学新方向

1899 年底，第二次国际数学家大会邀请他做一次重要发言.在这世纪交替之际，他应该讲些什么呢？于是他和闵可夫斯基商量，闵可夫斯基回信说：“最有吸引力的题材，莫过于展望数学的未来，列出在新世纪里数学家应去努力解决的问题.这样一个题材将会使你的讲演在今后几十年的时间里成为人们议论的话题."当时这样做是极为困难的.经过一番考虑,希尔伯特决定提出一批急需解决的数学问题.

经过半年的准备,希尔伯特把这个长达 40 页的文章带到了巴黎.1900 年 8 月 8 日,他在会上做了这个讲演,他没能全讲,实际上 23 个问题中只讲了十个问题.

他在这篇有历史意义的演说中,强调了有具体成果的大问题的重要性.他说:"只要一门科学分支中充满大量问题,它就充满生命力,缺少问题则意味着死亡或独立发展的终止.正如人类的每种事业都是为了实现某种最终目标一样,数学研究需要问题.解决问题使研究者的力量得到锻炼,通过解决问题他发现新方法及新观点并且扩大他的眼界."他还说:"谁眼前没有问题而去探索方法就很可能是无用的探索."

他讲的问题的确成为新世纪的方向,前三个是数学基础论的问题,在当时这门学科可以说还没有露头,而在 20 世纪已经发展成为一个庞大的领域了.他对于基础的重视正预示着数学的方向.

其次四个问题是关于数论和代数方面的,一个是超越数问题,一个是素数问题,还有实代数曲线的问题,这些问题都已经成为新学科,现在仍被人们紧张地研究着.

最后三个分析问题都是 19 世纪的重大问题,在 20 世纪取得相当大的进展,但是仍未彻底解决.

他说,他只提供了一些问题的样品.他最后表示,他不相信也不希望出现数学被割裂成细小分支,彼此互不关联的情况.他认为,数学科学是一个不可分割的

有机整体,它的生命力正是在于其各个分支之间的联系!他的这些问题正是给统一数学、增进数学家相互了解,防止过分专门化提供了良好的基础.

正如闵可夫斯基所预料的,希尔伯特这个讲演成为 20 世纪数学发展的一个指南、一个缩影.

20 世纪初,世界上学数学的学生都受到同样的劝告,“打起你的背包来,到哥廷根去!”这时听希尔伯特讲课的学生经常达到几百人,有时候连窗台上也坐满了人.20 世纪著名数学家赫尔曼·外尔(Hermann Weyl)回忆起他到哥廷根时还是 18 岁的乡下孩子,一到大学就去听希尔伯特的课,他说:“他讲的内容一直钻进我的脑子,新世界的门对我打开……”外尔立即暗暗下定决心,必须用一切办法去阅览希尔伯特所写的一切.他还说过:希尔伯特的“光辉在我们那些具有共同的疑虑和失败的岁月中仍旧抚慰着我的心灵”.许多著名的物理学家也听过希尔伯特的课.

在 1900 年冬天,瑞典数学家霍姆格伦(Holmgren)在希尔伯特的讨论班上报告了弗雷德霍姆(Fredholm)最近关于积分方程的初步结果,马上激起希尔伯特的莫大兴趣.希尔伯特一眼就看出积分方程和无穷多变元的线性方程的相似性,它们之间可以通过极限过程联系起来.围绕希尔伯特的青年数学家形成了一个大的国际学派,积分方程成为当时最时髦的东西,不仅在德国,在法国、意大利乃至大西洋彼岸也是如此.一大批好文章出现了,当然也夹杂不少平庸的文章.但是,整个效果却是给分析带来可观的变化.泛函分析这门崭新的学科以它的第一个空间——以希尔伯特命名的空间的特例(平方可和级数空间)——的出现而宣告自己的诞生.而对物理学家最有意义的事是希尔伯特创造了希尔伯特空间的算子谱理论.二十年后,量子力学就是用算子谱来解释原子光谱的.

希尔伯特在研究积分方程理论的过程中,一刻也没有忽略物理学的革命性进展.他知道线性积分方程理论在分析、几何和力学上有着多方面的应用,难道他不能使这个理论成为新的理论物理学的重要工具吗?1912年起他开始用积分方程理论研究辐射理论,在三篇文章中,他最后把辐射理论公理化.在他看来,一门物理学到最后也必须公理化才算完整.实际上他的目标要大得多,他要把整个物理学公理化,但他没有成功.

早在1902年秋天,闵可夫斯基到哥廷根担任教授,这两位朋友就又开始他们的第二个青春.希尔伯特和他的朋友密切合作,系统地研究理论物理学,经常同这门邻近科学保持接触,闵可夫斯基关于相对论的工作就是这些共同研究的第一个成果.1909年闵可夫斯基去世时,希尔伯特这样谈起他们的友谊:“我们爱我们的科学超过了一切,正是它把我们联系在一起.它像是百花盛开的花园,花园中有许多平整的小径,可以使我们从容地左右环顾,毫不费力地尽情享受,特别是有气味相投的伴侣在身旁;但是,我们也喜欢搜寻隐秘的小路,去发现新的美丽景色,当我们向对方指出来时,我们的快乐就更加完美.”闵可夫斯基去世以后,一直到1930年,希尔伯特还经常讲物理方面的课程并指导讨论班.

5.希尔伯特精神

1914年7月,第一次世界大战爆发了,狂热的沙文

主义情绪在整个欧洲弥漫着.

当时德国发布了"告文化界"的声明,几乎征得每位头面科学家的签名.发明 606 的埃尔利希(Ehrlich),热力学第三定律创立者能斯特(Nernst),量子论创立者普朗克(Planck),X 射线发现者伦琴(Röntgen),有机化学家费歇尔(Fischer)……,在德国数学家中具有国际声望的无疑是克莱因和希尔伯特,克莱因也签了名,而希尔伯特仔细研究了每一条,他说他不能肯定这里说的都是真话,他拒绝签名.1914 年 10 月 15 日德国政府公布了这份声明,没有具名的大科学家,一位是爱因斯坦,另一位是希尔伯特.在第一次世界大战期间他还是照样搞他的学问.他说,打仗是件蠢事.

1917 年 2 月,法国数学家达布(Darboux) 去世的消息传到哥廷根,希尔伯特立即写了一篇纪念达布的文章登在哥廷根的数学杂志上.文章发表之后,一群学生跑到希尔伯特家门口大吵大闹,要希尔伯特立即承认纪念"敌国数学家"有罪,并把印好的文章全部销毁.他拒绝了,并且跑到校长那里声明,如果校方不为学生的行为向他道歉,那么他就要辞职,校方只得马上向他道歉.

希尔伯特反对科学中一切出于国籍、种族和性别的歧视.他只有一个目标,那就是追求真理;他只有一个标准,那就是学术标准.他没有任何门户之见,更没有地方偏见.埃尔朗根大学有两位教授,一位是不变式之王戈丹,另一位是马克斯·诺特(Max Noether).诺特的女儿爱米·诺特(Emmy Noether) 跟着戈丹学习不变式论,1907 年得到博士学位.当时在大学教书要通过授课资格,而女性根本就很难取得.希尔伯特在第一次世界大战期间把她请到哥廷根,希尔伯特极力推荐她,但是,遭到哥廷根哲学系中语言学家和历史学家的坚决反对.希尔伯特直截了当地说:“先生们,我不明白为什么候选人的性别是阻止她取得讲师资格的理由.归根结底,这里毕竟是大学而不是洗澡堂.”也许因此他激怒了他的对手,诺特没有被通过.诺特在20世纪20年代发展了抽象代数,在她周围形成一个新的学派,而这个学派的思想在很大程度上也是来源于希尔伯特.

实际上,他在19世纪最后十年所完成的关于几何基础的研究工作已经引起很大的反响.当时出现各种各样的公理化,特别是从几何出发,对数域的公理化.另外一条拓扑路线也是在希尔伯特的二维流形的定义的基础上发展起来的,这样代数和拓扑这两门现代数学的基础和核心在20世纪初年都蓬勃发展起来.

但是,希尔伯特看得更远,他采取的模型的方法给出的证明只是公理之间相容性的相对证明,而他念念不忘的是相容性的绝对证明,也就是要包括整数、实数乃至康托尔(Cantor)的集合论在内的证明.有了这个,全部数学就可以安安稳稳建立在集合论或数论的基础上了.他在1900年的数学问题中谈到这点,到1904年在海德堡召开的第三次国际数学家大会上他也谈到了这个问题.这个讲演主要是他首次尝试给算术的无矛盾性一个证明.有趣的是,他先给前人的观点各贴一个标鉴:克罗内克是教条主义者,亥姆霍兹(Helmholtz)是经验主义者,克里斯托费尔(Christoffel)是机会主义者,这些他都加以批判.他说更深刻的是弗雷格(Frege)的逻辑主义方法、戴德金的先验方法、康托尔

的主观判断方法，而他自己则标榜公理化方法.这里他已经谈到他的观点：把数学还原成一组公式.但是由于他忙于搞积分方程及物理学，他的理论没有再进一步探讨.一直到1917年9月他在苏黎世讲演"公理化思想"才又重新回到数学基础问题上.因为这时数学界关于基础的争论已经闹翻了天，特别是布劳威尔(Brouwer)的直觉主义的传播.当时由于悖论的出现引起数学基础的危机，布劳威尔在1907年的博士论文《论数学基础》中，点名批判了康托尔、罗素、希尔伯特的工作.他对于"数学的存在主义"的批判不仅完全消除了悖论，而且也把当时大家一直普遍接受的经典数学的很大一部分破坏掉了.

这种观点其实反映着以前柏林大学教授克罗内克的思想，克罗内克有句名言："上帝创造了整数，其余是人类的工作."他坚持存在的证明必须通过整数明显地、一步一步地构造出来.他十分霸道，总是利用自己的权势和威望打击一切他认为是"异端"的人物，其中集合论的创造者康托尔就是最大的受害者，而希尔伯特是集合论的最早拥护者之一，如今布劳威尔的直觉主义观点简直就仿佛是克罗内克的"鬼魂"又从坟墓里爬出来了.年近六十的希尔伯特锐气不减当年，他确信，无须"背叛我们的科学"就可以恢复其完整的明确性.他提出来"要把基础问题一下子彻底解决掉"，他大声疾呼："禁止数学家使用排中律就等于禁止天文学家使用望远镜和不让拳击家使用拳头一样."

希尔伯特认识到：除非把数学命题首先都还原成公式，数学命题本身就不能成为数学研究的对象.这样做的目的就是要给无矛盾性一个绝对的证明.也就是说，他要求建立的不是个别数学命题的真假，而是整个体系的无矛盾性.一个体系如果按照推演规则永远不能推出公式 $0 \neq 0$ 来，那么这个体系就没有矛盾.希尔伯特认为数学真理的所在就是没有矛盾，而不在于是否能构造出来.因而在这个意义下，他能够挽救他所珍爱的古典数学的整个体系.这就是他的形式主义.

对于形式主义者来说，数学本身是形式系统的集合.每个形式系统都包含自己的逻辑，自己的概念、公理，推演定理的规则(例如相等规则、代换规则等)，以及由它们推出的定理.数学的任务就是发展出每一个这样的演绎系统.

20世纪20年代，希尔伯特发表了一系列的文章同布劳威尔和外尔等人进行激烈的争论.在这期间，他发表了证明论，即元数学这门分支，也就是如何通过把数学理论中的公理、公式和证明作为对象来进行记号的形式推理.

1922年发表的《数学的新基础》、1925年发表的《论无限》和1927年的汉堡讲演“数学基础”给出具体的证明论的记号及公理系统、推演规则等，而且在1927年的讲演中猛烈抨击直觉主义的同时，还指出它与逻辑主义的不同.罗素等的理论中有无穷公理和可归约性公理，他认为这两个公理没有无矛盾性的证明，是纯内容性的，不符合他的要求而应予以避免.当然更主要的形式主义者坚持逻辑同数学同时处理的观点，他们把1当作原理记号，而不像逻辑主义者通过繁复的逻辑符号连篇累牍地去定义1.

1930年，68岁的希尔伯特光荣地从他就任三十五年的哥廷根教授职位上退休.三十五年来，哥廷根播下

的种子传遍世界各地，到处开花结果.希尔伯特和庞加莱(或译彭加勒)不同，他不仅通过自己的研究成果影响整个数学界，还通过交谈、教课、指导博士论文发挥自己的莫大影响.这样的学生有成百上千，著名的数学家就有几十人之多.

由于他的辛勤劳动和丰硕成果，荣誉自然地纷至沓来.这一年使他最高兴的消息是他的家乡柯尼斯堡授予他荣誉市民的称号.回到自己生于斯、长于斯的康德之城，自不免心情激动.三十多年来，数学与自然科学的飞跃发展更使这位全心全意献身科学的老战士热情奔放.他在秋天去柯尼斯堡接受这项荣誉后，曾在柯尼斯堡科学会发表了一篇题为“对自然的认识与逻辑”的充满乐观主义精神的演说.他的第一句话就是“我们最崇高的任务就是认识自然、认识生命.”接着他怀着满意的心情回顾了这个世纪科学上的伟大成就，放射性、原子结构、相对论、量子论，等等.他还谈了自己对哲学问题的看法.康德认为除了逻辑和经验，人还具有某种对实在的先验知识.他虽然觉得这位老乡净说废话，不过在这种场合他还是说：“他相信数学的认识最终还依赖于某种直观洞察力.”当然“康德大大夸大了先验知识的作用和范围”.而“数学就是协调理论和实践、思维和实验的工具.它在它们之间建立起一座桥梁，并不断地巩固它.因此，我们整个的现有文化，至少涉及对自然的理性认识和利用，都是奠基于数学之上.”

最后他以极大的热情和乐观主义反驳了不可知论.“对于数学家来说，没有不可知论，按照我的看法，自然科学也根本没有不可知论.”哲学家孔德(Comte)

有一次曾试图举出一个不可能解决的问题的例子，他说，科学将永远不能解答天体的化学组成之谜.可是，几年之后，这个问题就被解决了 ……，在我看来，孔德找不到一个不能解决的问题，其真正原因就在于，根本就没有不能解决的问题.与那种愚蠢的不可知论相反，我们的口号是：我们必须知道，我们将会知道.

当他的目光从讲演稿上移开时，他发出愉快的笑声.

6.晚年

正当希尔伯特的笑声还回荡在人们的耳际时，谁也没有料到形势已经急转直下.

也是在 1930 年，一位不知名的奥地利数学家哥德尔(Godel) 投寄了一篇论文，它的题目是《论数学原理及有关体系中的形式不可判定命题》，这篇文章证明初等数论是不完全的，也就是有这样的定理，在初等数论的形式系统中既不能证明也不能否定.他并且推而广之，对于“有点意义的”形式系统，其自身的无矛盾性不能通过希尔伯特有限主义的办法来实现.换句话说，希尔伯特的纲领行不通！

希尔伯特是从他的学生贝尔奈斯(Bernays) 那里听到这个结果的，他感到气愤、困惑、沮丧.这个沉重的打击使他难以复原，他必须对自己的“有限主义”纲领加以修正，做出让步，允许诸如“超限归纳法”之类的东西进来，虽然他不情愿，但那又有什么办法呢？

第一个跟希尔伯特做博士论文的学生，布卢门塔尔(Blumenthal)，是《希尔伯特全集》中希尔伯特传记的作者，他长期同希尔伯特交往，经常到哥廷根来.不久他逃到荷兰，后来被捕，1944 年死在捷克的集中营

里.

1939年9月,希特勒入侵波兰,许多人也设法逃离德国.西格尔(Siegel)在1940年3月到挪威去前向希尔伯特辞行,他发现希尔伯特夫妇没住在家里,而躲在破旧的旅馆里,那时希尔伯特已经什么也记不起来了.

希尔伯特曾告诉法朗兹·莱理希说:"我年轻的时候总听到老年人喜欢说,过去那些日子多么美好,而现在的日子又是多么丑恶,我下定决心,我年纪大的时候,决不会重复这些话.不过,现在我还是不得不重复这些话了."

的确,他辛辛苦苦培育起来的哥廷根学派现在已经被改造成为不再"玩弄学术"的场所.教育部长卢斯特(Rust)一次问希尔伯特,现在哥廷根的数学怎么样,希尔伯特不无好气地回答说:"什么,我不知道哥廷根还有什么数学!"

1942年初,八十高龄的希尔伯特在哥廷根的街道上摔倒,折断了手臂.由于这次事故,他身体不能活动而引起并发症,在1943年2月14日与世长辞,而参加这位桃李满天下的大数学家葬礼的人不过十个左右.

第二次世界大战后联邦德国也出现过一些优秀甚至天才的数学家,但是没有一位比得上希尔伯特,甚至克莱因、外尔、诺特、闵可夫斯基.为什么那个时代不仅数学家人才辈出,而且在这三四十年的"黄金时代"里出现了那么多的物理学家、化学家、生物学家、医学家,乃至大哲学家、艺术家、作家、音乐家?这个问题实在令人沉思!

希尔伯特的全集只有三卷,第一卷收入数论十一篇文章,第二卷收入代数学、不变式论、几何学二十九篇文章，第三卷收入分析、数学基础论、物理学十六篇文章以及一篇数学问题，四篇传记文章，一篇哲学讲演.另外没有收入全集的有二十篇左右的短文和他的五种书.他的文章和书大都是继往开来的，影响长久不衰.例如，他的数论报告几乎影响了三四十年的代数数论的发展，成为每篇论文的必引文献；他的《几何学基础》直到现在还在再版，成为数学家的重要读物.

他的形式主义思想体系大大扩展了数学的领域，在数学一切领域中推广公理化方法使得20世纪数学的面貌同19世纪迥然不同，19世纪的数学较大量的工作仍是具体的数学问题，如椭圆函数及阿贝尔(Abel)函数、方程论、不变式论、代数数域、数学物理方程、复分析、二维及三维的微分几何学及代数几何学，等等.到20世纪，形成了抽象代数及拓扑学两个数学的基础学科，数学的面貌整个改观.

20世纪30年代起布尔巴基(Bourbaki)学派继承了希尔伯特的衣钵，发展出数学结构的概念，使得数学更进一步深入而广泛地发展，并在结构观念之下，形成了一个统一体.回顾这段发展，可以看出正是希尔伯特开辟了这条道路.

§2 希尔伯特空间[①]

1.希尔伯特空间的定义

如果在向量空间R中定义了两个变量$\boldsymbol{x}$和$\boldsymbol{y}$的数值函数$(\boldsymbol{x},\boldsymbol{y})$，满足下列条件：

① 本节摘编自《线性微分算子》，M.A.纳依玛克著，王志成等译，科学出版社，1964.

(1) $(\boldsymbol{x},\boldsymbol{x})\geqslant 0$，仅当 $\boldsymbol{x}=\boldsymbol{0}$ 时 $(\boldsymbol{x},\boldsymbol{x})=0$；

(2) $(\boldsymbol{y},\boldsymbol{x})=\overline{(\boldsymbol{x},\boldsymbol{y})}$；

(3) $(\lambda\boldsymbol{x},\boldsymbol{y})=\lambda(\boldsymbol{x},\boldsymbol{y})$；

(4) $(\boldsymbol{x}_1+\boldsymbol{x}_2,\boldsymbol{y})=(\boldsymbol{x}_1,\boldsymbol{y})+(\boldsymbol{x}_2,\boldsymbol{y})$，

那么称 R 为欧几里得空间.这个函数 $(\boldsymbol{x},\boldsymbol{y})$ 称为 $\boldsymbol{x}$ 与 $\boldsymbol{y}$ 的内积.

由条件(2)～(4)又可以推出

$$(\boldsymbol{x},\lambda\boldsymbol{y})=\bar{\lambda}(\boldsymbol{x},\boldsymbol{y})$$

$$(\boldsymbol{x},\boldsymbol{y}_1+\boldsymbol{y}_2)=(\boldsymbol{x},\boldsymbol{y}_1)+(\boldsymbol{x},\boldsymbol{y}_2)$$

在任何欧几里得空间中不等式

$$|(\boldsymbol{x},\boldsymbol{y})|^2\leqslant(\boldsymbol{x},\boldsymbol{x})(\boldsymbol{y},\boldsymbol{y})$$

成立，它称为柯西－布尼亚柯夫斯基不等式.

当 $\boldsymbol{y}=\boldsymbol{0}$ 时，不等式显然成立；当 $\boldsymbol{y}\neq\boldsymbol{0}$ 时，它可由不等式

$$(\boldsymbol{x},\boldsymbol{x})-\bar{\lambda}(\boldsymbol{x},\boldsymbol{y})-\lambda\overline{(\boldsymbol{x},\boldsymbol{y})}+\lambda\bar{\lambda}(\boldsymbol{y},\boldsymbol{y})=$$
$$(\boldsymbol{x}-\lambda\boldsymbol{y},\boldsymbol{x}-\lambda\boldsymbol{y})\geqslant 0$$

再取 $\lambda=\dfrac{(\boldsymbol{x},\boldsymbol{y})}{(\boldsymbol{y},\boldsymbol{y})}$ 而直接导出.数 $|\boldsymbol{x}|=\sqrt{(\boldsymbol{x},\boldsymbol{x})}$ 称为向量 $\boldsymbol{x}$ 的范数.

由内积条件(1)～(4)及柯西－布尼亚柯夫斯基不等式可推出范数 $|\boldsymbol{x}|$ 有下列性质：

(1) $|\boldsymbol{x}|\geqslant 0$；

(2) 当且仅当 $\boldsymbol{x}=\boldsymbol{0}$ 时，$|\boldsymbol{x}|=0$；

(3) $|\lambda\boldsymbol{x}|=|\lambda||\boldsymbol{x}|$；

(4) $|\boldsymbol{x}+\boldsymbol{y}|\leqslant|\boldsymbol{x}|+|\boldsymbol{y}|$.

若在向量空间 R 中定义了满足条件(1)～(4)的范数 $|\boldsymbol{x}|$，则称 R 为赋范空间.

若 R 是通常三维空间中所有向量的全体，而 $(\boldsymbol{x},$

$\boldsymbol{y}$)是通常的向量的数量积,则 $|\boldsymbol{x}|$ 是向量 $\boldsymbol{x}$ 的长度.

这时,不等式 $|\boldsymbol{x}+\boldsymbol{y}| \leqslant |\boldsymbol{x}|+|\boldsymbol{y}|$ 有简单的几何意义.向量 $\boldsymbol{x}, \boldsymbol{y}$ 与 $\boldsymbol{x}+\boldsymbol{y}$ 构成三角形的三条边(已知向量的加法法则,图 1),于是不等式 $|\boldsymbol{x}+\boldsymbol{y}| \leqslant |\boldsymbol{x}|+|\boldsymbol{y}|$ 表示三角形一边 $\boldsymbol{x}+\boldsymbol{y}$ 的长度不超过另外两条边 $\boldsymbol{x}$ 与 $\boldsymbol{y}$ 的长度之和.仅当三角形三边同为一条直线上的三条线段时,等号才能成立.

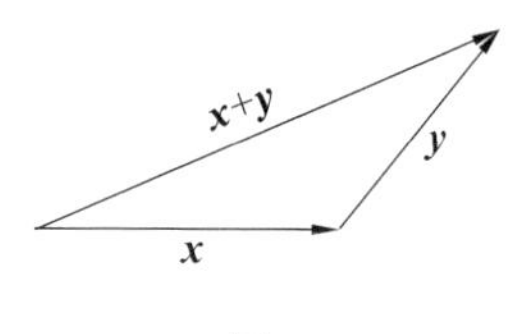

图 1

因此,不等式 $|\boldsymbol{x}+\boldsymbol{y}| \leqslant |\boldsymbol{x}|+|\boldsymbol{y}|$ 通常称为三角形不等式.

如果当 $n \to \infty$ 时 $|\boldsymbol{x}-\boldsymbol{x}_n| \to 0$,那么称向量序列 $\{\boldsymbol{x}_n\}$ 收敛于向量 $\boldsymbol{x}$,并记为 $\boldsymbol{x}=\lim\limits_{n\to\infty} \boldsymbol{x}_n$.

在这种收敛的意义下,由柯西 - 布尼亚柯夫斯基不等式可得出,内积$(\boldsymbol{x}, \boldsymbol{y})$是变量 $\boldsymbol{x}, \boldsymbol{y}$ 的连续函数.

如果对任意的正数 ε,不等式

$$|\boldsymbol{x}_n-\boldsymbol{x}_m|<\varepsilon$$

对所有充分大的数 n 与 m 都成立,那么序列 $\boldsymbol{x}_1, \boldsymbol{x}_2, \boldsymbol{x}_3, \cdots$ 称为基本的.

显然,任何收敛序列都是基本序列.一般地,其逆未必成立.如果空间 R 中任何基本序列都收敛于该空间的某一元素,那么称 R 为完备的.

任何非完备空间 R 可以完备化,即可以包含在某个最小的完备空间 $\widetilde{R}$ 内,$\widetilde{R}$ 称为空间 R 的完备化空间.

作空间 $\tilde{R}$ 的方法是康托尔扩充有理数集为实数集的方法的推广，即把每一基本序列 $\boldsymbol{x}_1,\boldsymbol{x}_2,\cdots,\boldsymbol{x}_n,\cdots$ $(\boldsymbol{x}_n\in R)$ 当作某个理想元素 $\boldsymbol{x}$.同时，若 $\boldsymbol{x}_n$ 收敛于元素 $\boldsymbol{x}_0\in R$，则理想元素 $\boldsymbol{x}$ 认为是与 $\boldsymbol{x}_0$ 重合的.

当且仅当 $|\boldsymbol{x}_n-\boldsymbol{y}_n|\to 0(n\to\infty)$ 时，两个基本序列 $\{\boldsymbol{x}_n\}$ 与 $\{\boldsymbol{y}_n\}$ 才算作同一个理想元素.所有这样的理想元素的全体用 $\tilde{R}$ 表示并且在 $\tilde{R}$ 内用下列方法定义运算与范数.如果两个基本序列 $\{\boldsymbol{x}_n\}$ 与 $\{\boldsymbol{y}_n\}$ 确定理想元素 $\boldsymbol{x}$ 与 $\boldsymbol{y}$，那么 $\lambda\boldsymbol{x}$ 与 $\boldsymbol{x}+\boldsymbol{y}$ 依次是序列 $\{\lambda\boldsymbol{x}_n\}$ 与 $\{\boldsymbol{x}_n+\boldsymbol{y}_n\}$ 所确定的元素.范数 $|\boldsymbol{x}|$ 定义为

$$|\boldsymbol{x}|=\lim_{n\to\infty}|\boldsymbol{x}_n|$$

容易验证，这样定义了运算与范数之后，$\tilde{R}$ 是一个完备的线性赋范空间，也是 R 的完备化空间.

若两个向量的内积等于零，则称这两个向量是正交的.

用 $\boldsymbol{x}\perp\boldsymbol{y}$ 表示向量 $\boldsymbol{x}$ 与 $\boldsymbol{y}$ 正交.空间 R 内的两个集称为相互正交的，如果一个集中每一向量与另一集中任一向量正交.两个集合 $S_1,S_2\subset R$ 的正交，记为 $S_1\perp S_2$.容易验证，与某个集 $S\subset R$ 正交的所有向量的集合，是 R 的一个子空间.

这个子空间称为 R 中 S 的正交补子空间，记为 $R-S$.

若向量集合内每两个不同的向量都是正交的，则称这个向量集合为正交系.

若 $|\boldsymbol{x}|=1$，则向量 $\boldsymbol{x}$ 称为规范的.若 $\boldsymbol{x}\neq\boldsymbol{0}$，则向量 $\boldsymbol{y}=\frac{1}{|\boldsymbol{x}|}\boldsymbol{x}$ 也是规范的.变 $\boldsymbol{x}$ 为 $\boldsymbol{y}$ 的过程称为向量 $\boldsymbol{x}$ 的规范化.由规范向量组成的正交系称为规范正交系.

设 $\boldsymbol{e}$ 是规范正交系的元素,则内积

$$\alpha=(\boldsymbol{x},\boldsymbol{e})$$

称为向量 $\boldsymbol{x}$ 关于元素 $\boldsymbol{e}$ 的傅里叶(Fourier)系数.

规范正交系称为完备的,如果不存在非零向量与该系的所有向量正交.换言之,完备规范正交系是这样的正交系,它不能通过增加新的元素得到更大的正交系.

在完备的欧氏空间中,存在可数个完备规范正交系时,称它为希尔伯特空间.我们通常用 $\mathfrak{H}$ 表示希尔伯特空间.

希尔伯特空间中任何规范正交系都是有限的或可数的.

若 $\boldsymbol{e}_1,\boldsymbol{e}_2,\boldsymbol{e}_3,\cdots$ 是 $\mathfrak{H}$ 内的完备规范正交系,则任何向量 $\boldsymbol{x}\in\mathfrak{H}$ 可以表示成下列形式

$$\boldsymbol{x}=\alpha_1\boldsymbol{e}_1+\alpha_2\boldsymbol{e}_2+\alpha_3\boldsymbol{e}_3+\cdots$$

其中 $\alpha_k=(\boldsymbol{x},\boldsymbol{e}_k)$.同时

$$(\boldsymbol{x},\boldsymbol{y})=\sum_{k=1}^{\infty}\alpha_k\bar{\beta}_k,\alpha_k=(\boldsymbol{x},\boldsymbol{e}_k),\beta_k=(\boldsymbol{y},\boldsymbol{e}_k)$$

特别地,$|\boldsymbol{x}|=\sum_{k=1}^{\infty}|\alpha_k|^2$.

例 1 空间 l^2.用 l^2 表示满足条件

$$\sum_{n=1}^{\infty}|x_n|^2<+\infty \tag{2.1}$$

的所有数列

$$\boldsymbol{x}=(x_1,x_2,x_3,\cdots)$$

的全体.每一个这样的数列叫作空间 l^2 中的向量.我们定义这种向量的运算如下.设

$$\boldsymbol{x}=(x_1,x_2,x_3,\cdots)$$

$$\boldsymbol{y}=(y_1,y_2,y_3,\cdots)\quad(\boldsymbol{x},\boldsymbol{y}\in l^2)$$

令

$$\lambda\boldsymbol{x}=(\lambda x_1,\lambda x_2,\lambda x_3,\cdots)$$

$$\boldsymbol{x}+\boldsymbol{y}=(x_1+y_1,x_2+y_2,x_3+y_3,\cdots)$$

则$\lambda\boldsymbol{x}$和$\boldsymbol{x}+\boldsymbol{y}$亦都属于$l^2$，即满足条件(2.1).对于$\lambda\boldsymbol{x}$来说，这是显然的；至于$\boldsymbol{x}+\boldsymbol{y}$，由不等式

$$|x_k+y_k|^2\leqslant 2(|x_k|^2+|y_k|^2)$$

可知，也满足条件(2.1).

我们在l^2内定义内积.对$\boldsymbol{x},\boldsymbol{y}\in l^2$，令

$$(\boldsymbol{x},\boldsymbol{y})=\sum_{k=1}^{\infty}x_k\bar{y}_k$$

因为

$$|x_k\bar{y}_k|\leqslant\frac{1}{2}(|x_k|^2+|y_k|^2)$$

所以这个级数绝对收敛.易知l^2是希尔伯特空间.

例2　空间$L^2(a,b)$.用$L^2(a,b)$表示在有限或无限区间(a,b)上可测且平方可积的函数$f(x)$的全体，并且函数$f(x)$的值可以是任何复数.每一个这样的函数，我们认为是空间$L^2(a,b)$内的向量；当且仅当两个这样的函数只在一个测度为零的集上不相等时，才认为它们是相同的向量.

首先，我们把数乘向量的运算及向量相加的运算定义为数乘相应的函数及函数相加.

其次，我们在空间$L^2(a,b)$中定义内积.设

$$f(x),g(x)\in L^2(a,b)$$

令

$$(f,g)=\int_a^b f(x)\,\overline{g(x)}\,\mathrm{d}x$$

可以证明，$L^2(a,b)$是希尔伯特空间.

今后空间 $L^2(a,b)$ 将起重要的作用.所有的微分算子我们都认为是 $L^2(a,b)$ 空间内的算子.

2.$\mathfrak{H}$ 上的线性泛函

定义在 $\mathfrak{H}$ 的某个子集上取值为数的任何函数 $l(\boldsymbol{x})$ 为 $\mathfrak{H}$ 内的泛函.

若泛函 $l(\boldsymbol{x})$ 定义在全空间 $\mathfrak{H}$ 上并且满足下列条件:

(1)$l(\lambda\boldsymbol{x}+\mu\boldsymbol{y})=\lambda l(\boldsymbol{x})+\mu l(\boldsymbol{y})$;

(2)$|l(\boldsymbol{x})|\leqslant C|\boldsymbol{x}|$,其中 C 是某一常量,

则称泛函 $l(\boldsymbol{x})$ 是线性的.

$\mathfrak{H}$ 中任何线性泛函 $l(\boldsymbol{x})$ 可以唯一地表示为下列形式

$$l(\boldsymbol{x})=(\boldsymbol{x},\boldsymbol{y})$$

其中 $\boldsymbol{y}$ 是 $\mathfrak{H}$ 内某一固定的向量.

实际上,假设 $\boldsymbol{e}_1,\boldsymbol{e}_2,\boldsymbol{e}_3,\cdots$ 是 $\mathfrak{H}$ 上任意的完备规范正交系,则向量 $\boldsymbol{y}$ 由下面的公式来确定

$$\boldsymbol{y}=\sum_{k=1}^{\infty}\alpha_k\boldsymbol{e}_k$$

其中 $\alpha_k=\overline{l(\boldsymbol{e}_k)}$.由条件(2)易知,该级数收敛.

3.有界算子

设 A 是定义在全空间 $\mathfrak{H}$ 上的算子,若存在数 C,使 $|A\boldsymbol{x}|\leqslant C|\boldsymbol{x}|$ 对所有的 $\boldsymbol{x}\in\mathfrak{H}$ 都成立,则称 A 是有界的.

如此的数 C 中的最小者称为有界算子 A 的范数,记为 $|A|$.

任何有界算子 A 是连续的.若 $\boldsymbol{x}_n\to\boldsymbol{x}$,则

$$|A\boldsymbol{x}-A\boldsymbol{x}_n|=|A(\boldsymbol{x}-\boldsymbol{x}_n)|\leqslant C|\boldsymbol{x}-\boldsymbol{x}_n|\to 0$$

即 $A\boldsymbol{x}_n\to A\boldsymbol{x}$.

由等式$(A+B)\boldsymbol{x}=A\boldsymbol{x}+B\boldsymbol{x}$所确定的算子$A+B$称为有界算子$A$与$B$的和.由$(\lambda A)\boldsymbol{x}=\lambda(A\boldsymbol{x})$所确定的算子称为有界算子$A$与数$\lambda$的积.

定义了这些运算之后,有界算子构成一个空间.

此外,$|\lambda A|=|\lambda||A|$及$|A+B|\leqslant|A|+|B|$.

对所有的$\boldsymbol{x}\in\mathfrak{H}$,由等式$(AB)\boldsymbol{x}=A(B\boldsymbol{x})$所确定的算子$AB$称为有界算子$A$与$B$的积.

容易验证,$A(B+C)=AB+AC$,$(A+B)C=AC+BC$及$|AB|\leqslant|A||B|$.

我们注意,一般说来$AB\neq BA$.

若$AB=BA$,则算子A与B称为交换的.

由等式$I\boldsymbol{x}=\boldsymbol{x}$所确定的算子$I$称为单位算子;显然$I\cdot A=A\cdot I=A$.

对于任何有界算子A,存在有界算子A^*,使得对所有$\boldsymbol{x},\boldsymbol{y}\in\mathfrak{H}$,$(A\boldsymbol{x},\boldsymbol{y})=(\boldsymbol{x},A^*\boldsymbol{y})$成立.算子$A^*$称为$A$的共轭算子.

由共轭算子的定义可得

$$A^{**}=A,(\lambda A)^*=\bar{\lambda}A^*$$

$$(A+B)^*=A^*+B^*$$

$$(AB)^*=B^*A^*$$

$$|A^*|=|A|$$

若$A^*=A$,则有界算子A称为埃尔米特算子.

4.投影算子

希尔伯特空间的任何闭子空间或者是有限维的,或者也是希尔伯特空间.

若$\mathfrak{M}$是$\mathfrak{H}$内的闭子空间,则任何向量$\boldsymbol{x}$可以唯一地表示成$\boldsymbol{x}=\boldsymbol{x}_1+\boldsymbol{x}_2$,其中$\boldsymbol{x}_1\in\mathfrak{M}$,$\boldsymbol{x}_2\perp\mathfrak{M}$.

向量$\boldsymbol{x}_1$称为向量$\boldsymbol{x}$在$\mathfrak{M}$上的投影.

投影的概念在三维空间中有特别简单的解释.

例如,设 $\mathfrak{M}$ 是通过坐标原点且位于一个平面 π 上的所有向量的全体(图2).$\boldsymbol{x}=\boldsymbol{x}'+\boldsymbol{x}''$ 表示向量 $\boldsymbol{x}$ 分解为两个部分 $\boldsymbol{x}'$ 与 $\boldsymbol{x}''$,其中第一个在平面 π 上,而第二个正交于 π.

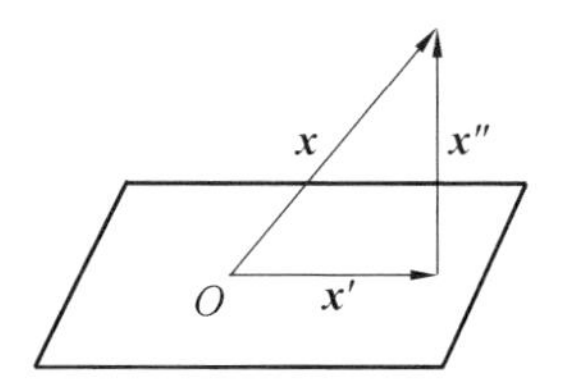

图 2

因此,在这种情形下,我们所给出的投影定义与向量在平面上的通常的投影定义一致.

对每一向量 $\boldsymbol{x}$,我们得到它在 $\mathfrak{M}$ 上的投影 $\boldsymbol{x}_1$.这样,在 $\mathfrak{H}$ 上得到一个算子,用 P 表示.因而,由定义,$P\boldsymbol{x}=\boldsymbol{x}_1$.算子 P 称为 $\mathfrak{M}$ 上的投影算子.若必须强调 P 是 $\mathfrak{M}$ 上的投影算子,则写 $P_{\mathfrak{M}}$ 而不写 P.

由投影的定义得知 $|P\boldsymbol{x}|\leqslant|\boldsymbol{x}|$,因此,投影算子是有界的.此外,由定义可以断定,任何投影算子 P 是埃尔米特算子并且满足条件 $P^2=P$.反之,任何满足这个条件的埃尔米特算子也一定是投影算子.

首先,设 $\mathfrak{M}_1,\mathfrak{M}_2,\cdots,\mathfrak{M}_k$ 是 k 个子空间,则 $\mathfrak{M}_1+\mathfrak{M}_2+\cdots+\mathfrak{M}_k$ 表示所有向量 $\boldsymbol{x}=\boldsymbol{x}_1+\boldsymbol{x}_2+\cdots+\boldsymbol{x}_k$ 的全体,其中 $\boldsymbol{x}_1\in\mathfrak{M}_1,\boldsymbol{x}_2\in\mathfrak{M}_2,\cdots,\boldsymbol{x}_k\in\mathfrak{M}_k$.

其次,当 $\mathfrak{M}_1\supset\mathfrak{M}_2$ 时,用 $\mathfrak{M}_1-\mathfrak{M}_2$ 表示所有属于 $\mathfrak{M}_1$ 而又与 $\mathfrak{M}_2$ 正交的向量 $\boldsymbol{x}$ 的全体.

容易验证下列断言的正确性:

(1)$\mathfrak{M}_1\perp\mathfrak{M}_2$ 等价于 $P_{\mathfrak{M}_1}\cdot P_{\mathfrak{M}_2}=0$(在这种情形

下，算子 $P_{\mathfrak{M}_1}$ 与 $P_{\mathfrak{M}_2}$ 称为正交的)，而且 $P_{\mathfrak{M}_1}+P_{\mathfrak{M}_2}=P_{\mathfrak{M}_1+\mathfrak{M}_2}$.

(2)$\mathfrak{M}_1\supset\mathfrak{M}_2$ 与下列每一关系式等价：$P_{\mathfrak{M}_1}\cdot P_{\mathfrak{M}_2}=P_{\mathfrak{M}_2}\cdot P_{\mathfrak{M}_1}=P_{\mathfrak{M}_2}$；$|P_{\mathfrak{M}_2}\boldsymbol{x}|\leqslant|P_{\mathfrak{M}_1}\boldsymbol{x}|$，$\boldsymbol{x}\in\mathfrak{H}$；这时 $P_{\mathfrak{M}_1}-P_{\mathfrak{M}_2}=P_{\mathfrak{M}_1-\mathfrak{M}_2}$.

如果 $\mathfrak{M}_1\supset\mathfrak{M}_2$ 且 $\mathfrak{M}_1\neq\mathfrak{M}_2$，那么记 $P_{\mathfrak{M}_1}>P_{\mathfrak{M}_2}$.

若 $\mathfrak{M}$ 是闭子空间，则显然 $P_{\mathfrak{M}}$ 与 $I-P_{\mathfrak{M}}$ 分别是 $\mathfrak{M}$ 与 $\mathfrak{H}-\mathfrak{M}$ 上的投影算子.故

$$\mathfrak{H}-(\mathfrak{H}-\mathfrak{M})=\mathfrak{M}$$

5.等距算子

若对所有的 $\boldsymbol{x},\boldsymbol{y}\in\mathfrak{D}_U$[①]，$(U\boldsymbol{x},U\boldsymbol{y})=(\boldsymbol{x},\boldsymbol{y})$ 成立，则称算子 U 是等距的.

等距算子 U 称为单式的，如果其定义域与值域都是全空间 $\mathfrak{H}$.

有界算子 U 是单式的，当且仅当 $U^*U=UU^*=I$.

6.任意算子的运算

算子 A 乘数 λ 的积 λA 是这样一个算子，其定义域与 $\mathfrak{D}_A$ 一致，而且对 $\boldsymbol{x}\in\mathfrak{D}_A$ 有 $(\lambda A)\boldsymbol{x}=\lambda(A\boldsymbol{x})$.

算子 A 与 B 的和 $A+B$ 是这样一个算子，其定义域是 $\mathfrak{D}_A\cap\mathfrak{D}_B$，且 $(A+B)\boldsymbol{x}=A\boldsymbol{x}+B\boldsymbol{x}$ 对所有 $\boldsymbol{x}\in\mathfrak{D}_A\cap\mathfrak{D}_B$ 成立.

算子 A 与 B 的积 AB 是这样一个算子，$\mathfrak{D}_{AB}$ 由且仅由使 $\boldsymbol{x}\in\mathfrak{D}_B$，$B\boldsymbol{x}\in\mathfrak{D}_A$ 的向量 $\boldsymbol{x}$ 所组成，同时对 $\boldsymbol{x}\in\mathfrak{D}_{AB}$，$(AB)\boldsymbol{x}=A(B\boldsymbol{x})$ 成立.

---

① $\mathfrak{D}_A$ 表示算子 A 的定义域.

§3　希尔伯特空间中线性算子理论的某些一般概念与命题[①]

1.希尔伯特空间的直接和

设 $\mathfrak{H}_1,\mathfrak{H}_2,\cdots,\mathfrak{H}_n$ 是给定的希尔伯特空间.用 $\mathfrak{H}$ 表示所有的组

$$\boldsymbol{x}=\{\boldsymbol{x}_1,\boldsymbol{x}_2,\cdots,\boldsymbol{x}_n\}\quad(\boldsymbol{x}_1\in\mathfrak{H}_1,\boldsymbol{x}_2\in\mathfrak{H}_2,\cdots,\boldsymbol{x}_n\in\mathfrak{H}_n)$$

的全体.在 $\mathfrak{H}$ 中定义加法与数乘的运算

$$\lambda\{\boldsymbol{x}_1,\boldsymbol{x}_2,\cdots,\boldsymbol{x}_n\}=\{\lambda\boldsymbol{x}_1,\lambda\boldsymbol{x}_2,\cdots,\lambda\boldsymbol{x}_n\}$$

$$\{\boldsymbol{x}_1,\boldsymbol{x}_2,\cdots,\boldsymbol{x}_n\}+\{\boldsymbol{y}_1,\boldsymbol{y}_2,\cdots,\boldsymbol{y}_n\}=\{\boldsymbol{x}_1+\boldsymbol{y}_1,\boldsymbol{x}_2+\boldsymbol{y}_2,\cdots,\boldsymbol{x}_n+\boldsymbol{y}_n\}$$

在 $\mathfrak{H}$ 中再定义内积

$$(\{\boldsymbol{x}_1,\boldsymbol{x}_2,\cdots,\boldsymbol{x}_n\},\{\boldsymbol{y}_1,\boldsymbol{y}_2,\cdots,\boldsymbol{y}_n\})=(\boldsymbol{x}_1,\boldsymbol{y}_1)+(\boldsymbol{x}_2,\boldsymbol{y}_2)+\cdots+(\boldsymbol{x}_n,\boldsymbol{y}_n)$$

这样定义了运算与内积之后,$\mathfrak{H}$ 是希尔伯特空间(这个简单命题的证明留给读者).

空间 $\mathfrak{H}$ 称为 $\mathfrak{H}_1,\mathfrak{H}_2,\cdots,\mathfrak{H}_n$ 的直接和,记为

$$\mathfrak{H}_1+\mathfrak{H}_2+\cdots+\mathfrak{H}_n$$

注意,空间 $\mathfrak{H}_1,\mathfrak{H}_2,\cdots,\mathfrak{H}_n$ 中可能有几个甚至所有 n 个是彼此重合的.例如,$\mathfrak{H}+\mathfrak{H}$ 就是所有对偶 $\{\boldsymbol{x}_1,\boldsymbol{x}_2\}$ 的全体,其中 $\boldsymbol{x}_1\in\mathfrak{H},\boldsymbol{x}_2\in\mathfrak{H}$.

2.算子的图像

若 A 是 $\mathfrak{H}$ 中的算子,但不一定是线性的,在直接和 $\mathfrak{H}+\mathfrak{H}$ 中,所有对偶

$$\{\boldsymbol{x},A\boldsymbol{x}\}\quad(\boldsymbol{x}\in\mathfrak{D}_A)$$

① 本节摘编自《线性微分算子》,M.A.纳依玛克著,王志成等译,科学出版社,1964.

的全体称为算子的图像，记为$\mathfrak{V}_A$.

算子的图像的概念是通常的实变数函数$y=f(x)$的图形概念的自然推广.通常的图形不是别的，而是平面上所有点$(x,f(x))$的全体.这个平面可以认为是两个一维空间的直接和.

显然，当且仅当两个算子的图像重合时，这两个算子才重合.

集$S\subset\mathfrak{H}+\mathfrak{H}$是某个算子的图像的充分必要条件是由$\{\boldsymbol{x},\boldsymbol{y}\}\in S$及$\{\boldsymbol{x},\boldsymbol{y}'\}\in S$推出$\boldsymbol{y}=\boldsymbol{y}'$.

事实上，因$\boldsymbol{y}=A\boldsymbol{x}$，故算子的图像必满足这个条件；反之，若这个条件满足，则由$\boldsymbol{y}=A\boldsymbol{x}$定义一个算子$A$，其图形就是$S$.易知，当且仅当算子$A$的图像$\mathfrak{V}_A$是$\mathfrak{H}+\mathfrak{H}$中的子空间时，算子$A$才是线性的.

3.闭算子；算子的闭包

算子A称为闭的，如果它的图像$\mathfrak{V}_A$在$\mathfrak{H}+\mathfrak{H}$内是闭的.

这样一来，算子A的闭性表示由关系

$$\boldsymbol{x}_n\in\mathfrak{D}_A,\{\boldsymbol{x}_n,A\boldsymbol{x}_n\}\to\{\boldsymbol{x},\boldsymbol{y}\}$$

可以得到

$$\{\boldsymbol{x},\boldsymbol{y}\}\in\mathfrak{V}_A$$

也就是

$$\boldsymbol{x}\in\mathfrak{D}_A,\boldsymbol{y}=A\boldsymbol{x}$$

换句话说，算子A的闭性表示由

$$\boldsymbol{x}_n\in\mathfrak{D}_A,\boldsymbol{x}_n\to\boldsymbol{x},A\boldsymbol{x}_n\to\boldsymbol{y}$$

可以得到

$$\boldsymbol{x}\in\mathfrak{D}_A,\boldsymbol{y}=A\boldsymbol{x}$$

定义在全空间$\mathfrak{H}$上的任何线性有界算子是闭的.

事实上，这样的算子是连续的，而且当 $\boldsymbol{x}_n \to \boldsymbol{x}$ 时①，一定有 $A\boldsymbol{x}_n \to A\boldsymbol{x}$.因此，若 $A\boldsymbol{x}_n \to \boldsymbol{y}$，则 $A\boldsymbol{x} = \boldsymbol{y}$.

读者易知下列命题成立：

(1) 若 A 是闭算子，则 $A - \lambda I$ 也是闭算子.

(2) 若算子 A 是闭的且算子 A^{-1} 存在，则算子 A^{-1} 也是闭的.

若算子 A 不是闭的，则由定义知，它的图像 $\mathfrak{B}_A$ 在 $\mathfrak{H} + \mathfrak{H}$ 内也不是闭的.可以认为集 $\mathfrak{B}_A$ 在空间 $\mathfrak{H} + \mathfrak{H}$ 内的闭包 $\overline{\mathfrak{B}}_A$ 也是某个算子的图像.这个算子称为算子 A 的闭包，记为 $\widetilde{A}$.此时，通常也说算子 A 具有闭包 $\widetilde{A}$.这样一来，根据定义有

$$\mathfrak{B}_{\widetilde{A}} = \overline{\mathfrak{B}}_A \tag{3.1}$$

显然 $\widetilde{A}$ 是算子 A 的最小闭延拓.不用图形的概念，也不难说明闭包的存在性条件.

集 $\overline{\mathfrak{B}}_A$ 应当是某个算子的图形，但是它由形如 $\{\boldsymbol{x}, A\boldsymbol{x}\}$，$\boldsymbol{x} \in \mathfrak{D}_A$ 的元素及其极限所组成.因此：

当且仅当从

$$\boldsymbol{x}_n \in \mathfrak{D}_A, \boldsymbol{x}'_n \in \mathfrak{D}_A, \boldsymbol{x}_n \to \boldsymbol{x}, \boldsymbol{x}'_n \to \boldsymbol{x}$$
$$A\boldsymbol{x}_n \to \boldsymbol{y}, A\boldsymbol{x}'_n \to \boldsymbol{y}'$$

推出 $\boldsymbol{y} = \boldsymbol{y}'$ 时，算子 A 有闭包 $\widetilde{A}$.这时，闭包 $\widetilde{A}$ 的定义域 $\mathfrak{D}_{\widetilde{A}}$ 仅由那些向量 $\boldsymbol{x}$ 所组成，对于这些 $\boldsymbol{x}$，存在满足条件：$\boldsymbol{x}_n \to \boldsymbol{x}$，$A\boldsymbol{x}_n$ 收敛的序列 $\{\boldsymbol{x}_n\}$，且

$$\widetilde{A}\boldsymbol{x} = \lim_{n\to\infty} A\boldsymbol{x}_n$$

---

① 此处闭性和连续性不同.若算子 A 是闭的，则由 $\boldsymbol{x}_n \to \boldsymbol{x}$，$\boldsymbol{x}_n \in \mathfrak{D}_A$ 一般得不出 $A\boldsymbol{x}_n$ 收敛.

4.共轭算子

设集合 $S \subset \mathfrak{H}$.若 S 的闭包与 $\mathfrak{H}$ 重合,则称 S 在 $\mathfrak{H}$ 中稠密.

当且仅当在 $\mathfrak{H}$ 中不存在非零向量与 S 正交时,子空间 S 在 $\mathfrak{H}$ 中稠密.

事实上,闭包 $\widetilde{S}$ 是 $\mathfrak{H}$ 的闭子空间.若 $\boldsymbol{h} \perp S$,则由内积的连续性也有 $\boldsymbol{h} \perp \widetilde{S}$.因此,若 S 在 $\mathfrak{H}$ 中稠密,则 $\boldsymbol{h} \perp \widetilde{S} = \mathfrak{H}$;特别是 $\boldsymbol{h} \perp \boldsymbol{h}$.从而 $\boldsymbol{h} = \boldsymbol{0}$.反之,若 S 不在 $\mathfrak{H}$ 中稠密,则 $\widetilde{S} \neq \mathfrak{H}$.令 $\boldsymbol{x} \notin \widetilde{S}$,则 $P_{\widetilde{S}}\boldsymbol{x} \neq \boldsymbol{x}$,且向量 $\boldsymbol{h} = (1 - P_{\widetilde{S}})\boldsymbol{x} \neq \boldsymbol{0}$ 与 $\widetilde{S}$ 正交.

考虑任意的线性算子 A,其定义域在 $\mathfrak{H}$ 中稠密.可能有这种情形,对所有的 $\boldsymbol{x} \in \mathfrak{D}_A$ 和某些向量 $\boldsymbol{y}$,下述关系

$$(A\boldsymbol{x}, \boldsymbol{y}) = (\boldsymbol{x}, \boldsymbol{z})$$

成立.用 $\mathfrak{D}^*$ 表示所有这样的向量 $\boldsymbol{y}$ 的全体.定义算子 A^*,这个算子以 $\mathfrak{D}_{A^*} = \mathfrak{D}^*$ 为定义域.当 $\boldsymbol{y} \in \mathfrak{D}^*$ 时,定义 $A^*\boldsymbol{y} = \boldsymbol{z}$.

算子 A^* 称为 A 的共轭算子.向量 $\boldsymbol{z}$ 由向量 $\boldsymbol{y}$ 唯一确定.事实上,若

$$(A\boldsymbol{x}, \boldsymbol{y}) = (\boldsymbol{x}, \boldsymbol{z}')$$

则 $(\boldsymbol{x}, \boldsymbol{z} - \boldsymbol{z}') = 0$,即向量 $\boldsymbol{z} - \boldsymbol{z}'$ 与算子 A 的定义域 $\mathfrak{D}_A$ 正交.由于 $\mathfrak{D}_A$ 在 $\mathfrak{H}$ 内稠密,所以仅当 $\boldsymbol{z} - \boldsymbol{z}' = \boldsymbol{0}$ 时这才可能.从而 $\boldsymbol{z} = \boldsymbol{z}'$.

$\mathfrak{D}_A$ 稠密性的初始假定是很重要的,否则共轭算子就不能唯一确定.

若算子 A 有逆 A^{-1},又若 $\mathfrak{D}_A$ 与 $\mathfrak{D}_{A^{-1}}$ 在 $\mathfrak{H}$ 中稠密,则

$$(A^{-1})^* = A^{*-1} \tag{3.2}$$

证 当 $\boldsymbol{x} \in \mathfrak{D}_A, \boldsymbol{y} \in \mathfrak{D}_{(A^{-1})^*}$ 时

$$(\boldsymbol{x}, \boldsymbol{y}) = (A^{-1}A\boldsymbol{x}, \boldsymbol{y}) = (A\boldsymbol{x}, (A^{-1})^* \boldsymbol{y})$$

这说明了

$$(A^{-1})^* \boldsymbol{y} \in \mathfrak{D}_{A^*}$$

$$A^*(A^{-1})^* \boldsymbol{y} = \boldsymbol{y} \tag{3.3}$$

另外，当 $\boldsymbol{x} \in \mathfrak{D}_{A^{-1}}, \boldsymbol{y} \in \mathfrak{D}_{A^*}$ 时

$$(\boldsymbol{x}, \boldsymbol{y}) = (AA^{-1}\boldsymbol{x}, \boldsymbol{y}) = (A^{-1}\boldsymbol{x}, A^* \boldsymbol{y})$$

由此

$$A^* \boldsymbol{y} \in \mathfrak{D}_{(A^{-1})^*}$$

$$(A^{-1})^* A^* \boldsymbol{y} = \boldsymbol{y} \tag{3.4}$$

等式(3.3)与(3.4)指出，算子$(A^{-1})^*$是A^*的逆算子，即$(A^{-1})^* = (A^*)^{-1}$.

读者容易验证，共轭算子有下列性质(假定所考虑的算子的定义域在$\mathfrak{H}$中稠密)：

(1)$(\lambda A)^* = \bar{\lambda} A^*$；

(2) 若$A \subset B$，则$A^* \supset B^*$；

(3)$(A+B)^* \supset A^* + B^*$；

(4)$(AB)^* \supset B^* A^*$；

(5)$(A+\lambda I)^* = A^* + \bar{\lambda} I$.

共轭算子也可以借助于图像来描述.对于$\mathfrak{H}+\mathfrak{H}$中的算子$U$，定义

$$U\{\boldsymbol{x}, \boldsymbol{y}\} = \{\mathrm{i}\boldsymbol{y}, -\mathrm{i}\boldsymbol{x}\}$$

易知U是$\mathfrak{H}+\mathfrak{H}$中满足条件

$$U^2 = I \tag{3.5}$$

的单式算子.

把算子U作用于图像$\mathfrak{V}_A$的所有向量后，我们得到所有对偶$\{\mathrm{i}A\boldsymbol{x}, -\mathrm{i}\boldsymbol{x}\}$，$\boldsymbol{x} \in \mathfrak{D}_A$的集.把它记为$\mathfrak{V}'_A$，则

$$\mathfrak{B}_{A^*}=(\mathfrak{H}+\mathfrak{H})-\mathfrak{B}'_A \tag{3.6}$$

即算子A^*的图形在$\mathfrak{H}+\mathfrak{H}$内是集$\mathfrak{B}'_A$的正交补.事实上,这个正交补仅由满足条件

$$(\{iA\boldsymbol{x},-i\boldsymbol{x}\},\{\boldsymbol{y},\boldsymbol{z}\})=0 \quad (\boldsymbol{x}\in\mathfrak{D}_A)$$

的对偶$\{\boldsymbol{y},\boldsymbol{z}\}$所组成.但是这个条件等价于

$$(A\boldsymbol{x},\boldsymbol{y})-(\boldsymbol{x},\boldsymbol{z})=0 \quad (\boldsymbol{x}\in\mathfrak{D}_A)$$

由此得到

$$\boldsymbol{y}\in\mathfrak{D}_{A^*},\boldsymbol{z}=A^*\boldsymbol{y},\{\boldsymbol{y},\boldsymbol{z}\}\in\mathfrak{B}_{A^*}$$

因为任何正交补是闭子空间,所以,由(3.6)得知,A^*总是线性闭算子.

现在证明下列重要的命题:

若稠密线性算子A有闭包$\widetilde{A}$,则

$$A^{**}=\widetilde{A} \tag{3.7}$$

特别地,若算子A是闭的,则

$$A^{**}=A \tag{3.8}$$

证　由(3.6)推出

$$\widetilde{\mathfrak{B}}'_A=(\mathfrak{H}+\mathfrak{H})-\mathfrak{B}_{A^*}$$

将算子U作用到这个关系式左边和右边的所有向量上,由于$U^2=I$,故算子U将$\widetilde{\mathfrak{B}}'_A$映成$\widetilde{\mathfrak{B}}_A$.此外,由$\mathfrak{B}'_{A^*}$的定义,单式算子$U$将$\mathfrak{B}_{A^*}$映成$\mathfrak{B}'_{A^*}$,因而,将$(\mathfrak{H}+\mathfrak{H})-\mathfrak{B}_{A^*}$映成$(\mathfrak{H}+\mathfrak{H})-\mathfrak{B}'_{A^*}$.

因此我们得到关系式

$$\widetilde{\mathfrak{B}}_A=(\mathfrak{H}+\mathfrak{H})-\mathfrak{B}'_{A^*} \tag{3.9}$$

这表示$\widetilde{\mathfrak{B}}_A$是算子$A^{**}$的图像;另外,作为集$\mathfrak{B}_A$的闭包,$\widetilde{\mathfrak{B}}_A$是算子$\widetilde{A}$的图像.故$A^{**}=\widetilde{A}$.若算子$A$又是闭的,则$\widetilde{A}=A$,$A^{**}=A$.

算子 A 称为埃尔米特算子，如果对所有的 $\boldsymbol{x},\boldsymbol{y}\in\mathfrak{D}_A$，有 $(A\boldsymbol{x},\boldsymbol{y})=(\boldsymbol{x},A\boldsymbol{y})$.

其定义域在 $\mathfrak{H}$ 中稠密的埃尔米特算子称为对称算子.显然，定义域在 $\mathfrak{H}$ 中稠密的算子 A 是对称的，其充分必要条件是

$$A\subset A^{*}\tag{3.10}$$

因为共轭算子是闭的，所以(3.10)说明对称算子有闭包.

设算子 A 的定义域在 $\mathfrak{H}$ 中稠密.若 $A=A^{*}$，则称算子 A 为自共轭的.

由这个定义直接得出，自共轭算子是闭的.

以后我们会看到，这个概念在希尔伯特空间的微分算子理论中起着重要的作用.

希尔伯特空间的诞生

第4章

希尔伯特在1904年关于对称核积分方程的特征值理论的文章中已经有希尔伯特空间思想的萌芽[①]，从他以前的相关研究可以看出他建立这一理论的过程很烦琐，他也希望且期待能有一种简单的改进方法.1905年，希尔伯特的博士生施密特在他的博士论文中对其建立特征值理论的工作进行了简化和扩展[②]，他的这项工作无论是在数学内容，还是在数学表述上都更接近现代数学，这是他向希尔伯特空间迈进的第一步.1908年，施密特将希尔伯特引入的平方可和序列看成空间中的点或元素，对空间中的两个元素定义内积，进而建立了希尔伯特序

① 李亚亚，王昌.希尔伯特空间诞生探源[J].自然辩证法研究，2013，29(12)：90-94.

② SCHMIDT E. Zur Theorie der linearen und nichtlinearen Integralgleichungen[J].Mathematische Annalen，1907，63(4)：433-476.

列空间 l^2，他也对这个空间引入了几何语言[①].

1907 年，匈牙利数学家黎兹运用勒贝格积分在推广希尔伯特的工作时建立了黎兹－费舍尔定理[②]，这个定理表明平方可和的序列空间 l^2 与勒贝格平方可积的函数空间 L^2 是同构的，它们就是希尔伯特空间的两种典型的具体形式.希尔伯特空间理论是泛函分析中的重要内容[③]，本章主要来探讨希尔伯特的积分方程工作在这两个具体的希尔伯特空间的建立过程中产生的影响，通过对施密特、黎兹的相关工作的考察，进一步揭示出希尔伯特积分方程工作中的函数空间思想，也揭示出追随者们对他的积分方程思想的传承和发展.

§1 希尔伯特序列空间的建立

施密特是希尔伯特从事积分方程理论研究时指导的一位博士生，他也是希尔伯特带过的最优秀的学生之一[④].他在其 1905 年的博士论文中对希尔伯特的对称核的积分方程的特征值理论进行了简化和扩展.他的这一工作在对称核的积分方程理论的发展中具有重

---

① SCHMIDT E. Über die Auflösung linearer Gleichungen mit unendlich vielen Unbekannten[J].Rendiconti del Circolo Matematico di Palermo,1908,25(1):53-77.

② RIESZ F. Sur ler systèmes orthogonaux de fonctions[J]. Comptes Rendus Acad.Sci.,1907,144:615-619.

③ 王声望，郑维行.实变函数与泛函分析概要[M].北京：高等教育出版社，1990.

④ DIEUDONNÉ J. History of functional analysis[M]. Amsterdam/ New York/ Oxford:North-Holland Publishing Company,1981.

要意义.1908 年,他将希尔伯特引入的平方可和的序列看成空间中的点或元素,建立了一个具体的无穷维线性空间,这也是历史上最早的"希尔伯特空间"①.

1.施密特的早期工作

哥廷根是德国的一座大学城,是现代科学史上经常出现的一个名字.1737 年,德国哥廷根大学创建.1795 年,高斯来到哥廷根大学求学,从此一直在这里学习、工作直到去世.他卓越超凡的数学才能推动了哥廷根大学和德国数学的发展,也开创了哥廷根数学的优良传统.自高斯去世之后,狄利克雷和黎曼继续传承和发扬了高斯开创的这一优良的数学传统,同时也扩大了哥廷根在世界数学界的影响力.20 世纪初期,哥廷根最终在克莱因和希尔伯特的共同努力下开始成为数学研究和教育的国际中心②.于是,20 世纪初,全世界的数学研究者都受到这样的鼓舞:

"打起你的背包,到哥廷根去!"③

于是,一批优秀的青年学者纷纷涌向哥廷根,他们中的一些人后来成为著名的数学家或物理学家.许多人之所以能来到哥廷根,仅仅是因为希尔伯特.施密特就是在这样的潮流下从格林来到哥廷根师从希尔伯特的.他来到哥廷根的时候希尔伯特正在研究积分方程,所以他也在其指导下开始了对积分方程的研究.1905 年,他在博士论文中简化和扩展了希尔伯特在 1904 年

---

① 李文林.数学史概论[M].北京:高等教育出版社,2000.

② 李文林.数学的进化——东西方数学史比较研究[M].北京:科学出版社,2005.

③ 康斯坦斯·瑞德.希尔伯特[M].袁向东,李文林,译.上海:上海科学技术出版社,2006.

的第一篇文章中建立的对称核积分方程的特征值理论.1907年,他将这篇论文连同他对非对称核积分方程的研究成果一起在《数学年刊》中发表,这篇论文的题目为《线性和非线性的积分方程理论》[①].

1904年,希尔伯特运用极限过渡的方法将有限维情形下线性代数中成立的结果推广到积分方程上,从而建立了对称核积分方程的特征值理论.因此,他在建立特征值理论的过程中用到了大量的计算,过程非常烦琐.1905年,施密特对希尔伯特建立特征值理论的工作进行了简化,也扩展了希尔伯特的一些结果,同时他还研究了非对称核的积分方程.

施密特的这篇文章共有五章,21个小节,还有一个比较长的引言.他在第一页的脚注中指出这篇文章的主要内容取自他1905年6月的博士论文,只有第四章的第十三节是新增加的内容,其他的章节只做了很小的修改.他在引言中提到了弗雷德霍姆的工作,也提到了希尔伯特1904年和1906年的文章.他在文章的引言中指出:

"在这一工作的第一章我们建立一些辅助性的引理."[②]

他的文章的第一章"正交函数的初步结果"共有三个小节,他在第一节中证明了贝塞尔(Bessel)不等式和施瓦兹(Schwarz)不等式.令$\{\psi_n(x)\}$是定义在区间$[a,b]$上的连续实函数.若对每个不同的指标h和

---

① SCHMIDT E. Zur Theorie der linearen und nichtlinearen Integralgleichungen[J].Mathematische Annalen,1907,63(4):433-476.

② SCHMIDT E. Zur Theorie der linearen und nichtlinearen Integralgleichungen[J].Mathematische Annalen,1907,63(4):433-476.

k，有

$$\int_a^b \psi_h(x)\psi_k(x)\mathrm{d}x = 0 \tag{1.1}$$

成立，则称$\{\psi_n(x)\}$是两两正交的.通过条件

$$\int_a^b (\psi_k(x))^2\mathrm{d}x = 1 \tag{1.2}$$

可以将正交函数系$\{\psi_n(x)\}$标准化.也就是说，施密特在文章的一开始就明确定义了规范正交系.接着他指出对任意实连续函数 $f(x)$，贝塞尔等式

$$\int_a^b (f(x) - \sum_{k=1}^n \psi_k(x)\int_a^b f(y)\psi_k(y)\mathrm{d}y)^2\mathrm{d}x =$$

$$\int_a^b (f(x))^2\mathrm{d}x - \sum_{k=1}^n (\int_a^b f(y)\psi_k(y)\mathrm{d}y)^2 \tag{1.3}$$

成立.因为贝塞尔等式恒大于零，所以他证明了贝塞尔不等式

$$\sum_{k=1}^n (\int_a^b f(y)\psi_k(y)\mathrm{d}y)^2 \leqslant \int_a^b (f(x))^2\mathrm{d}x \tag{1.4}$$

成立.令 $f(x)$ 和 $\varphi(x)$ 是两个实连续函数，取

$$\psi_1(x) = \frac{\varphi(x)}{\sqrt{\int_a^b (\varphi(y))^2\mathrm{d}y}} \tag{1.5}$$

即将 $\psi_1(x)$ 标准化.当 $n=1$ 时，由贝塞尔不等式可知

$$(\int_a^b f(x)\psi_1(x)\mathrm{d}x)^2 \leqslant \int_a^b (f(x))^2\mathrm{d}x \tag{1.6}$$

于是他证明了施瓦兹不等式.这一节证明的两个不等式在他后面的证明中起到了重要的作用.他在第二节“收敛定理”中证明了绝对且一致收敛的一些结果.在第三节“用正交函数系代替函数的线性组合”中，他先令$\{\varphi_n(x)\}$是定义在$[a,b]$上线性无关的连续实函数，然后对$\{\varphi_n(x)\}$构造了下面的公式

$$\psi_1(x)=\frac{\varphi_1(x)}{\sqrt{\int_a^b(\varphi_1(y))^2\mathrm{d}y}} \tag{1.7}$$

$$\psi_2(x)=\frac{\varphi_2(x)-\psi_1(x)\int_a^b\varphi_2(z)\psi_1(z)\mathrm{d}z}{\sqrt{\int_a^b(\varphi_2(y)-\psi_1(y)\int_a^b\varphi_2(z)\psi_1(z)\mathrm{d}z)^2\mathrm{d}y}} \tag{1.8}$$

$$\psi_n(x)=\frac{\varphi_n(x)-\sum_{k=1}^{n-1}\psi_k(x)\int_a^b\varphi_n(z)\psi_k(z)\mathrm{d}z}{\sqrt{\int_a^b(\varphi_n(y)-\sum_{k=1}^{n-1}\psi_k(y)\int_a^b\varphi_n(z)\psi_k(z)\mathrm{d}z)^2\mathrm{d}y}} \tag{1.9}$$

施密特在这里给出了施密特标准正交化过程，即可以将一组线性无关的函数标准正交化为一个规范正交系.在此他引进的正交化方法可以将“傅里叶展开”看成空间中的正交分解，从而简化许多步骤[①].他在脚注中也指出格拉姆(Gram,1850—1916)在他的论文中给出过相同的公式.现在这一过程被称为施密特－格拉姆标准正交化过程.

希尔伯特的积分方程受到过弗雷德霍姆的工作的影响[②]，他用弗雷德霍姆行列式的零点定义对称核积分方程的特征值，也借助弗雷德霍姆行列式来定义对应于特征值的特征函数，利用对称核的双重积分与对称双线性形式之间的类似性，通过极限过渡的方法建

① 胡作玄，邓明立.20世纪数学思想[M].济南：山东教育出版社，1999.

② 李亚亚，王冰霄，敖特根.弗雷德霍姆对希尔伯特积分方程思想的影响[J].西北大学学报(自然科学版)，2013，43(6)：997-1000.

立了他的广义主轴定理.他接着运用这个广义主轴定理证明了特征值和特征函数的存在性,也运用它建立了函数关于对称核积分方程的特征函数的展开式.由于希尔伯特建立他的理论过程非常复杂,施密特在他的文章中指出:

“我们对希尔伯特得到的一些定理给出非常简单的证明,证明中避免从代数定理出发的极限过渡.首先,按照施瓦兹的著名的证明来建立特征值的存在性定理,就弗雷德霍姆公式而言,这等同于用伯努利的方法来求解方程$\delta(\lambda)=0$.通过一种方式从存在性定理中建立展开定理,这个方式类似于从代数的基本定理中得到将整函数展开成线性因子的乘积的方式.在这篇文章中希尔伯特原来的定理是绝对正确的,特别地,不需要希尔伯特假定的核的‘一般性’.前面提到的希尔伯特的分解定理对应的是二次型的古典正交分解,它可以从展开定理中得到.由函数$\delta(\lambda)=0$的重零点引起的复杂性不会出现在这里的证明中.”[①]

从这段话中可以看出施密特认识到如果像希尔伯特那样用弗雷德霍姆行列式的零点定义特征值,那么重零点的出现会引起问题的复杂性.从而他在第二章“对称核的线性积分方程”中简化和扩展了希尔伯特的工作.这一章共包含从第四节到第十二节,共九节的内容,这一章内容也是他这篇论文中最重要的部分.他在第四节“特征函数的概念”中重新定义了对称核积分方程的特征值和特征函数,即若$\varphi(s)$是不恒为零的

---

① SCHMIDT E. Zur Theorie der linearen und nichtlinearen Integralgleichungen[J].Mathematische Annalen,1907,63(4):433-476.

任意实或复的连续函数且满足

$$\varphi(s)=\lambda\int_a^b K(s,t)\varphi(t)\mathrm{d}t \tag{1.10}$$

则称$\varphi(s)$是对称核$K(s,t)$对应于特征值λ的特征函数,这正是当时积分方程教科书中对特征值和特征函数的定义①.

根据上面给出的定义,有

$$\varphi_h(s)=\lambda_h\int_a^b K(s,t)\varphi_h(t)\mathrm{d}t \tag{1.11}$$

和

$$\varphi_k(s)=\lambda_k\int_a^b K(s,t)\varphi_k(t)\mathrm{d}t \tag{1.12}$$

若对第一个式子乘以$\lambda_k\varphi_k(s)$,第二个式子乘以$\lambda_h\varphi_h(s)$,从a到b积分后再相减,则根据$K(s,t)$的对称性可以得到

$$(\lambda_h-\lambda_k)\int_a^b \varphi_h(s)\varphi_k(s)\mathrm{d}s=0 \tag{1.13}$$

因此,施密特证明了对应于不同特征值λ_h和λ_k的特征函数$\varphi_h(s)$和$\varphi_k(s)$是相互正交的.

接着施密特指出:如果$\varphi_k(s)$是对应于复特征值λ的特征函数,则$\overline{\varphi_k(s)}$是对应于特征值$\bar{\lambda}$的特征函数.因为两个特征值λ和$\bar{\lambda}$是不相等的,所以$\varphi_k(s)$和$\overline{\varphi_k(s)}$必须是正交的.但是两个共轭函数的乘积的积分是大于零的,所以积分方程的所有特征值都是实数.从而施密特证明了特征值和特征函数的这一重要性质.

施密特在第二章第五节"完备规范正交系"中指出:若用前面给出的方法将对应于特征值λ的n个线

① 路见可,钟寿国.积分方程论[M].武汉:武汉大学出版社,2008.

性无关的特征函数标准正交化，则得到的函数系是一个规范正交系，这个规范正交系中包含的函数的个数与特征函数的个数一样多，再由贝塞尔不等式可得出

$$n \leqslant \lambda^2 \int_a^b \int_a^b (K(s,t))^2 \mathrm{d}s\mathrm{d}t \tag{1.14}$$

即施密特证明了对应于某个特征值的线性无关的特征函数有有限多个.

希尔伯特在他 1904 年的第一篇文章的第三章中引入了二次叠核，运用他建立的广义主轴定理得到任意两个连续函数关于二次叠核的展开式.他从这个展开式中得到核的特征函数与它的二次叠核的特征函数是相同的，二次叠核的特征值是核的特征值的平方[①].施密特在文章的第二章第六节“叠核”中详细研究了核的特征值和特征函数与叠核的特征值和特征函数之间的关系.在这一节的脚注中他还提到了施瓦兹的工作和希尔伯特在 1904 年的工作.他定义叠核

$$K^n(s,t) = \int_a^b K(s,r)K^{n-1}(r,t)\mathrm{d}r \tag{1.15}$$

其中 $K^1(s,t)=K(s,t)$.若将 $K^{n+1}(s,t)$ 看成 $n+1$ 个核的乘积的 n 重积分，则可以得到

$$K^{h+k}(s,t) = \int_a^b K^h(s,r)K^k(r,t)\mathrm{d}r \tag{1.16}$$

和

$$K^h(s,t) = K^h(t,s) \tag{1.17}$$

且没有一个函数 $K^n(s,t)$ 关于 s 和 t 是恒等于零的.根据特征函数的定义，有

① HILBERT D. Grundzüge einer allgemeinen Theorie der linearen Integralgleichungen[M].Leipzig:B.G.Teubner,1912.

$$\varphi(s)=\lambda\int_a^b K(s,t)\varphi(t)\mathrm{d}t \tag{1.18}$$

所以,有

$$\varphi(s)=\lambda^n\int_a^b K^n(s,t)\varphi(t)\mathrm{d}t \tag{1.19}$$

从而可知 $K(s,t)$ 的特征函数都是叠核 $K^n(s,t)$ 的特征函数.

施密特接着研究叠核的特征函数与核的特征函数之间的关系.他表明当 n 为奇数时,$K^n(s,t)$ 的特征函数为 $K(s,t)$ 的特征函数;当 n 为偶数时,$K^n(s,t)$ 的特征函数要么是 $K(s,t)$ 的特征函数,要么是两个特征函数的和.施密特引入叠核还有两个别的非常重要的用途,首先,他用二次叠核来证明非零对称核的特征函数的存在性,这个方法类似于施瓦兹的方法[①].其次,由于 $K^4(s,t)$ 具有很好的性质,即

$$K^4(s,t)=\sum_n\frac{\varphi_n(s)\varphi_n(t)}{\lambda_n^4} \tag{1.20}$$

右边的级数绝对且一致收敛,他用这个性质来建立他的展开定理.

施密特在第二章的第七节建立了特征函数的存在性定理,他称这个定理为"基础定理".他先根据施瓦兹的方法证明 $K^2(s,t)$ 至少有一个特征函数,再根据前面得到的核的特征函数与其叠核的特征函数之间的关系,证明了每个不恒为零的核 $K(s,t)$ 至少有一个特征函数.为了思路的流畅,他将这个"基础定理"的证明

① DIEUDONNÉ J. History of functional analysis[M]. Amsterdam/New York/Oxford:North-Holland Publishing Company, 1981.

过程推后到第十一节.与希尔伯特用他的广义主轴定理证明特征函数的存在性相比,施密特的方法要简单很多.

施密特在文章的第九节"任意函数的展开式"中根据第八节中得到的 $K^4(s,t)$ 的性质先建立了这样一个定理,即若连续函数 $h(t)$ 使得

$$\int_a^b K(s,t)h(t)\mathrm{d}t = 0 \tag{1.21}$$

则

$$\int_a^b h(s)\varphi_n(s)\mathrm{d}s = 0 \tag{1.22}$$

这里的 $\varphi_n(s)$ 是积分方程的特征函数.他表明这个定理的反定理也是成立的.随后施密特正是根据这个定理重新建立了希尔伯特的展开定理,即若 $f(s)$ 对某个连续函数 $x(t)$,有

$$f(s) = \int_a^b K(s,t)x(t)\mathrm{d}t \tag{1.23}$$

则它可以关于对称核积分方程的特征函数 $\varphi_n(s)$ 展开成下面的级数形式

$$f(s) = \sum c_n\varphi_n(s) \tag{1.24}$$

其中 $c_n = \int_a^b f(s)\varphi_n(s)\mathrm{d}s$.级数(1.24)是绝对且一致收敛的.这个展开定理后来被称为希尔伯特－施密特展开定理,它是积分方程理论和泛函分析中的一个非常重要的定理.

希尔伯特在 1904 年建立函数关于特征函数的展开定理时考虑了特征函数系在函数空间中所具有的重

要意义[1].施密特在文章的一开始就明确定义了规范正交系.而且他给出的施密特标准正交化过程可以将任意一组线性无关的函数系标准正交化为一个规范正交系.在这里他用比较简单的方法重新建立了函数关于对称核积分方程的特征函数的这个级数展开定理.

施密特从他的展开定理中得到

$$f(s)=\sum_{n}\int_{a}^{b}K(s,t)\varphi_{n}(t)\mathrm{d}t\int_{a}^{b}x(t)\varphi_{n}(t)\mathrm{d}t \tag{1.25}$$

对式(1.25)两边同乘以 $y(s)\mathrm{d}s$,再从 a 到 b 积分,根据特征函数的定义可得到

$$\int_{a}^{b}\int_{a}^{b}K(s,t)x(s)y(t)\mathrm{d}s\mathrm{d}t= \sum_{n}\frac{1}{\lambda_{n}}\int_{a}^{b}x(s)\varphi_{n}(s)\mathrm{d}s\int_{a}^{b}y(s)\varphi_{n}(s)\mathrm{d}s \tag{1.26}$$

这就是希尔伯特将二次型的主轴定理极限过渡后得到的广义主轴定理,也是希尔伯特的理论得以建立的关键之所在.施密特在建立这个展开式后紧接着指出:

“这是希尔伯特工作中的基础公式,他将二次型的古典分解极限过渡后得到了这个式子.希尔伯特运用这个式子得到了我们在第二章第八节中得到的结果,对所有核建立了第九节中的第一个定理,对‘一般核’建立了展开定理.”[2]

在施密特的工作中特征函数的存在性的证明和展

① LÜTZEN J. Sturm and Liouville's work on ordinary linear differential equations[J].Archive for History of Exact Sciences,1984,29(4):309-376.

② SCHMIDT E. Zur Theorie der linearen und nichtlinearen Integralgleichungen[J].Mathematische Annalen,1907,63(4):433-476.

开定理的建立都不再依赖于这个广义主轴定理.施密特先建立了函数关于积分方程的特征函数的展开定理,再运用展开定理建立了广义主轴定理,这一点与希尔伯特刚好是相反的.

希尔伯特在他1904年的文章中只研究了对称核的积分方程,他也指出对积分方程的核所做的这一假设在他的研究中起了关键的作用.施密特在简化和扩展了希尔伯特的工作后将研究的注意力转向了非对称核的积分方程.他在第二章"非对称核的积分方程"中先对非对称核的积分方程定义了特征值和特征函数,即若$\varphi(s)$和$\psi(s)$是不恒为零的任意实或复的连续函数且满足

$$\varphi(s)=\lambda\int_a^b K(s,t)\psi(t)\mathrm{d}t \tag{1.27}$$

和

$$\psi(s)=\lambda\int_a^b K(t,s)\varphi(t)\mathrm{d}t \tag{1.28}$$

则称函数对$\varphi(s)$和$\psi(s)$是非对称核$K(s,t)$的对应于特征值λ的一对伴随的特征函数.接下来施密特将他对对称核积分方程建立的展开定理和广义主轴定理推广到非对称核的积分方程上,从而建立了一些新的定理.他对非对称核的积分方程的研究扩大了当时积分方程的研究范围.

希尔伯特建立的对称核积分方程的特征值理论在积分方程的发展上具有开创性的意义,但是他的建立过程很烦琐.施密特在他的博士论文中简化了希尔伯特的工作,他引进的定义和使用的方法相较希尔伯特而言更接近现代数学.从而施密特早期在积分方程方面的工作推动了积分方程理论的发展和完善.

2.希尔伯特序列空间的诞生

1908年,施密特博士毕业后到柏林大学任教.他发表了一篇题目为《无穷多个变量的线性方程组的解》的论文,这是他对无穷维线性方程组的研究成果①.这篇文章共有两章内容,第一章题目为"函数空间的几何",在这一章他将平方可和的序列看成他的函数空间中的点或元素,清晰地发展了一个希尔伯特空间,同时对他建立的希尔伯特序列空间引入了几何语言,这是他在函数空间理论中做出的重要贡献②.在文章的一开头施密特就提到了希尔、庞加莱、科克以及希尔伯特和海林格(Hellinger,1883—1950)在无穷维线性方程组方面的工作.

他在第一章的第一节"毕达哥拉斯定理和贝塞尔不等式"中建立了三角不等式和推广的勾股定理.他在这一节的脚注中提到了弗雷歇1906年的博士论文③,弗雷歇正是在这篇论文中创造了度量空间的抽象理论,他的这一工作在数学发展中产生了深刻且深远的影响④.他也提到了黎兹和德国数学家费舍尔建立著名的黎兹-费舍尔定理的论文.

施密特将他要考虑的 $A(\boldsymbol{x})$ 看成"函数",所以他

---

① SCHMIDT E.Über die Auflösung linearer Gleichungen mit unendlich vielen Unbekannten[J].Rendiconti del Circolo Matematico di Palermo,1908,25(1):53-77.

② BERNKOPF M.The development of function spaces with particular reference to their origins in integral equation theory[J]. Archive for History of Exact Sciences,1966,3(1):1-96.

③ FRÉCHET M.Sur quelques points du calcul fonctionnel[J]. Rendiconti del Circolo Matematico di Palermo,1906,22:1-72.

④ 王昌.点集拓扑学的创立[D].西安:西北大学,2012.

将 $A(\boldsymbol{x})$ 构成的空间称为"函数空间".其实施密特的"函数空间"是一种特殊的空间,即平方可和的无穷复序列构成的空间,他将平方可和的无穷复序列看成这个空间中的点.我们用符号 $\boldsymbol{x}=\{\zeta_n\}$ 来代替施密特的符号 $A(\boldsymbol{x})$.施密特对两个元素 $\boldsymbol{x}=\{\zeta_n\}$,$\boldsymbol{y}=\{\eta_n\}$ 定义内积

$$(\boldsymbol{x},\boldsymbol{y})=\sum_{n=1}^{\infty}\xi_n\overline{\eta}_n \tag{1.29}$$

当两个元素的内积为零时,他称这两个元素是正交的.他也定义

$$\|\boldsymbol{x}\|^2=\sum_{n=1}^{\infty}|\xi_n|^2 \tag{1.30}$$

这是平方可和的序列空间中范数的定义,施密特将其看作长度.在 n 维欧氏空间的研究中用内积定义向量的长度、夹角以及正交性,从而使欧氏空间成为具有度量性质的线性空间,进而扩大了线性空间理论的应用范围.由施密特对内积的定义可以看出他的"函数空间"是欧氏空间向无穷维的推广,他也是用内积来定义元素的"长度"和正交性的.他在第一节的脚注中指出:

"对这一章我所发展的概念和定理的几何意义,我非常感谢 Gerhard Kowalewski.若 $A(\boldsymbol{x})$ 被定义为无穷维空间中的向量而不是函数,则会更加明显.在几何的研究中我也引入了长度 $\|A\|$ 的定义和正交性."①

接着他证明了推广的勾股定理,即若 $\boldsymbol{z}_1,\boldsymbol{z}_2,\cdots,\boldsymbol{z}_n$

① SCHMIDT E. Über die Auflösung linearer Gleichungen mit unendlich vielen Unbekannten[J].Rendiconti del Circolo Matematico di Palermo,1908,25(1):53-77.

是 n 个两两正交的元素，则由

$$\boldsymbol{w}=\sum_{k=1}^{n}\boldsymbol{z}_k \tag{1.31}$$

可以推出

$$\|\boldsymbol{w}\|^2=\sum_{k=1}^{n}\|\boldsymbol{z}_k\|^2 \tag{1.32}$$

他由这个式子推出 n 个相互正交的元素是线性无关的.令$\{\boldsymbol{e}_n\}$是空间中的一个规范正交系，他给出了贝塞尔不等式

$$\sum|(\boldsymbol{x},\boldsymbol{e}_n)|\leqslant\|\boldsymbol{x}\|^2 \tag{1.33}$$

也给出了施瓦兹不等式

$$|(\boldsymbol{x},\boldsymbol{y})|\leqslant\|\boldsymbol{x}\|\|\boldsymbol{y}\| \tag{1.34}$$

以及三角不等式

$$\|\boldsymbol{x}\|+\|\boldsymbol{y}\|\geqslant\|\boldsymbol{z}\| \tag{1.35}$$

施密特在第一章第二节“强收敛的概念”中对元素列引入强收敛的概念，收敛是分析学中的一个基本概念，希尔伯特这样说道：

“我觉得研究那些用于建立一门给定的分析理论的收敛条件，是一件非常有意思的事情.这种研究使我们可以确立一组最简单的基本事实，它们的证明需要一个特殊的收敛条件.然后，只要使用这样一个收敛条件(不必附加任何其他的收敛条件)，就可以证明该分析理论中的全部定理.”①

如果空间中的序列$\{\boldsymbol{x}_n\}$当 $n\to\infty$ 时满足 $\|\boldsymbol{x}_n-\boldsymbol{x}\|\to 0$，那么施密特称序列$\{\boldsymbol{x}_n\}$是强收敛于 $\boldsymbol{x}$ 的.他

---

① 康斯坦斯·瑞德.希尔伯特[M].袁向东，李文林，译，上海：上海科学技术出版社，2006.

在第四节“收敛定理”中用强收敛定义了空间中的柯西序列，即若当 $m,n\to\infty$ 时，序列 $\{\boldsymbol{x}_n\}$ 满足 $\|\boldsymbol{x}_m-\boldsymbol{x}_n\|\to 0$，则称序列 $\{\boldsymbol{x}_n\}$ 是柯西序列.接着施密特证明了空间中的所有柯西序列都强收敛于他的“函数空间”中的一个元素 $\boldsymbol{z}$，从而他的“函数空间”是完备的，这是最早的希尔伯特空间，将其记为 l^2 空间，也是最早的无穷维空间①②.

施密特在第二章的第五节再一次建立了标准正交化过程.他对空间中的元素列 $\{\boldsymbol{x}_n\}$ 构造了下面的公式

$$\boldsymbol{e}_1=\boldsymbol{x}_1 \tag{1.36}$$

$$\boldsymbol{e}_2=\boldsymbol{x}_2-\frac{(\boldsymbol{x}_2,\boldsymbol{e}_1)\boldsymbol{e}_1}{\|\boldsymbol{e}_1\|^2} \tag{1.37}$$

$$\boldsymbol{e}_3=\boldsymbol{x}_3-\frac{(\boldsymbol{x}_3,\boldsymbol{e}_1)\boldsymbol{e}_1}{\|\boldsymbol{e}_1\|^2}-\frac{(\boldsymbol{x}_3,\boldsymbol{e}_2)\boldsymbol{e}_2}{\|\boldsymbol{e}_2\|^2} \tag{1.38}$$

$$\boldsymbol{e}_n=\boldsymbol{x}_n-\sum_{k=1}^{n-1}\frac{(\boldsymbol{x}_n,\boldsymbol{e}_k)\boldsymbol{e}_k}{\|\boldsymbol{e}_k\|^2} \tag{1.39}$$

即他表明内积空间中的任一可列子集均可用施密特正交化方法将其转化为一个规范正交系.他在这一节的脚注中提到了他1905年的博士论文，也再一次提到了格拉姆的正交化的工作.

有了强收敛的概念后，施密特在第二章第八节“线性函数的结构”中对他的“函数空间”引入了闭子空间这个非常重要的概念.如果序列空间 H 的子集 A 在前面定义的强收敛的意义下是一个闭子集且它是序列空间 H 的向量子空间，即若 $\boldsymbol{w}_1$ 和 $\boldsymbol{w}_2$ 是 A 中的元素，则

---

① 李文林.数学史概论[M].北京：高等教育出版社，2000.

② 李亚亚，王昌.希尔伯特空间诞生探源[J].自然辩证法研究，2013，29(12)：90-94.

$a_1\boldsymbol{w}_1+a_2\boldsymbol{w}_2$ 也是 A 中的元素，其中 a_1,a_2 是任何复数.施密特将满足这两个条件的子集 A 称为序列空间 H 的闭子空间.他证明了存在这样定义的闭子空间，取任意一个线性无关的元素列$\{\boldsymbol{z}_n\}$，再取$\{\boldsymbol{z}_n\}$中元素的所有线性组合，它们构成的集合的闭包就是一个闭子空间.接着施密特将欧氏空间中向量投影的概念推广到他的序列空间中.他证明了下面这样一个定理：如果子空间 A 是序列空间 H 的闭子空间，那么对序列空间 H 中的每个元素 $\boldsymbol{z}$，都有下面唯一的正交分解

$$\boldsymbol{z}=\boldsymbol{w}_1+\boldsymbol{w}_2 \tag{1.40}$$

其中 $\boldsymbol{w}_1$ 在闭子空间 A 中，$\boldsymbol{w}_2$ 在闭子空间 A 的正交补中.施密特将这里的元素 $\boldsymbol{w}_2$ 称为“垂直函数”，现在将元素 $\boldsymbol{w}_1$ 称为元素 $\boldsymbol{z}$ 在闭子空间A中的投影.泛函分析中现在将这个定理称为投影定理，它是希尔伯特空间理论中一个非常重要的定理.

施密特证明了 $\boldsymbol{w}_2$ 的几个性质.$\boldsymbol{w}_2$ 是零元当且仅当 $\boldsymbol{z}$ 在A 中.最重要的是 $\|\boldsymbol{w}_2\|=\min\|\boldsymbol{y}-\boldsymbol{z}\|$，其中 $\boldsymbol{y}$ 是 A 中的任意元素，且假设这个最小值只有在 $\boldsymbol{y}=\boldsymbol{w}_1$ 时取得.$\|\boldsymbol{w}_2\|$ 被称为 $\boldsymbol{z}$ 与A之间的距离，这个距离有两个方面的作用.首先，它表明施密特意识到了弗雷歇的工作；其次，它定义了一个元素到一个闭子空间的距离，但是他却没有定义两个元素间的距离①.

希尔伯特在分析学领域的宏大目标是变革分析学的思想方法，他试图将分析学中的大量线性问题都统一到方程$\lambda\boldsymbol{x}-T\boldsymbol{x}=\boldsymbol{y}$ 的理论上，进而再用代数的思想

① BERNKOPF M. The development of function spaces with particular reference to their origins in integral equation theory[J]. Archive for History of Exact Sciences, 1966, 3(1): 1-96.

方法来处理相应的问题.施密特是希尔伯特的学生,也是希尔伯特积分方程工作的追随者之一.他在文章的第二章"无穷多个变量的方程组的解"中将无穷维的线性方程组分为齐次和非齐次这样两种情形,并对它们分别进行了处理.

§2　黎兹－费舍尔定理的建立

1902 年,勒贝格十分及时地建立了勒贝格积分.虽然勒贝格积分在建立初期遭到了一些数学家的反对,但是它被称为泛函分析的四项奠基性工作之一[①],足以可见它在泛函分析建立过程中的重要作用.1907 年,黎兹和费舍尔各自独立地运用勒贝格积分的新工具建立了黎兹－费舍尔定理.下面对他们各自的相关工作给出说明.

1.勒贝格积分的建立

自从牛顿和莱布尼兹(Leibniz)创立微积分以来,分析学已经走过了漫长的历程.20 世纪初,微积分已经存在了 200 多年.勒贝格对积分理论进行了一场革命性的变革,并进一步将这场革命性的变革推进到实分析领域,为后来实变函数理论的建立奠定了基础.

1902 年,勒贝格在他的博士论文《积分、长度与面积》中第一次系统地阐述了有关测度和积分的思

① DIEUDONNÉ J. History of functional analysis[M]. Amsterdam/New York/Oxford:North-Holland Publishing Company, 1981.

想[①②].他先定义了测度,然后再定义积分.他在确定点集的测度时,用无穷多个区间序列而不是有限多个区间序列来覆盖这个集合,于是就能定义像有理数集这样的特殊集合的测度.有了测度后再来定义积分.函数 $f(x)$ 的黎曼积分是把函数的定义域划分为细小的子区间,在这些子区间上构建矩形,矩形的高是函数值,最后令最大子区间的宽趋于零.勒贝格积分划分的是函数的值域而不是函数的定义域.

勒贝格曾用零售商汇总营业收入的例子形象地说明了黎曼积分和勒贝格积分之间的区别[③].一位零售商在汇总一天的营业收入时,他可以按照顺序计算出到手的现金和账单,他依次将 1 美分、10 美分、25 美分等收集起来的款项累加起来就得到了一天的营业收入.这种方法相当于从左到右走遍区间 $[a,b]$ 时提取遇到的函数值.这就像黎曼积分的建立过程,它是由定义域中的值"确定的",而没有考虑值域.勒贝格指出店主在结账时可以不用考虑收到每笔款项的顺序,而是来考虑收到款项的面值.例如,他共收到 12 笔的 10 美分、30 笔的 25 美分、50 笔的 1 美分,等等.用每种币值的数量乘以币值,再进行求和可以计算出一天的收入.这正是勒贝格积分的情形,它的过程是由值域中的函数值"确定的",而与划分定义域无关.

---

① LEBESGUE H. Intégrale, longueur, aire[J]. Annali di Matematica Pura ed Applicata,1902,7(1):231-359.

② 张奠宙.20 世纪数学经纬[M].上海:华东师范大学出版社,2002.

③ 邓纳姆 W.微积分的历程:从牛顿到勒贝格[M].李伯民,汪军,张怀勇,译.北京:人民邮电出版社,2010.

20 世纪数学趋于统一的基础，即集合论，但是在数学中如此重要的集合论在刚建立的时候却遭到了许多人的反对.勒贝格建立的勒贝格积分理论在刚开始建立的时候同样也遭到这样的反对[①]，就连埃尔米特这样的大数学家都反对勒贝格积分的建立.勒贝格从 1902 年博士论文发表后的将近 10 年时间里在巴黎都找不到职位，直到 1910 年他才在巴黎大学找到了工作.

勒贝格证明了一些关于勒贝格积分的定理.他表明如果函数 $f(x)$ 是区间$[a,b]$上的有界黎曼可积函数，那么 $f(x)$ 是勒贝格可积的，并且$\int_a^b f(x)\mathrm{d}x$ 在两种积分下有相同的积分值.从而我们可以说勒贝格积分保留了黎曼积分中的精华.勒贝格可积的函数比黎曼可积的函数要多得多.狄利克雷函数是处处不连续的函数，从而它不是黎曼可积的.不连续性对勒贝格积分是无关紧要的.对勒贝格积分的建立，勒贝格在他 1904 年的专著《积分与原函数的研究》中这样写道：

“为了解决已经提出的那些问题而不是出于对复杂事物的偏爱，我在书中引进一个积分定义，这个定义比黎曼积分的定义更加具有普遍性，并且可以把黎曼积分作为一个特例.”[②③]

勒贝格积分可以看成现代分析的开端，它之前的

---

① 李文林.数学史概论[M].北京：高等教育出版社，2000.

② LEBESGUE H. Lecons sur l'intégration et la recherché des fonctions primitives[M].Paris：Gauthier-Villars，1904.

③ 邓纳姆 W.微积分的历程：从牛顿到勒贝格[M].李伯民，汪军，张怀勇，译.北京：人民邮电出版社，2010.

分析被称为经典分析,之后的分析被称为现代分析[①].在后来的历史发展中勒贝格积分不断获得广泛的应用,如果没有勒贝格积分,泛函分析的发展进程可能会严重地缓慢下来,不过刚好有这样一个巧合,即勒贝格积分适时地出现了[②].

2.黎兹的相关工作

1902年,黎兹在布达佩斯大学获得博士学位,其博士论文的内容是关于几何的.受到20世纪初去德国哥廷根学习的鼓舞,黎兹在哥廷根大学学习过一段时间,他也是希尔伯特积分方程工作的追随者之一.黎兹在1906年到1909年间发表了一系列篇幅比较短的文章[③④⑤⑥⑦⑧],这些工作为后来泛函分析和拓扑学的建立做出了重要贡献.他也被称为泛函分析的创始人之一.

---

① 李文林.数学史概论[M].北京:高等教育出版社,2000.

② DIEUDONNÉ J. History of functional analysis[M]. Amsterdam/New York/Oxford:North-Holland Publishing Company,1981.

③ RIESZ F.Die Genesis des Raumbegriffs[J].Math.Naturwiss. Ber.Ungarn,1906,24:309-353.

④ RIESZ F.Stetigkeitsbegriff und abstrakte Mengenlehre[J]. Atti Ⅳ Congr.Intern.Mat.,1908,Ⅱ:18-24.

⑤ RIESZ F.Sur les systèmes orthogonaux de fonctions[J]. Comptes Rendus Acad.Sci.,1907,144:615-619.

⑥ RIESZ F.Über orthogonale Funktionensysteme[J].Göttingen,1907:116-122.

⑦ RIESZ F.Sur les operations fonctionnelles linéaire[J].Comptes Rendus de l'Académie des Sciences,1909,149:974-977.

⑧ RIESZ F.Sur les systèmes orthogonaux de fonctions et l'équations de Fredholm[J].Comptes Rendus de l'Académie des Sciences,1907,144:734-736.

1907 年，黎兹运用勒贝格积分在推广希尔伯特的工作时考虑对于给定的完备规范正交系，能不能确定出函数关于这个完备规范正交系的傅里叶系数，而且还需要考虑给定的无穷序列与某一个函数的傅里叶系数之间的关系①. 借助勒贝格积分这个全新的数学工具，黎兹在勒贝格平方可积函数的集合 L^2 与平方可和序列的集合 l^2 之间建立下面的定理②③：

设 $\{\varphi_p\}$ 是由定义在区间 $[a,b]$ 上的勒贝格平方可积函数构成的规范正交系，$\{a_p\}$ 是给定的实数序列，则存在一个勒贝格平方可积的函数 $f(x)$，可以将这些实数序列看成它关于 $\{\varphi_p\}$ 的傅里叶系数，也就是说

$$\int_a^b f(x)\varphi_i(x)\mathrm{d}x = a_i \quad (i=1,2,\cdots) \tag{2.1}$$

成立的充分必要条件是级数 $\sum\limits_{i=1}^{\infty} a_i^2$ 收敛，即 $\sum\limits_{i=1}^{\infty} a_i^2 < \infty$.

这个定理的充分性可以由贝塞尔不等式来证明，因此只需要证明它的必要性. 黎兹先在特殊情形下证明了这个定理，即 $\{\varphi_p\}$ 是由三角函数系构成的，区间 $[a,b]$ 是 $[0,2\pi]$. 他先构造了一个级数 $\sum\limits_{p=1}^{\infty} a_p\varphi_p(x)$，其中 $\varphi_p(x)$ 是形如 $\dfrac{1}{k\pi}\cos kx$ 或 $\dfrac{1}{k\pi}\sin kx$ 的函数，

---

① 李亚亚，王昌. 希尔伯特空间诞生探源[J]. 自然辩证法研究，2013，29(12)：90-94.

② RIESZ F. Sur les systèmes orthogonaux de fonctions[J]. Comptes Rendus Acad. Sci., 1907, 144: 615-619.

③ RIESZ F. Über orthogonale Funktionensysteme[J]. Göttingen, 1907: 116-122.

$\{a_p\}$是给定的序列.他接着证明了级数$\sum_{p=1}^{\infty}a_p\varphi_p(x)$一致收敛于一个有界变差的连续函数,这个函数几乎处处可导.定义$f(x)$就是这个函数,可以证明它是勒贝格平方可积的函数,它的傅里叶系数为$\{a_p\}$.因此,黎兹在规范正交系是由三角函数系构成的特殊情形下证明了这个定理的必要性.

接着黎兹将这一特殊情形推广到更一般的情形上,这里的规范正交系$\{\psi_p(x)\}$是由定义在$[0,2\pi]$上的函数构成的.他先考虑了无穷维线性方程组

$$a_p=\sum_{q=1}^{\infty}x_q b_{pq}\quad(p=1,2,\cdots)\tag{2.2}$$

其中$\{a_p\}$是给定的平方可和序列,x_q是未知数,b_{pq}被定义为

$$b_{pq}=\int_0^{2\pi}\psi_p(x)\varphi_q(x)\mathrm{d}x\tag{2.3}$$

这里的$\{\varphi_q(x)\}$是前面考虑的由三角函数系构成的规范正交系.由无穷维线性方程组的理论可知,如果

$$\sum_{r=1}^{\infty}b_{pr}b_{qr}=\delta_{pq}\quad(p,q=1,2,\cdots)\tag{2.4}$$

那么无穷维线性方程组有唯一的平方可和的解$x=(x_1,x_2,\cdots)$,表示为

$$x_q=\sum_{p=1}^{\infty}b_{pq}a_p\tag{2.5}$$

当规范正交系$\{\varphi_q(x)\}$是由三角函数系构成时,黎兹表明勒贝格平方可积函数$f(x)$满足

$$x_q=\int_0^{2\pi}f(x)\varphi_q(x)\mathrm{d}x\tag{2.6}$$

接着将(2.6)和(2.3)代入(2.2)中可以得到

$$a_p = \sum_{q=1}^{\infty} \int_0^{2\pi} f(x)\varphi_q(x)\mathrm{d}x \int_0^{2\pi} \psi_p(x)\varphi_q(x)\mathrm{d}x \tag{2.7}$$

由法图定理可知

$$a_p = \int_0^{2\pi} f(x)\psi_p(x)\mathrm{d}x \tag{2.8}$$

因此，$\{a_p\}$ 是函数 $f(x)$ 关于规范正交系 $\{\psi_p(x)\}$ 的第 p 个傅里叶系数.

一个月后，黎兹又发表一篇很短的文章①，在这篇文章中他将已经建立的结果推广到多个变量的函数上，也将积分区间推广为任意的可测集.他也表明希尔伯特处理的积分方程在 $f(x)$ 和 $K(s,t)$ 勒贝格平方可积的条件下是可解的.

3.费舍尔的相关工作

同年，德国数学家费舍尔发表了一篇只有 3 页的文章②，文章中他对函数序列引进平均收敛的概念，即如果定义在区间$[a,b]$上的函数列$\{f_n(x)\}$满足

$$\lim_{m,n\to\infty} \int_a^b (f_n(x) - f_m(x))^2 \mathrm{d}x = 0 \tag{2.9}$$

那么称$\{f_n(x)\}$是平均收敛的.如果函数列$\{f_n(x)\}$满足

$$\lim_{n\to\infty} \int_a^b (f(x) - f_n(x))^2 \mathrm{d}x = 0 \tag{2.10}$$

那么称$\{f_n(x)\}$平均收敛于 $f(x)$，这里的积分是勒

---

① RIESZ F. Sur les systèmes orthogonaux de fonctions et l'équations de Fredholm[J].Comptes Rendus de l'Académie des Sciences，1907，144：734-736.

② FISHER E. Sur la convergence en moyenne[J].Comptes Rendus de l'Académie des Sciences，1907，144：1022-1024.

贝格积分.将$[a,b]$上勒贝格平方可积的函数做成的集合记为$L^2[a,b]$,费舍尔证明了$L^2[a,b]$在平均收敛的意义下是完备的,即如果$L^2[a,b]$中的函数序列$\{f_n(x)\}$在平均收敛的意义下是收敛的,那么存在$L^2[a,b]$中的一个函数$f(x)$,使得$\{f_n(x)\}$平均收敛于$f(x)$.

费舍尔在证明中先构造$F(x)$为

$$F(x)=\lim_{n\to\infty}\int_a^x f_n(t)\mathrm{d}t \tag{2.11}$$

它是有界变差函数,且在$[a,b]$上连续.由勒贝格的定理可知,$F(x)$有上右导数,假设$f(x)$就是这个导数,从而$f(x)$是勒贝格可积的,且$F(x)$满足

$$F(x)=\int_a^x f(t)\mathrm{d}t \tag{2.12}$$

类似地定义$G(x)$为

$$G(x)=\lim_{n\to\infty}\int_a^x f_n^2(t)\mathrm{d}t \tag{2.13}$$

它具有$F(x)$的所有性质.如果$g(x)$是$G(x)$的上右导数,那么$f(x)=g^2(x)$且$f(x)$是属于$L^2[a,b]$的,即

$$\lim_{n\to\infty}\int_a^x f_n^2(t)\mathrm{d}t=\int_a^x f^2(t)\mathrm{d}t \tag{2.14}$$

从而费舍尔证明了$L^2[a,b]$是完备的.

令$\{\varphi_n(x)\}$是一个完备规范正交系,$\{a_n\}$是一个平方可和序列.级数$\sum\limits_{n=1}^{\infty}a_n\varphi_n(x)$是平均收敛的,因为当$t>w$时

$$\int_a^b\left(\sum_{n=1}^{t}a_n\varphi_n(x)-\sum_{n=1}^{w}a_n\varphi_n(x)\right)^2\mathrm{d}x=$$

$$
\begin{aligned}
&\int_a^b \left(\sum_{n=w+1}^{t} a_n\varphi_n(x)\right)^2 \mathrm{d}x = \\
&\int_a^b \Bigg(\sum_{n=w+1}^{t} a_n^2\varphi_n^2(x) + \\
&2\sum_{\substack{k,n=w+1\\ k\neq n}}^{t} a_n a_k \varphi_n(x)\varphi_k(x)\Bigg)^2 \mathrm{d}x = \\
&\sum_{n=w+1}^{t}\int_a^b a_n^2\varphi_n^2(x)\mathrm{d}x = \\
&\sum_{n=w+1}^{t} a_n^2
\end{aligned}
\tag{2.15}
$$

当 $t, w\to\infty$ 时，因为 $\{a_n\}$ 是平方可和的序列，所以 $\sum\limits_{n=w+1}^{t} a_n^2$ 是趋于零的.因此，由费舍尔的定理可知，级数 $\sum\limits_{n=1}^{\infty} a_n\varphi_n(x)$ 平均收敛于 $L^2[a,b]$ 中的函数 $\varphi(x)$，且 $\varphi(x)$ 的傅里叶系数为

$$
\int_a^b \varphi_n(x)\varphi(x)\mathrm{d}x = \int_a^b \varphi_n(x)\sum_{p=1}^{\infty} a_p\varphi_p(x)\mathrm{d}x = a_n
\tag{2.16}
$$

从而费舍尔的结果能够推出黎兹的结果.

由于黎兹和费舍尔各自独立做出的贡献，从而将表明 L^2 空间与 l^2 空间同构的定理命名为黎兹－费舍尔定理.这个定理的建立为勒贝格积分的新理论提供了一个完全未预料到且富有成果的应用，黎兹和费舍尔也成为继勒贝格本人之后表明勒贝格积分可以作为非常有效的新工具的人①.这个定理的建立也为积分方

① BIRKHOFF G, KREYSZIG E. The establishment of functional analysis[J].Historia Mathematica,1984,11(3):258-321.

程理论的一些结果从连续核扩展到勒贝格平方可积的核上创造了条件①.在函数空间理论的发展中 L^2 空间与 l^2 空间是希尔伯特空间的两种具体表现形式,黎兹一费舍尔定理的建立为后来给出抽象希尔伯特空间的定义奠定了基础②.

1907 年,黎兹在同一个期刊上还发表了一篇只有 4 页长的文章③.在这篇文章中他指出可以在勒贝格平方可积的函数集合 $L^2[a,b]$ 上定义一种距离,用这个距离可以建立这个函数空间上的一种几何.同时他也对空间 $L^2[a,b]$ 上的任一有界线性泛函 U 得到这样的表示

$$U(f)=(f,g) \tag{2.17}$$

他在 1934—1935 年将这一表示推广到用公理化定义的抽象希尔伯特空间中,最终成为泛函分析中著名的黎兹表示定理④⑤.

1907 年,弗雷歇也注意到勒贝格平方可积函数空

① DIEUDONNÉ J. History of functional analysis[M]. Amsterdam/New York/Oxford:North-Holland Publishing Company, 1981.

② 李亚亚,王昌.希尔伯特空间诞生探源[J].自然辩证法研究, 2013,29(12):90-94.

③ RIESZ F.Sur une espèce de géométrie analytique des systèmes de fonctions sommables[J].Comptes Rendus de l'Académie des Sciences,1907,144:1409-1411.

④ GRAY J D. The shaping of the Riesz representation theorem: A chapter in the history of analysis[J].Archive for History of Exact Sciences,1984,31(2):127-187.

⑤ BIRKHOFF G, KREYSZIG E. The establishment of functional analysis[J].Historia Mathematica,1984,11(3):258-321.

间 $L^2[a,b]$ 中有一种类似于希尔伯特序列空间的几何①，他定义 $L^2[a,b]$ 中任意两个平方可积的函数 $f(x)$ 和 $g(x)$ 间的距离为

$$\sqrt{\int_a^b (f(x)-g(x))^2 \mathrm{d}x} \tag{2.18}$$

他在这篇文章中也表明对定义在 $L^2[a,b]$ 上的每个有界线性泛函 U，在 $L^2[a,b]$ 中存在唯一的 $u(x)$，使得对 $L^2[a,b]$ 中的每个 $f(x)$ 有

$$U(f)=\int_a^b f(x)u(x)\mathrm{d}x \tag{2.19}$$

1909 年，黎兹为了解决一个很难的问题而在泛函表示方面做出了重要贡献②.他将 $C[a,b]$ 上的有界线性泛函 U 用斯蒂尔切斯(Stieltjes) 积分表示为

$$U(f)=\int_a^b f(x)\mathrm{d}u(x) \tag{2.20}$$

其中 $u(x)$ 是$[a,b]$上的有界变差函数，其全部变差等于 $\|A\|$，也可以很容易确定 $u(x)$ 是唯一的.黎兹一定意识到现在的问题与希尔伯特空间中的问题基本上是不同的，$u(x)$ 和 $f(x)$ 取自不同的空间，因为 $u(x)$ 可能具有不连续点，所以不能再将泛函与 $C[a,b]$ 空间中的元素联系起来③.

20 世纪，在集合论的影响下空间和函数的概念得

---

① FRÉCHET M.Sur les ensembles de fonctions et les opérations linéaires[J].Comptes Rendus de l'Académie des Sciences,1907,144:1414-1416.

② RIESZ F.Sur les operations fonctionnelles linéaire[J].Comptes Rendus de l'Académie des Sciences,1909,149:974-977.

③ GRAY J D.The shaping of the Riesz representation theorem:A chapter in the history of analysis[J].Archive for History of Exact Sciences,1984,31(2):127-187.

到了进一步的发展.在具有某种共同特征的函数组成的函数集合中定义某些运算,按照这些运算形成的结构构成了各种函数空间.沃尔泰拉的学生贝尔(Baire,1874—1932)在他1899年的博士论文中对集合论在数学中的重要性给出这样的评价:

"一般而论,人们甚至可以说……任何同函数论有关的问题都将导致与集合论有关的某些问题,只要后面这种问题获得解决或者可能解决,原有问题就可以随之解决或者近乎解决."①②

平方可和序列空间 l^2 和勒贝格平方可积函数空间 L^2 是两个具体的希尔伯特空间的例子,它们在结构上接近 n 维欧氏空间,具有许多与 n 维欧氏空间类似的几何性质.在函数空间中讨论收敛性问题是非常重要的,可以通过改变积分的定义和收敛的概念来扩充所讨论的函数集合的范围,以便研究这一问题.施密特、黎兹以及费舍尔的工作中正是采用了这样的思路,施密特对希尔伯特序列空间引入了强收敛,费舍尔对勒贝格平方可积函数空间引入了平均收敛.

---

① BAIRE R.Sur les fonctions de variables réelles[D].Milan: Imprimerie Bernardoni de C.Rebeschini & Co., 1899.

② 邓纳姆 W.微积分的历程:从牛顿到勒贝格[M].李伯民,汪军,张怀勇,译.北京:人民邮电出版社,2010.

何为希尔伯特空间[①]

第5章

§1 巴拿赫空间何时成为希尔伯特空间？

由于希尔伯特空间有内积，因此人们设想在希尔伯特空间中成立的事实比不是希尔伯特空间的巴拿赫空间中成立的事实要多.这个猜测是完全正确的，在以后的几章中，我们将讨论其中的一些性质.

有许多问题在复希尔伯特空间中讨论会更好些.复希尔伯特空间是一个具有复数值内积(·, ·)的巴拿赫空间，且内积满足：

① 本章摘编自《泛函分析原理》，M.Schechter 著，游若云，徐天芳译，辽宁科学技术出版社，1986.

(1) $(\alpha \boldsymbol{u}, \boldsymbol{v}) = \alpha(\boldsymbol{u}, \boldsymbol{v})$，$\alpha$ 是复数；

(2) $(\boldsymbol{u}+\boldsymbol{v}, \boldsymbol{w}) = (\boldsymbol{u}, \boldsymbol{w}) + (\boldsymbol{v}, \boldsymbol{w})$；

(3) $(\boldsymbol{v}, \boldsymbol{u}) = \overline{(\boldsymbol{u}, \boldsymbol{v})}$；

(4) $(\boldsymbol{u}, \boldsymbol{u}) = \| \boldsymbol{u} \|^2$.

在学习希尔伯特空间之前，我们将先学会怎样去识别它们.这似乎是容易的，只要看一看它是否有内积.然而，当问题刚刚开始提出的时候，事实并不如此简单.如果我们给定一个还不知道它的内积的巴拿赫空间，这并不意味着经过充分的努力，还是一直找不到内积；当然，一旦找到了内积，这个巴拿赫空间就成为希尔伯特空间了.

于是，问题归结为：对一个给定的巴拿赫空间 X，能否存在一个内积，使之转化为希尔伯特空间，并且范数不变.我们看到必要条件是平行四边形公式

$$\| \boldsymbol{x}+\boldsymbol{y} \|^2 + \| \boldsymbol{x}-\boldsymbol{y} \|^2 = 2\| \boldsymbol{x} \|^2 + 2\| \boldsymbol{y} \|^2 \quad (\boldsymbol{x}, \boldsymbol{y} \in X) \tag{1.1}$$

成立.现在我们证明这个条件也是充分的.

定理 1 巴拿赫空间 X 成为希尔伯特空间并且范数不变的充要条件是(1.1)成立.

证 我们只证充分性.设(1.1)成立.我们必须找出 X 上的内积，为此先设 X 是实巴拿赫空间.如果内积存在，那么它将满足

$$\| \boldsymbol{x}+\boldsymbol{y} \|^2 = \| \boldsymbol{x} \|^2 + 2(\boldsymbol{x}, \boldsymbol{y}) + \| \boldsymbol{y} \|^2 \tag{1.2}$$

这提示我们应该定义内积为

$$(\boldsymbol{x}, \boldsymbol{y}) = \frac{\| \boldsymbol{x}+\boldsymbol{y} \|^2 - \| \boldsymbol{x} \|^2 - \| \boldsymbol{y} \|^2}{2} \tag{1.3}$$

如果我们做了这样的定义，那么立刻得到

$$(\boldsymbol{x}, \boldsymbol{y}) = (\boldsymbol{y}, \boldsymbol{x}) \tag{1.4}$$

$$(\boldsymbol{x},\boldsymbol{x})=\|\boldsymbol{x}\|^2 \tag{1.5}$$

$$(\boldsymbol{x}_n,\boldsymbol{y})\to(\boldsymbol{x},\boldsymbol{y})\quad(\text{如果在 } X \text{ 中 } \boldsymbol{x}_n\to\boldsymbol{x}) \tag{1.6}$$

$$(\boldsymbol{0},\boldsymbol{y})=0 \tag{1.7}$$

并且

$$(\boldsymbol{x},\boldsymbol{y})+(\boldsymbol{z},\boldsymbol{y})=\frac{\|\boldsymbol{x}+\boldsymbol{y}\|^2-\|\boldsymbol{x}\|^2+\|\boldsymbol{z}+\boldsymbol{y}\|^2-\|\boldsymbol{z}\|^2-2\|\boldsymbol{y}\|^2}{2}$$

由平行四边形公式，有

$$\|\boldsymbol{x}+\boldsymbol{y}\|^2+\|\boldsymbol{z}+\boldsymbol{y}\|^2=\frac{\|\boldsymbol{x}+\boldsymbol{z}+2\boldsymbol{y}\|^2+\|\boldsymbol{x}-\boldsymbol{z}\|^2}{2}$$

与

$$\|\boldsymbol{x}\|^2+\|\boldsymbol{z}\|^2=\frac{\|\boldsymbol{x}+\boldsymbol{z}\|^2+\|\boldsymbol{x}-\boldsymbol{z}\|^2}{2}$$

因此

$$(\boldsymbol{x},\boldsymbol{y})+(\boldsymbol{z},\boldsymbol{y})=\frac{\|\boldsymbol{x}+\boldsymbol{z}+2\boldsymbol{y}\|^2-\|\boldsymbol{x}+\boldsymbol{z}\|^2-4\|\boldsymbol{y}\|^2}{4}=$$

$$\left\|\frac{1}{2}(\boldsymbol{x}+\boldsymbol{z})+\boldsymbol{y}\right\|^2-\left\|\frac{1}{2}(\boldsymbol{x}+\boldsymbol{z})\right\|^2-\|\boldsymbol{y}\|^2=$$

$$2\left(\frac{1}{2}(\boldsymbol{x}+\boldsymbol{z}),\boldsymbol{y}\right) \tag{1.8}$$

现在，如果在(1.8)中取 $\boldsymbol{z}=\boldsymbol{0}$，那么根据(1.7)，有

$$(\boldsymbol{x},\boldsymbol{y})=2\left(\frac{\boldsymbol{x}}{2},\boldsymbol{y}\right) \tag{1.9}$$

应用这个结果于(1.8)的右边，我们得到

$$(\boldsymbol{x},\boldsymbol{y})+(\boldsymbol{z},\boldsymbol{y})=(\boldsymbol{x}+\boldsymbol{z},\boldsymbol{y}) \tag{1.10}$$

剩下的只要证明对任意数 α，有

$$\alpha(\boldsymbol{x},\boldsymbol{y})=(\alpha\boldsymbol{x},\boldsymbol{y}) \tag{1.11}$$

对任意正整数 n，重复应用(1.10)，则有

$$n(\boldsymbol{x},\boldsymbol{y})=(n\boldsymbol{x},\boldsymbol{y})$$

因此，如果 m,n 是正整数，那么

$$\begin{aligned}\left(\frac{n}{m}\right)(\boldsymbol{x},\boldsymbol{y})=\left(\frac{n}{m}\right)\left(m\left(\frac{\boldsymbol{x}}{m}\right),\boldsymbol{y}\right)=\\ \left(\frac{n}{m}\right)m\left(\frac{\boldsymbol{x}}{m},\boldsymbol{y}\right)=\\ n\left(\frac{\boldsymbol{x}}{m},\boldsymbol{y}\right)=\\ \left(\frac{n\boldsymbol{x}}{m},\boldsymbol{y}\right)\end{aligned}$$

于是，对正有理数 α，(1.11) 成立.又根据(1.10)，有

$$(\boldsymbol{x},\boldsymbol{y})+(-\boldsymbol{x},\boldsymbol{y})=(\boldsymbol{x}-\boldsymbol{x},\boldsymbol{y})=0$$

因此，$(-\boldsymbol{x},\boldsymbol{y})=-(\boldsymbol{x},\boldsymbol{y})$.这表明对一切有理数 α，(1.11) 都成立.如果 α 是任意实数，那么存在有理数序列$\{\alpha_n\}$ 收敛于 α.因而根据(1.6)，有

$$\begin{aligned}\alpha(\boldsymbol{x},\boldsymbol{y})=\lim\alpha_n(\boldsymbol{x},\boldsymbol{y})=\\ \lim(\alpha_n\boldsymbol{x},\boldsymbol{y})=\\ (\alpha\boldsymbol{x},\boldsymbol{y})\end{aligned}$$

这样，对实巴拿赫空间定理得证.如果 X 是复巴拿赫空间，那么任何内积必须满足

$$\|\boldsymbol{x}+\boldsymbol{y}\|^2=\|\boldsymbol{x}\|^2+2\mathrm{Re}(\boldsymbol{x},\boldsymbol{y})+\|\boldsymbol{y}\|^2$$

因此

$$\mathrm{Re}(\boldsymbol{x},\boldsymbol{y})=\frac{\|\boldsymbol{x}+\boldsymbol{y}\|^2-\|\boldsymbol{x}\|^2-\|\boldsymbol{y}\|^2}{2} \tag{1.12}$$

这表明 $\mathrm{Re}(\boldsymbol{x},\boldsymbol{y})$ 有实内积的所有性质.此外，如果$(\boldsymbol{x},\boldsymbol{y})$是复内积，那么

$$\mathrm{Im}(\boldsymbol{x},\boldsymbol{y})=\mathrm{Re}(-\mathrm{i})(\boldsymbol{x},\boldsymbol{y})=$$

$$-\mathrm{Re}(\mathrm{i}\boldsymbol{x},\boldsymbol{y})$$

因而定义内积为

$$(\boldsymbol{x},\boldsymbol{y})=\mathrm{Re}(\boldsymbol{x},\boldsymbol{y})-\mathrm{i}\,\mathrm{Re}(\mathrm{i}\boldsymbol{x},\boldsymbol{y}) \tag{1.13}$$

应是合理的，这里 $\mathrm{Re}(\boldsymbol{x},\boldsymbol{y})$ 由(1.12)给出.于是

$$\begin{aligned}(\mathrm{i}\boldsymbol{x},\boldsymbol{y})=&\mathrm{Re}(\mathrm{i}\boldsymbol{x},\boldsymbol{y})-\mathrm{i}\,\mathrm{Re}(-\boldsymbol{x},\boldsymbol{y})=\\&\mathrm{i}[\mathrm{Re}(\boldsymbol{x},\boldsymbol{y})-\mathrm{i}\,\mathrm{Re}(\mathrm{i}\boldsymbol{x},\boldsymbol{y})]=\\&\mathrm{i}(\boldsymbol{x},\boldsymbol{y})\end{aligned}$$

这表明对所有的复数 α，(1.11)都成立.再根据(1.12)，有

$$\mathrm{Re}(\mathrm{i}\boldsymbol{x},\mathrm{i}\boldsymbol{y})=\mathrm{Re}(\boldsymbol{x},\boldsymbol{y})$$

因此

$$\begin{aligned}(\boldsymbol{y},\boldsymbol{x})=&\mathrm{Re}(\boldsymbol{y},\boldsymbol{x})-\mathrm{i}\,\mathrm{Re}(\mathrm{i}\boldsymbol{y},\boldsymbol{x})=\\&\mathrm{Re}(\boldsymbol{x},\boldsymbol{y})-\mathrm{i}\,\mathrm{Re}(-\boldsymbol{y},\mathrm{i}\boldsymbol{x})=\\&\mathrm{Re}(\boldsymbol{x},\boldsymbol{y})+\mathrm{i}\,\mathrm{Re}(\mathrm{i}\boldsymbol{x},\boldsymbol{y})=\\&\overline{(\boldsymbol{x},\boldsymbol{y})}\end{aligned}$$

于是，$(\boldsymbol{x},\boldsymbol{x})$ 是实数，所以应该等于 $\mathrm{Re}(\boldsymbol{x},\boldsymbol{x})$，即等于 $\|\boldsymbol{x}\|^2$.内积 $(\boldsymbol{x},\boldsymbol{y})$ 的其他性质，可由 $\mathrm{Re}(\boldsymbol{x},\boldsymbol{y})$ 的性质推出.证毕.

§2　正规算子

设 $\{\boldsymbol{\varphi}_n\}$ 是希尔伯特空间 H 中的正交序列(有限或无限)，$\{\lambda_k\}$ 是数的序列，与 $\{\boldsymbol{\varphi}_n\}$ 的项数(有限或无限)相同，并满足 $|\lambda_k|\leqslant C$，则对每一个元素 $\boldsymbol{f}\in H$，级数 $\sum\lambda_k(\boldsymbol{f},\boldsymbol{\varphi}_k)\boldsymbol{\varphi}_k$ 在 H 中收敛.在 H 上定义算子 A 为

$$A\boldsymbol{f}=\sum\lambda_k(\boldsymbol{f},\boldsymbol{\varphi}_k)\boldsymbol{\varphi}_k \tag{2.1}$$

显然，A 是线性算子，而且也是有界的，因为根据贝塞

尔不等式,有

$$\| Af \|^2 = \sum |\lambda_k|^2 |(\boldsymbol{f}, \boldsymbol{\varphi}_k)|^2 \leqslant C^2 \| \boldsymbol{f} \|^2 \tag{2.2}$$

为方便起见,可设每一个 $\lambda_k \neq 0$(必要时去掉对应于 $\lambda_k = 0$ 的那些 $\boldsymbol{\varphi}_k$).这时,$N(A)$ 恰好是由 H 中与所有 $\boldsymbol{\varphi}_k$ 正交的元素 $\boldsymbol{f}$ 所组成的.因为,显然这样的 $\boldsymbol{f}$ 都在 $N(A)$ 中.反之,如果 $\boldsymbol{f} \in N(A)$,那么

$$0 = (A\boldsymbol{f}, \boldsymbol{\varphi}_k) = \lambda_k (\boldsymbol{f}, \boldsymbol{\varphi}_k)$$

因此,对每一个 k,$(\boldsymbol{f}, \boldsymbol{\varphi}_k) = 0$.此外,根据(2.1) 立即推出,每一个 λ_k 是A 的特征值,$\boldsymbol{\varphi}_k$ 是对应的特征向量.由于 $\sigma(A)$ 是闭的,因而它也含有 λ_k 的极限点.

我们将看到,如果 $\lambda \neq 0$ 不是 λ_k 的极限点,那么 $\lambda \in \rho(A)$.为此,对任意 $\boldsymbol{f} \in H$,求解方程

$$(\lambda - A)\boldsymbol{u} = \boldsymbol{f} \tag{2.3}$$

容易看出,(2.3) 的任何解都满足

$$\lambda \boldsymbol{u} = \boldsymbol{f} + A\boldsymbol{u} = \boldsymbol{f} + \sum \lambda_k (\boldsymbol{u}, \boldsymbol{\varphi}_k) \boldsymbol{\varphi}_k \tag{2.4}$$

因此

$$\lambda (\boldsymbol{u}, \boldsymbol{\varphi}_k) = (\boldsymbol{f}, \boldsymbol{\varphi}_k) + \lambda_k (\boldsymbol{u}, \boldsymbol{\varphi}_k)$$

或

$$(\boldsymbol{u}, \boldsymbol{\varphi}_k) = \frac{(\boldsymbol{f}, \boldsymbol{\varphi}_k)}{\lambda - \lambda_k} \tag{2.5}$$

代回到(2.4) 中,可得

$$\lambda \boldsymbol{u} = \boldsymbol{f} + \sum \left(\frac{\lambda_k (\boldsymbol{f}, \boldsymbol{\varphi}_k) \boldsymbol{\varphi}_k}{\lambda - \lambda_k} \right) \tag{2.6}$$

由于λ 不是λ_k 的极限点,故存在 $\delta > 0$,使得 $|\lambda - \lambda_k| \geqslant \delta$,$k = 1, 2, \cdots$.因此,对每一个 $\boldsymbol{f} \in H$,(2.6) 中的级数收敛.容易验证(2.6) 实际上就是(2.3) 的解.又注意到

$$|\lambda|\ \|u\| \leqslant \|f\| + \frac{C}{\delta}\|f\| \tag{2.7}$$

可以看出$(\lambda - A)^{-1}$是有界的.于是,我们证明了如下引理.

引理 1　如果算子 A 由(2.1)给出,那么$\sigma(A)$由点$\lambda=\lambda_k$以及它们的极限点,可能还有零所组成,$N(A)$由正交于所有$\boldsymbol{\varphi}_k$的那些元素$\boldsymbol{u}$所组成.对于$\lambda \in \rho(A)$,(2.3)的解由(2.6)给出.

由此看出,(2.1)中的算子具有许多有用的性质.因此,确定算子具有(2.1)形式的条件,将是合乎需要的.为此,先注意 A 的另一性质.这一性质是由 A 的希尔伯特空间伴随算子来表示的.

设 H_1 和 H_2 是希尔伯特空间,A 是 $B(H_1,H_2)$ 中的算子.对固定的 $\boldsymbol{y}\in H_2$,表达式 $F\boldsymbol{x}=(A\boldsymbol{x},\boldsymbol{y})$ 是 H_1 上的有界线性泛函.由黎兹表示定理,存在 $\boldsymbol{z}\in H_1$,使得对所有 $\boldsymbol{x}\in H_1$,有 $F\boldsymbol{x}=(\boldsymbol{x},\boldsymbol{z})$.令 $\boldsymbol{z}=A^*\boldsymbol{y}$,则 A^* 是从 H_2 到 H_1 的线性算子,且满足

$$(A\boldsymbol{x},\boldsymbol{y})=(\boldsymbol{x},A^*\boldsymbol{y}) \tag{2.8}$$

A^* 称为 A 的希尔伯特伴随算子.请注意 A^* 与 A' 之间的差别.如同 A' 一样,A^* 也是有界的,并且

$$\|A^*\|=\|A\| \tag{2.9}$$

证明留作练习.

回到算子 A,我们去掉每一个 $\lambda_k\neq 0$ 的假设,并注意到

$$(A\boldsymbol{u},\boldsymbol{v})=\sum\lambda_k(\boldsymbol{u},\boldsymbol{\varphi}_k)(\boldsymbol{\varphi}_k,\boldsymbol{v})=$$
$$(\boldsymbol{u},\sum\bar{\lambda}_k(\boldsymbol{v},\boldsymbol{\varphi}_k)\boldsymbol{\varphi}_k)$$

这表明

$$A^* v = \sum \bar{\lambda}_k (v, \varphi_k) \varphi_k \tag{2.10}$$

(如果 H 是复希尔伯特空间,那么需 λ_k 的共轭 $\bar{\lambda}_k$;如果 H 是实希尔伯特空间,那么 λ_k 是实数,取不取共轭都一样).现在根据引理 1,我们看到,每个 $\bar{\lambda}_k$ 是 A^* 的以 φ_k 为对应特征向量的特征值.又注意到

$$\| A^* f \|^2 = \sum |\lambda_k|^2 |(f, \varphi_k)|^2 \tag{2.11}$$

这表明

$$\| A^* f \| = \| Af \| \quad (f \in H) \tag{2.12}$$

满足(2.12)的算子称为正规的.它有一个重要特征:

定理 1 算子 A 是正规且紧的,当且仅当它具有(2.1)的形式,其中$\{\varphi_k\}$是正交集且当 $k \to \infty$ 时,$\lambda_k \to 0$.

在证明定理 1 时,我们将利用正规算子的如下性质:

引理 2 如果 A 是正规的,那么

$$\| (A^* - \bar{\lambda}) u \| = \| (A - \lambda) u \| \quad (u \in H) \tag{2.13}$$

系 1 如果 A 是正规的,且 $A\varphi = \lambda\varphi$,那么 $A^* \varphi = \bar{\lambda}\varphi$.

引理 3 如果 A 是正规且紧的,那么它有特征值 λ,使得 $|\lambda| = \| A \|$.

我们暂时承认这些性质,并利用它们给出:

定理 1 的证明 设 A 是 H 上的正规紧算子.如果 $A = 0$,那么定理显然成立.否则,根据引理 3,存在特征值 λ_0,使得 $|\lambda_0| = \| A \| \neq 0$.设 φ_0 是对应的特征向量并且范数为 1,H_1 是 H 中与 φ_0 正交的所有元素形成的子空间.注意 A 与 A^* 映 H_1 到自身.事实上,如果

$v \in H_1$,那么根据系1,有

$$(Av,\varphi_0)=(v,A^*\varphi_0)=$$
$$\lambda_0(v,\varphi_0)=0$$

对于A^*同理可证.设A_1是A在H_1上的限制,则对u,$v \in H_1$,有

$$(u,A_1^* v)=(A_1 u,v)=(Au,v)=(u,A^* v)$$

这表明在H_1上$A_1^*=A^*$.这就证明了在希尔伯特空间H_1上A_1既是正规的又是紧的.现在,如果$A_1=0$,那么

$$Au=\lambda_0(u,\varphi_0)\varphi_0 \quad (u \in H)$$

从而定理得证.否则,根据引理3,存在一对λ_1,φ_1,使得

$$|\lambda_1|=\|A_1\|$$
$$\varphi_1 \in H_1$$
$$\|\varphi_1\|=1$$
$$A_1\varphi_1=\lambda_1\varphi_1$$

设H_2是正交于φ_0与φ_1的H的子空间,A_2是A在H_2上的限制,仿照上述论证,可得A_2是正规且紧的,并且如果$A_2 \neq 0$,那么存在一对λ_2,φ_2,使得

$$|\lambda_2|=\|A_2\|$$
$$\varphi_2 \in H_2$$
$$\|\varphi_2\|=1$$
$$A_2\varphi_2=\lambda_2\varphi_2$$

依此类推,我们得到算子序列$\{A_k\}$(A在子空间H_k上的限制)以及序列$\{\lambda_k\}$与$\{\varphi_k\}$,使得对每一个$k=1$,2,…,有

$$|\lambda_k|=\|A_k\|$$
$$\varphi_k \in H_k$$

$$\| \boldsymbol{\varphi}_k \| = 1$$
$$A_k \boldsymbol{\varphi}_k = \lambda_k \boldsymbol{\varphi}_k$$

又由选择 $\boldsymbol{\varphi}_k$ 的方法，我们看到$\{\boldsymbol{\varphi}_k\}$形成一个正交序列.如果没有任何一个 $A_k = 0$，那么$\{A_k\}$是无穷序列.由于 A_k 是 A_{k-1} 在子空间上的限制，故有

$$|\lambda_0| \geqslant |\lambda_1| \geqslant |\lambda_2| \geqslant \cdots$$

又

$$\lambda_k \to 0 \quad (k \to \infty) \tag{2.14}$$

现在设 $\boldsymbol{u}$ 是 H 的任意元素，令

$$\boldsymbol{u}_n = \boldsymbol{u} - \sum_{k=0}^{n} (\boldsymbol{u}, \boldsymbol{\varphi}_k) \boldsymbol{\varphi}_k$$

则$(\boldsymbol{u}_n, \boldsymbol{\varphi}_k) = 0, 0 \leqslant k \leqslant n$.这表明 $\boldsymbol{u}_n \in H_{n+1}$.因此

$$\| A\boldsymbol{u}_n \| \leqslant |\lambda_{n+1}| \| \boldsymbol{u}_n \| \tag{2.15}$$

同时

$$\| \boldsymbol{u}_n \|^2 = \| \boldsymbol{u} \|^2 - 2\sum_{k=0}^{n} |(\boldsymbol{u}, \boldsymbol{\varphi}_k)|^2 + \sum_{k=0}^{n} |(\boldsymbol{u}, \boldsymbol{\varphi}_k)|^2 \leqslant \| \boldsymbol{u} \|^2$$

因此，当 $n \to \infty$ 时，$A\boldsymbol{u}_n \to \boldsymbol{0}$.这意味着

$$A\boldsymbol{u} = \sum_{k=0}^{\infty} \lambda_k (\boldsymbol{u}_k, \boldsymbol{\varphi}_k) \boldsymbol{\varphi}_k \tag{2.16}$$

从而定理的必要性得证.为了证明充分性，设 A 具有(2.1)的形式且 $\lambda_k \to 0$.令

$$A_n \boldsymbol{u} = \sum_{k=1}^{n} \lambda_k (\boldsymbol{u}, \boldsymbol{\varphi}_k) \boldsymbol{\varphi}_k \quad (n = 1, 2, \cdots)$$

则对每一个 n，A_n 是有限秩线性算子.现在对任意 $\varepsilon > 0$，存在正整数 N，使得当 $n > N$ 时，$|\lambda_n| < \varepsilon$.于是

$$\| A_n \boldsymbol{u} - A\boldsymbol{u} \|^2 = \sum_{k=n+1}^{\infty} |\lambda_k|^2 |(\boldsymbol{u}, \boldsymbol{\varphi}_k)|^2 \leqslant \varepsilon^2 \|\boldsymbol{u}\|^2$$

这表明

$$\| A_n - A \| \leqslant \varepsilon \quad (n > N)$$

也就是说当 $n \to \infty$ 时,依范数 $A_n \to A$.因此 A 是紧的.从(2.11) 可知,A 是正规的.证毕.

剩下的是证明引理2与引理3.前者的证明是简单的.事实上,我们有

$$\begin{aligned}
&\|(A^* - \bar{\lambda})\boldsymbol{u}\|^2 = \\
&\|A^* \boldsymbol{u}\|^2 - 2\mathrm{Re}(\bar{\lambda}\boldsymbol{u}, A^* \boldsymbol{u}) + |\lambda|^2 \|\boldsymbol{u}\|^2 = \\
&\|A\boldsymbol{u}\|^2 - 2\mathrm{Re}(A\boldsymbol{u}, \lambda\boldsymbol{u}) + |\lambda|^2 \|\boldsymbol{u}\|^2 = \\
&\|(A - \lambda)\boldsymbol{u}\|^2
\end{aligned}$$

由此立即推出系1.在证明引理3时,我们还将利用如下引理.

引理4　如果 A 是正规的,那么

$$r_\sigma(A) = \|A\| \tag{2.17}$$

本引理一旦得到证明,则存在 $\lambda \in \sigma(A)$,使得 $|\lambda| = \|A\|$.如果 $A = 0$,那么显然0是 A 的特征值.如果 $A \neq 0$,那么 $\lambda \neq 0$.故它也是特征值.因此,剩下的是给出:

引理4的证明　当 A 是正规的时,我们来证明

$$\|A^n\| = \|A\|^n \quad (n = 1, 2, \cdots) \tag{2.18}$$

由于

$$\begin{aligned}
\|A^k \boldsymbol{u}\|^2 = (A^k \boldsymbol{u}, A^k \boldsymbol{u}) = (A^* A^k \boldsymbol{u}, A^{k-1} \boldsymbol{u}) \leqslant \\
\|A^* A^k \boldsymbol{u}\| \, \|A^{k-1} \boldsymbol{u}\| = \\
\|A^{k+1} \boldsymbol{u}\| \, \|A^{k-1} \boldsymbol{u}\|
\end{aligned}$$

这蕴涵着

$$\| A^k \|^2 \leqslant \| A^{k+1} \| \| A^{k-1} \| \quad (k=1,2,\cdots) \tag{2.19}$$

因为对任意算子有 $\| A^n \| \leqslant \| A \|^n$,所以只需证明

$$\| A^n \| \geqslant \| A \|^n \quad (n=1,2,\cdots) \tag{2.20}$$

设 k 是任意正整数,且对所有 $n \leqslant k$,(2.20) 成立,则根据(2.19),有

$$\| A \|^{2k} \leqslant \| A^{k+1} \| \| A \|^{k-1}$$

这表明当 $n=k+1$ 时(2.20) 也成立.由于当 $n=1$ 时(2.18) 成立,故由数学归纳法可知,对所有自然数 n,(2.18) 成立.于是,由(2.18),我们有

$$r_\sigma(A)=\lim_{n\to\infty} \| A^n \|^{\frac{1}{n}} = \| A \| \tag{2.21}$$

引理证毕.

系 2 如果 A 是正规紧算子,那么存在 A 的特征向量的正交序列$\{\boldsymbol{\varphi}_k\}$,使得对每一个 $\boldsymbol{u} \in H$,都能写成

$$\boldsymbol{u}=\boldsymbol{h}+\sum(\boldsymbol{u},\boldsymbol{\varphi}_k)\boldsymbol{\varphi}_k \tag{2.22}$$

的形式,这里 $\boldsymbol{h} \in N(A)$.特别地,如果 $N(A)$ 是可分的,那么 A 有完备的特征向量正交集.

证 根据定理 1,A 有特征向量的正交集$\{\boldsymbol{\varphi}_k\}$,使得(2.1) 成立.如果 $\boldsymbol{u}$ 是 H 中的任意元素,令

$$\boldsymbol{h}=\boldsymbol{u}-\sum(\boldsymbol{u},\boldsymbol{\varphi}_k)\boldsymbol{\varphi}_k$$

那么根据(2.1),$A\boldsymbol{h}=\boldsymbol{0}$,即 $\boldsymbol{h} \in N(A)$.这就证明了(2.22).如果 $N(A)$ 是可分的,那么它有完备正交集$\{\boldsymbol{\psi}_j\}$.一旦有了这个结果,则

$$\boldsymbol{u}=\sum(\boldsymbol{h},\boldsymbol{\psi}_j)\boldsymbol{\psi}_j+\sum(\boldsymbol{u},\boldsymbol{\varphi}_k)\boldsymbol{\varphi}_k$$

并且 $\boldsymbol{\varphi}_k$ 正交于 $\boldsymbol{\psi}_j$(引理 1).因此

$$\boldsymbol{u}=\sum(\boldsymbol{u},\boldsymbol{\psi}_j)\boldsymbol{\psi}_j+\sum(\boldsymbol{u},\boldsymbol{\varphi}_k)\boldsymbol{\varphi}_k$$

这表明$\{\boldsymbol{\psi}_1,\cdots,\boldsymbol{\varphi}_1,\cdots\}$形成完备正交集.

剩下的只要证明$N(A)$有完备正交集.这可由下面的引理推出.

引理5　每一个可分的希尔伯特空间都有完备正交序列.

证　设H是可分的希尔伯特空间,$\{\boldsymbol{x}_n\}$是在X中稠密的序列.从$\{\boldsymbol{x}_n\}$中去掉每一个这样的元素,该元素是$\boldsymbol{x}_j$之前的诸元素的线性组合.设N_n是由$\boldsymbol{x}_1,\cdots,\boldsymbol{x}_n$张成的子空间,$\boldsymbol{\varphi}_n$是$N_n$中的元素,其范数为1且与$N_{n-1}$正交.这样的元素$\boldsymbol{\varphi}_n$是存在的.显然,序列$\{\boldsymbol{\varphi}_n\}$是正交的,它也是完备的,因为原先的序列$\{\boldsymbol{x}_n\}$包含于$\bigcup\limits_{n=1}^{\infty}N_n$,并且该集的每一个元素都是$\boldsymbol{\varphi}_k$的线性组合.证毕.

§3　用有限秩算子逼近

对希尔伯特空间上的每一个紧算子K,都能找到有限秩算子序列依范数收敛于K.现在我们来证明这个断言.

首先,设H是可分的,则根据引理5(§2),H有完备正交序列$\{\boldsymbol{\varphi}_k\}$.定义算子序列$\{P_n\}$如下

$$P_n\boldsymbol{u}=\sum_{k=1}^{n}(\boldsymbol{u},\boldsymbol{\varphi}_k)\boldsymbol{\varphi}_k \tag{3.1}$$

则

$$\|P_n\|\leqslant 1,\|I-P_n\|\leqslant 1\quad(n=1,2,\cdots) \tag{3.2}$$

并且

$$P_n\boldsymbol{u}\to\boldsymbol{u}\quad(n\to\infty,\boldsymbol{u}\in H) \tag{3.3}$$

如果所说的断言不成立,那么存在一个算子$K\in$

$K(H)$ 与数 $\delta>0$,使得对任何有限秩算子 F,有

$$\| K-F \| \geqslant \delta \tag{3.4}$$

现在

$$F_n \boldsymbol{u}=P_n K \boldsymbol{u}=\sum_{k=1}^{n}(K \boldsymbol{u}, \boldsymbol{\varphi}_k) \boldsymbol{\varphi}_k$$

是有限秩算子.因此由(3.4)推出,对每一个 n,存在 $\boldsymbol{u}_n \in H$,满足

$$\| \boldsymbol{u}_n \| =1, \| (K-F_n) \boldsymbol{u}_n \| \geqslant \frac{\delta}{2} \tag{3.5}$$

由于序列$\{\boldsymbol{u}_n\}$有界,故有子序列$\{\boldsymbol{v}_j\}$,使得 $K\boldsymbol{v}_j$ 收敛于某元素 $\boldsymbol{w} \in H$.但是

$$\begin{aligned}\| (K-F_n) \boldsymbol{u}_n \| \leqslant & \| (I-P_n)(K \boldsymbol{u}_n-\boldsymbol{w}) \| + \\ & \| (I-P_n) \boldsymbol{w} \| \leqslant \\ & \| K \boldsymbol{u}_n-\boldsymbol{w} \| + \\ & \| (I-P_n) \boldsymbol{w} \|\end{aligned}$$

因此对充分大的 n,根据(3.3)有

$$\| (I-P_n) \boldsymbol{w} \| <\frac{\delta}{4}$$

并且对无穷多个下标,有

$$\| K \boldsymbol{u}_n-\boldsymbol{w} \| <\frac{\delta}{4}$$

这与(3.5)矛盾.因此当 H 是可分的时,我们的断言得证.

现在设 H 是任意希尔伯特空间,K 是$K(H)$中的任意算子.令 $A=K^* K$,则

$$A^*=A \tag{3.6}$$

满足(3.6)的算子称为自伴算子.特别地,A 是正规的.据定理 1(§2),对某正交序列$\{\boldsymbol{\varphi}_k\}$,$A$ 具有(2.1)的形式.设 H_0 是形如

$$K^n\boldsymbol{\varphi}_k \quad (n=0,1,2,\cdots;k=1,2,\cdots)$$

的元素张成的子空间，则 $\overline{H}_0$ 是 H 的可分闭子空间，并且 K 映 $\overline{H}_0$ 到自身.根据上述证明可知，存在 $\overline{H}_0$ 上的有限秩算子序列 $\{F_n\}$，依范数收敛于 K 在 $\overline{H}_0$ 上的限制 $\hat{K}$.现在每一个 $\boldsymbol{u}\in H$ 都可以写成 $\boldsymbol{u}=\boldsymbol{v}+\boldsymbol{w}$ 的形式，这里 $\boldsymbol{v}\in\overline{H}_0$，$\boldsymbol{w}$ 正交于 H_0.容易看出 $K\boldsymbol{w}=\boldsymbol{0}$.因为 $\boldsymbol{w}$ 正交于每一个 $\boldsymbol{\varphi}_k$，所以 $\boldsymbol{w}\in N(A)$（引理1（§2））.从而

$$0=(A\boldsymbol{w},\boldsymbol{w})=(K^*K\boldsymbol{w},\boldsymbol{w})=\|K\boldsymbol{w}\|^2$$

这表明 $K\boldsymbol{w}=\boldsymbol{0}$.于是，如果定义 $G_n\boldsymbol{u}=F_n\boldsymbol{v}$，$n=1,2,\cdots$，那么 G_n 是有限秩算子，并且当 $n\to\infty$ 时，$\|G_n-K\|\to 0$.证毕.

§4　积分算子

我们应用 §2 的定理来讨论如下形式的积分算子

$$K\boldsymbol{u}(x)=\int_a^b K(x,y)\boldsymbol{u}(y)\mathrm{d}y \tag{4.1}$$

这里 $-\infty\leqslant a\leqslant b\leqslant+\infty$，并且函数 $K(x,y)$ 满足

$$\int_a^b\int_a^b |K(x,y)|^2\mathrm{d}x\mathrm{d}y<\infty \tag{4.2}$$

（$K(x,y)\in L_2(Q)$，这里 Q 是矩形 $a\leqslant x,y\leqslant b$）.现在，有如下引理.

引理1　如果 $K(x,y)$ 满足(4.2)，那么由(4.1)给出的算子 K 是 $L_2(a,b)$ 上的紧算子.

我们将引理1的证明留在本节之末，先来看看由此可以得出什么结论.根据定理1（§2），有如下定理.

定理1　如果

$$K(x,y)\overline{K(x,z)}=K(z,x)\overline{K(y,x)} \quad (a\leqslant x,y,z\leqslant b) \tag{4.3}$$

那么存在 $L_2(a,b)$ 中的函数的正交序列(有限或无限),使得

$$Ku(x)=\sum\lambda_k(\boldsymbol{u},\boldsymbol{\varphi}_k)\boldsymbol{\varphi}_k \tag{4.4}$$

这里级数在 $L_2(a,b)$ 中收敛.此外,有

$$\int_a^b\int_a^b \left| K(x,y)-\sum_{k<m}\lambda_k\boldsymbol{\varphi}_k(x)\overline{\boldsymbol{\varphi}_k(y)}\right|^2 \mathrm{d}x\,\mathrm{d}y = \sum_{k\geqslant m}|\lambda_k|^2 \quad (m=1,2,\cdots) \tag{4.5}$$

特别地,除非 $K(x,y)$ 具有形式

$$K(x,y)=\sum_{k=1}^{N}\lambda_k\boldsymbol{\varphi}_k(x)\overline{\boldsymbol{\varphi}_k(y)} \tag{4.6}$$

序列 $\{\boldsymbol{\varphi}_k\}$ 是无限的.如果

$$\int_a^b |K(x,y)|^2\mathrm{d}y\leqslant M^2<\infty \quad (a\leqslant x\leqslant b) \tag{4.7}$$

那么级数(4.4)是一致收敛的.

证 考虑到引理1,并验证(4.1)的算子是正规的,再应用定理1(§2),我们就能证明(4.4).这并不困难,因为

$$K^*\boldsymbol{v}(y)=\int\overline{K(x,y)}\boldsymbol{v}(x)\mathrm{d}x \tag{4.8}$$

所以

$$KK^*\boldsymbol{u}(z)=\int K(z,x)K^*\boldsymbol{u}(x)\mathrm{d}x=\iint K(z,x)\overline{K(y,x)}\boldsymbol{u}(y)\mathrm{d}x\,\mathrm{d}y$$

同时

$$K^*K\boldsymbol{u}(z)=\int\overline{K(x,z)}K\boldsymbol{u}(x)\mathrm{d}x=\iint\overline{K(x,z)}K(x,y)\boldsymbol{u}(y)\mathrm{d}x\,\mathrm{d}y$$

根据(4.3),我们得到

$$KK^* = K^*K \tag{4.9}$$

由于

$$\| K^*\boldsymbol{u} \|^2 = (KK^*\boldsymbol{u},\boldsymbol{u}) = (K^*K\boldsymbol{u},\boldsymbol{u}) = \| K\boldsymbol{u} \|^2$$

可知 K 是正规的,于是(4.4) 成立.为了证明(4.5),注意到对于 $\boldsymbol{u},\boldsymbol{v} \in L_2(a,b)$,根据(4.4),有

$$\iint [K(x,y) - \sum \lambda_k \boldsymbol{\varphi}_k(x)\overline{\boldsymbol{\varphi}_k(y)}]\boldsymbol{u}(y)\overline{\boldsymbol{v}(x)}\mathrm{d}x\mathrm{d}y =$$

$$(K\boldsymbol{u},\boldsymbol{v}) - \sum \lambda_k(\boldsymbol{u},\boldsymbol{\varphi}_k)(\boldsymbol{\varphi}_k,\boldsymbol{v}) = 0$$

因为这对任何 $\boldsymbol{u},\boldsymbol{v} \in L_2(a,b)$ 都成立,所以

$$K(x,y) = \sum \lambda_k \boldsymbol{\varphi}_k(x)\overline{\boldsymbol{\varphi}_k(y)} \tag{4.10}$$

这里,级数在 $L_2(Q)$ 中收敛.这就证明了(4.5).定理的最后一个结论可以从下面的不等式推出,由于

$$\begin{aligned} |K\boldsymbol{u}(x)|^2 = \left|\int K(x,y)\boldsymbol{u}(y)\mathrm{d}y\right|^2 \leqslant \\ \int |K(x,y)|^2\mathrm{d}y \int |\boldsymbol{u}(y)|^2\mathrm{d}y \leqslant \\ M^2 \|\boldsymbol{u}\|^2 \end{aligned}$$

因此

$$|K\boldsymbol{u}(x)| \leqslant M\|\boldsymbol{u}\| \quad (a \leqslant x \leqslant b) \tag{4.11}$$

特别地,如果在 $L_2(a,b)$ 中 $\boldsymbol{u}_k \to \boldsymbol{u}$,那么

$$|K\boldsymbol{u}_k(x) - K\boldsymbol{u}(x)| \leqslant M\|\boldsymbol{u}_k - \boldsymbol{u}\| \to 0 \tag{4.12}$$

这表明 $K\boldsymbol{u}_k(x)$ 一致收敛于 $K\boldsymbol{u}(x)$.证毕.

剩下的是证明引理 1.我们将证明它是下面引理的一个简单推论.

引理 2　如果$\{\boldsymbol{\varphi}_k\}$是希尔伯特空间 H 中的完备正交序列,K 是 $B(H)$ 中的一个算子,且满足

$$\sum_{k=1}^{\infty} \| K\boldsymbol{\varphi}_k \|^2 < \infty \tag{4.13}$$

那么 $K \in K(H)$.

现在证明引理 2 蕴涵引理 1.$L_2(a,b)$ 有完备正交序列$\{\boldsymbol{\varphi}_k(x)\}$(实际上,可取 $a=0,b=2\pi$.如果 a,b 是别的有限值,那么应作一个变量代换.另外,不妨认为 $L_2(a,b)$ 是可分的,其可分性可以由(a,b) 是有界区间的可数并推出.细节留作练习).于是

$$\begin{aligned}&\sum_j \| K\boldsymbol{\varphi}_j \|^2 = \\&\sum_{j,k} |(K\boldsymbol{\varphi}_j,\boldsymbol{\varphi}_k)|^2 = \\&\sum_{j,k} \left| \iint K(x,y)\boldsymbol{\varphi}_j(y)\overline{\boldsymbol{\varphi}_k(x)}\mathrm{d}x\mathrm{d}y \right|^2 \leqslant \\&\iint |K(x,y)|^2 \mathrm{d}x\mathrm{d}y\end{aligned} \tag{4.14}$$

这里利用了$\{\boldsymbol{\varphi}_j(y)\overline{\boldsymbol{\varphi}_k(x)}\}$ 是 $L_2(Q)$ 中的正交集以及它适合贝塞尔不等式的事实.这就证明了引理 1.

现在我们给出:

引理 2 的证明 首先注意到

$$K\boldsymbol{u} = \sum_{k=1}^{\infty}(\boldsymbol{u},\boldsymbol{\varphi}_k)K\boldsymbol{\varphi}_k \quad (\boldsymbol{u} \in H) \tag{4.15}$$

事实上,由于$\sum_{k=1}^{n}(\boldsymbol{u},\boldsymbol{\varphi}_k)\boldsymbol{\varphi}_k$ 收敛于 $\boldsymbol{u}$,K 是连续的,故

$$K_n\boldsymbol{u} = \sum_{k=1}^{n}(\boldsymbol{u},\boldsymbol{\varphi}_k)K\boldsymbol{\varphi}_k \tag{4.16}$$

收敛于 $K\boldsymbol{u}$.令 K_n 是由(4.16) 定义的有限秩算子,则

$$\| K\boldsymbol{u} - K_n\boldsymbol{u} \|^2 \leqslant \left(\sum_{k=n+1}^{\infty} |(\boldsymbol{u},\boldsymbol{\varphi}_k)| \, \| K\boldsymbol{\varphi}_k \| \right)^2 \leqslant$$

$$\sum_{k=n+1}^{\infty} |(\boldsymbol{u},\boldsymbol{\varphi}_k)|^2 \sum_{k=n+1}^{\infty} \| K\boldsymbol{\varphi}_k \|^2 \leqslant$$

$$\| \boldsymbol{u} \|^2 \sum_{k=n+1}^{\infty} \| K\boldsymbol{\varphi}_k \|^2$$

因此

$$\| K - K_n \|^2 \leqslant \sum_{k=n+1}^{\infty} \| K\boldsymbol{\varphi}_k \|^2 \to 0$$

$$(n \to \infty) \tag{4.17}$$

这表明 K 是有限秩算子序列依范数收敛的极限.因此，K 是紧的.证毕.

§5　亚正规算子

算子 $A \in B(H)$ 称为亚正规的,如果有

$$\| A^* \boldsymbol{u} \| \leqslant \| A\boldsymbol{u} \| \quad (\boldsymbol{u} \in H) \tag{5.1}$$

或者等价地,有

$$((AA^* - A^*A)\boldsymbol{u},\boldsymbol{u}) \leqslant 0 \quad (\boldsymbol{u} \in H) \tag{5.2}$$

当然,正规算子是亚正规的.算子 $A \in B(H)$ 称为半正规的,如果 A 或 A^* 是亚正规的.类似于引理 4(§2),我们有如下定理.

定理 1　如果 A 是半正规算子,那么

$$r_\sigma(A) = \| A \| \tag{5.3}$$

证　首先设 A 是亚正规算子,则(2.18) 成立.其证明与正规算子的情形相同,只是在证明(2.19) 时,等式的地方用不等式来代替.于是,(2.21) 成立.

如果 A^* 是亚正规算子,那么由刚刚证明的结果给出

$$r_\sigma(A^*) = \| A^* \| \tag{5.4}$$

但是,一般有

$$(A^*)^n = (A^n)^* \quad (n = 1,2,\cdots) \tag{5.5}$$

(这可直接从定义推出).于是,根据(2.9)与(5.5),有

$$\|(A^*)^n\| = \|(A^n)^*\| = \|A^n\|$$

这表明

$$r_\sigma(A^*) = r_\sigma(A) \tag{5.6}$$

现在我们看到,(5.3)可从(2.9),(5.4)与(5.6)推出.证毕.

定义算子 A 的本性谱为

$$\sigma_e(A) = \bigcap_{K \in K(H)} \sigma(A+K) \tag{5.7}$$

已经证明,$\lambda \notin \sigma_e(A)$ 当且仅当 $\lambda \in \Phi_A$ 与 $i(A-\lambda)=0$.现在我们证明,在半正规算子的情形,有更特殊的结果.

定理2 如果 A 是半正规算子,那么 $\lambda \in \sigma(A) - \sigma_e(A)$ 当且仅当 λ 是孤立特征值,且 $r(A-\lambda) < \infty$.

在证明本定理之前,先做一点简单的注释.设 M 是希尔伯特空间 H 的子集,用 $M^\perp$ 表示 H 中与 M 正交的那些元素之集.$M^\perp$ 与 M 的零化子 M^0 之间存在一种关系.事实上,一个泛函属于 M^0,当且仅当由黎兹表示定理确定的元素属于 $M^\perp$.特别地,当 M^0 与 $M^\perp$ 之中的一个是有限维时,则

$$\dim M^0 = \dim M^\perp \tag{5.8}$$

我们还知道

$$N(A') = R(A)^0 \tag{5.9}$$

类似地,有

$$N(A^*) = R(A)^\perp \tag{5.10}$$

因此

$$\beta(A) = \dim N(A^*) \tag{5.11}$$

我们将需要下面的引理.

引理1 如果 A 是亚正规的,那么对任何复数 λ,

$B=A-\lambda$ 也是亚正规的.

证

$$\|B^*u\|^2=((AA^*-\lambda A^*-\bar{\lambda}A+|\lambda|^2)u,u)\leqslant ((A^*A-\lambda A^*-\bar{\lambda}A+|\lambda|^2)u,u)=\|Bu\|^2$$

我们还将用到如下引理.

引理 2　如果 A 是亚正规的,且映闭子空间 M 到自身,那么 A 在 M 上的限制是亚正规的.

证　设 A_1 是 A 在 M 上的限制,则对 $u,v\in M$,有

$$(u,A^*v)=(Au,v)=(A_1u,v)=(u,A_1^*v) \tag{5.12}$$

特别地

$$\|A_1^*u\|^2=(A_1^*u,A_1^*u)=(A_1^*u,A^*u)$$

因此

$$\|A_1^*u\|\leqslant\|A^*u\|\leqslant\|Au\|=\|A_1u\|\quad(u\in M)$$

于是, A_1 是亚正规的.

现在我们给出:

定理 2 的证明　设 $\lambda\in\sigma(A)-\sigma_e(A)$, $B=A-\lambda$, 则有 $B\in\Phi(H)$ 且 $i(B)=0$.据引理 1, B 也是半正规的.如果 B 是亚正规的,那么 $N(B)\subset N(B^*)$.由于 $i(B)=0$,故 $N(B)$ 与 $N(B^*)$ 的维数有限且相等(见(5.11)).因此

$$N(B^*)=N(B) \tag{5.13}$$

如果 B^* 是亚正规的,那么 $N(B^*)\subset N(B)$(这里我们利用了这样的事实:对 $A\in B(H)$,有 $A^{**}=A$).又

由于它们有相同的有限维数，因此，这时(5.13)也同样成立.根据(5.10)，(5.13)以及$R(B)$是闭的，我们有

$$H = N(B) \oplus R(B) \qquad (5.14)$$

因此，B在$R(B)$上是一对一的，且映$R(B)$到自身.于是，如果$B^2 \boldsymbol{v} = \mathbf{0}$，那么必有$B\boldsymbol{v} = \mathbf{0}$.因此，$N(B^2) = N(B)$，从而$N(B^k) = N(B)$，$k = 1, 2, \cdots$.由此可见$r(B) = \alpha(B) < \infty$.由于$i(B) = 0$，同样有$r'(B) < \infty$.现在，0是$\sigma(B)$的孤立点.因此，$\lambda$是$\sigma(A)$的孤立点，并且$r(A - \lambda) < \infty$.因为$\lambda \in \Phi_A$且$i(A - \lambda) = 0$，所以$\lambda$必是$A$的特征值.这就证明了定理的必要性.

定理的充分性的证明，容易从下面的引理推出.

引理3 如果B是亚正规算子，0是$\sigma(B)$的孤立点，并且$\alpha(B)$或$\beta(B)$是有限的，那么$B \in \Phi(H)$且$i(B) = 0$.

我们暂缓本引理的证明，先考虑如何应用它证明定理2.设A是半正规算子，λ是满足$r(A - \lambda) < \infty$的孤立特征值.令$B = A - \lambda$，如果A是亚正规的，那么B也是亚正规的，而且0是$\sigma(B)$的孤立点与$\alpha(B) < \infty$.因此据引理3，得到$B \in \Phi(H)$与$i(B) = 0$.这正是我们所要证明的.如果A^*是亚正规的，那么B^*也是亚正规的，而且0是$\sigma(B^*)$的孤立点与$\beta(B^*) = \alpha(B)$是有限的.再据引理3，便得所要求的结果.于是定理2证毕.下面给出：

引理3的证明 令

$$P = \frac{1}{2\pi i} \oint_{|z| = \varepsilon} (z - B)^{-1} dz$$

这里$\varepsilon > 0$充分小，使得适合$0 < |z| < \varepsilon$的点$z \in \rho(B)$.故

$$H = R(P) \oplus N(P) \tag{5.15}$$

且 B 映这两个闭子空间到自身.设 B_1 与 B_2 分别表示 B 在 $R(P)$ 与 $N(P)$ 上的限制,则 $\sigma(B_1)$ 正好是由点 0 组成的.因此 $r_\sigma(B_1)=0$.但 B_1 是亚正规算子(引理 1),故 $r_\sigma(B_1)=\|B_1\|$(定理 1).因此 $B_1=0$.这表明 $R(P)\subset N(B)$.但是,一般有 $N(B)\subset R(P)$.因此

$$R(P) = N(B) \tag{5.16}$$

注意到 $0\in\rho(B_2)$,特别地,这给出了

$$N(P) = R(B_2) \subset R(B) \tag{5.17}$$

于是,有

$$R(P) = N(B) \subset N(B^*) = R(B)^\perp \subset N(P)^\perp \tag{5.18}$$

再联系到(5.15),则有

$$R(P) = N(P)^\perp \tag{5.19}$$

若 $\boldsymbol{u}\in N(P)^\perp$,则 $\boldsymbol{u}=\boldsymbol{u}_1+\boldsymbol{u}_2$,这里 $\boldsymbol{u}_1\in R(P)$,$\boldsymbol{u}_2\in N(P)$.现在据(5.18),$\boldsymbol{u}_1\in N(P)^\perp$,因而同样有 $\boldsymbol{u}_2\in N(P)^\perp$.这仅当 $\boldsymbol{u}_2=\boldsymbol{0}$ 时才能成立,故有 $\boldsymbol{u}=\boldsymbol{u}_1\in R(P)$.根据(5.18) 与(5.19),有

$$N(B) = N(B^*) \tag{5.20}$$

与

$$R(B) \subset N(B^*)^\perp = R(P)^\perp = N(P)$$

这与(5.17) 一起就给出了

$$R(B) = N(P) \tag{5.21}$$

从(5.21) 看出 $R(B)$ 是闭的,从(5.20) 看出 $\alpha(B)=\beta(B)$.由于 $\alpha(B)$ 或 $\beta(B)$ 是有限的,因此,$B\in\Phi(H)$ 且 $i(B)=0$.证毕.

引理 3 有一个简单推论:

推论 1　如果 A 是半正规的,λ 是 $\sigma(A)$ 的孤立

点,那么λ是A的特征值.

证 设$B=A-\lambda$,如果A是亚正规的,那么B也是亚正规的(引理1).如果$\alpha(B)=0$,那么根据引理3,$B\in\Phi(H)$且$i(B)=0$.但$R(B)=H$表明$\lambda\in\rho(A)$,这与λ是$\sigma(A)$的孤立点矛盾,因此必有$\alpha(B)>0$.这正是我们所要证明的.如果A^*是亚正规的,那么B^*也是亚正规的.如果$\alpha(B)=0$,那么$\beta(B^*)=0$,并根据引理3,$B^*\in\Phi(H)$与$i(B^*)=0$.这蕴涵$0\in\rho(B^*)$,它等价于$0\in\rho(B)$.于是,我们又得到了矛盾,这表明应有$\alpha(B)>0$.证毕.

定理3 设A是半正规算子,且$\sigma(A)$中没有非零极限点,则A是正规且紧的.于是,A有(2.1)的形式,其中$\{\boldsymbol{\varphi}_k\}$是正交序列且$\lambda_k\to 0$.

证 由定理1(§2)的证明可知,如果$A=0$,那么定理显然成立.因此可就$A\neq 0$来证明.设A是亚正规的,则根据定理1,存在$\lambda_0\in\sigma(A)$,使得$|\lambda_0|=\|A\|\neq 0$.依假设λ_0不是$\sigma(A)$的极限点,因此它是特征值(推论1).设$\boldsymbol{\varphi}_0$是范数为1的特征向量,H_1是由H中正交于$\boldsymbol{\varphi}_0$的所有元素组成的子空间.我们看到A映H_1到自身.实际上,由于$A-\lambda_0$是亚正规的,故$\boldsymbol{\varphi}_0\in N(A^*-\bar{\lambda}_0)$.因此,如果$\boldsymbol{v}\in H_1$,那么

$$(A\boldsymbol{v},\boldsymbol{\varphi}_0)=(\boldsymbol{v},A^*\boldsymbol{\varphi}_0)=\bar{\lambda}_0(\boldsymbol{v},\boldsymbol{\varphi}_0)=0$$

由此推出$A\boldsymbol{v}\in H_1$.于是,A在H_1上的限制A_1是亚正规的(引理2).如果$A_1=0$,那么定理证毕.否则重复上述过程得到$\lambda_1,\boldsymbol{\varphi}_1$,使得

$$|\lambda_1|=\|A_1\|$$

$$\boldsymbol{\varphi}_1\in H_1$$

$$\|\boldsymbol{\varphi}_1\|=1$$

$$A_1\boldsymbol{\varphi}_1=\lambda_1\boldsymbol{\varphi}_1$$

设 H_2 是由 H 中与 $\boldsymbol{\varphi}_0,\boldsymbol{\varphi}_1$ 都正交的元素组成的子空间，A_2 是 A 在 H_2 上的限制，则又有 A_2 是亚正规的.如果 $A_2\neq 0$，那么存在一对 $\lambda_2,\boldsymbol{\varphi}_2$，使得

$$|\lambda_2|=\|A_2\|$$
$$\boldsymbol{\varphi}_2\in H_2$$
$$\|\boldsymbol{\varphi}_2\|=1$$
$$A_2\boldsymbol{\varphi}_2=\lambda_2\boldsymbol{\varphi}_2$$

依此类推，得到算子序列 $\{A_k\}$（A 在子空间 H_k 上的限制）与序列 $\{\lambda_k\}$，$\{\boldsymbol{\varphi}_k\}$，使得对每一个 $k=1,2,\cdots$，有

$$|\lambda_k|=\|A_k\|$$
$$\boldsymbol{\varphi}_k\in H_k$$
$$\|\boldsymbol{\varphi}_k\|=1$$
$$A_k\boldsymbol{\varphi}_k=\lambda_k\boldsymbol{\varphi}_k$$

由于 λ_k 是 A 的特征值，因此 $\{\lambda_k\}$ 具有有限项或者 $\lambda\to 0$.如同定理 1（§2）的证明一样，我们看到 A 具有(2.1)的形式且 $\lambda_k\to 0$. 于是，A 是正规且紧的（定理 1（§2））.

如果 A^* 是亚正规的，那么利用只有 0 可能是 $\sigma(A^*)$ 的极限点这一事实，对 A^* 做同样的论证，可得 A^* 具有(2.1)的形式且 $\lambda_k\to 0$.根据(2.10)，对于 $A=A^{**}$ 结论同样成立.证毕.

推论 2　如果 A 是半正规且紧的，那么 A 是正规的.

习题：

1.设 A 是 $B(H)$ 中的半正规算子，并且 $\sigma(A)$ 由有限个点所组成.试证 A 是有限秩算子.

2.证明：如果 A 是亚正规的，并且 $\sigma(A)$ 至多有有限个极限点,那么 A 是正规算子.

3.如果算子 K 由(4.1)定义,证明

$$\int_a^b\int_a^b |K(x,y)|^2 \mathrm{d}x\mathrm{d}y < 1$$

蕴涵 $I-K$ 在 $B(H)$ 中有逆.

4.对上题中的算子 K,证明

$$\|K\|^2 \leqslant \int_a^b\int_a^b |K(x,y)|^2 \mathrm{d}x\mathrm{d}y$$

5.对无界算子定义 A^*,证明:如果 A 是闭的与稠密的,那么 A^{**} 存在并且等于 A.

6.设 A 是 H 上的算子,如果存在 $D(A)$ 中的元素序列 $\{\boldsymbol{u}_n\}$ 弱收敛于 $\mathbf{0}$,并使得 $\|\boldsymbol{u}_n\|=1$ 与 $A\boldsymbol{u}_n\to\mathbf{0}$,那么称 A 有奇异序列.证明:如果 A 是闭的,那么 A 有奇异序列当且仅当 $R(A)$ 非闭或 $\alpha(A)=\infty$.

7.证明:如果 A 是正规的,那么 $A-\lambda$ 有奇异序列当且仅当 $\lambda\in\sigma_e(A)$.

8.如果算子 A 由(2.1)给出,证明:$0\in\rho(A)$ 当且仅当序列 $\{\boldsymbol{\varphi}_k\}$ 是完备的.

9.证明(2.9).

10.证明:$L_2(-\infty,+\infty)$ 是可分的.

11.证明:如果 A 是半正规的,且对某正整数 n,$A^n=0$,那么 $A=0$.

12.对复希尔伯特空间,证明投影定理与黎兹表示定理.

13.证明:A 是正规的当且仅当 $AA^*=A^*A$.

14.证明:如果 $K(x,y)=\overline{K(y,x)}$,那么(4.1)给出的算子是自伴的.

抽象空间理论的建立

第6章

20世纪上半叶，抽象空间理论有了很大的发展.1910年，黎兹在他的积分方程研究中发现了L^p空间，即p次勒贝格可积函数空间，他也给出了抽象算子的定义[①].L^p空间的发现在函数空间理论的发展中具有重要意义，因为它不是一个希尔伯特空间，而是一个比希尔伯特空间更一般的巴拿赫空间，这预示了存在比希尔伯特空间更一般的函数空间[②].1918年，黎兹在连续函数空间$C[a,b]$上根据希尔伯特的全连续概念定义了一种特殊的线性算子，即紧算子，并在这个

① RIESZ F.Untersuchungen über Systeme integrierbarer Funktionen[J].Mathematische Annalen,1910,69(4):449-497.

② BERNKOPF M.The development of function spaces with particular reference to their origins in integral equation theory[J]. Archive for History of Exact Sciences,1966,3(1):1-96.

具体空间上建立了紧算子理论①.20 世纪公理化方法不断渗透到数学的各个领域中,黎兹在他的文章中对连续函数引入范数,最早给出了范数所要满足的 3 条公理.

1922 年,波兰数学家巴拿赫在他的博士论文《抽象集合上的算子及其在积分方程中的应用》中将黎兹在具体空间给出的范数公理推广到任意元素上,并用公理化给出了赋范空间的定义②.赋范空间是比希尔伯特空间更一般的空间,巴拿赫的这一工作极大地拓广了函数空间研究的范围.完备的赋范空间被称为巴拿赫空间,希尔伯特空间是巴拿赫空间的一种特例.

20 世纪 20 年代,量子力学蓬勃发展,哥廷根这个国际数学中心自然会被这门新兴的物理学所吸引,希尔伯特也不例外.人们认识到希尔伯特在积分方程方面的研究原来已经在数学上为量子力学的发展提供了合适的工具.施密特鼓励冯·诺依曼(Von Neumann)用更加抽象的语言来重新表述和发展希尔伯特在积分方程研究中建立的理论.1929 年,他连续发表了 3 篇文

---

① RIESZ F. Über lineare Funktionalgleichungen[J]. Acta Mathematica, 1918,41(1):71-98.

② BANACH S.Sur les operations dans les ensembles abstraits et leur applications aux équations intégrales[J].Publié dans Fund. Math., 1922,3:133-181.

章[1][2][3],这三篇文章在抽象希尔伯特空间理论的发展中具有不可估量的意义.冯·诺伊曼对希尔伯特空间上对称算子的研究是算子理论的研究中取得的更光辉的成就[4].

§1　L^p 空间的发现

1907 年,黎兹和费舍尔各自独立建立了黎兹－费舍尔定理,这个定理开启了数学家对一般赋范空间理论的研究[5].1910 年,黎兹在《数学年刊》上发表题目为《可积函数系的研究》的文章,这篇文章长达 49 页,它在泛函分析的历史发展中具有重要意义.正是在这里他发现了不同于希尔伯特空间的 L^p 空间,也就是后来的巴拿赫空间.同时他还开始了抽象算子理论的研究.下面根据黎兹的原始文献和已有的研究文献对他的这

---

① NEUMANN J V. Allgemeine Eigenwerttheorie Hermitescher Funktionaloperatoren[J]. Mathematische Annalen,1930,102(1):49-131.

② NEUMANN J V.Zur Algebra der Funktionaloperationen und Theorie der normalen Operatoren[J].Mathematische Annalen,1930,102(1):370-427.

③ NEUMANN J V. Zur Theorie der unbeschränkten Matrizen[J].J.Reine Angew.Math.,1929,161:208-236.

④ 张奠宙.20 世纪数学经纬[M].上海:华东师范大学出版社,2002.

⑤ DIEUDONNÉ J. History of functional analysis[M]. Amsterdam/New York/Oxford:North-Holland Publishing Company,1981.

一工作进行如下的论述①②：

黎兹的这篇文章共分为 16 章，他在文章引言的一开头写道：

“这一研究的中心问题在于讨论形如 $\int_a^b f(x)\xi(x)\mathrm{d}x=c$ 的泛函方程构成的方程组的可解性问题，其中 $f(x)$ 是未知函数.”③

他在第一章讨论了勒贝格于 1902 年建立的勒贝格积分.他在第二章给出了赫尔德不等式

$$\sum_{i=1}^{n}|a_i b_i| \leqslant \left(\sum_{i=1}^{n}|a_i|^p\right)^{\frac{1}{p}}\left(\sum_{i=1}^{n}|b_i|^q\right)^{\frac{1}{q}} \tag{1.1}$$

或

$$\left|\int_M f(x)g(x)\mathrm{d}x\right| \leqslant \left(\int_M |f(x)|^p\mathrm{d}x\right)^{\frac{1}{p}}\left(\int_M |g(x)|^q\mathrm{d}x\right)^{\frac{1}{q}} \tag{1.2}$$

和闵可夫斯基不等式

$$\left(\sum_{i=1}^{n}|a_i+b_i|^p\right)^{\frac{1}{p}} \leqslant \left(\sum_{i=1}^{n}|a_i|^p\right)^{\frac{1}{p}}+\left(\sum_{i=1}^{n}|b_i|^p\right)^{\frac{1}{p}} \tag{1.3}$$

---

① RIESZ F.Untersuchungen über Systeme integrierbarer Funktionen[J].Mathematische Annalen,1910,69(4):449-497.

② BERNKOPF M.The development of function spaces with particular reference to their origins in integral equation theory[J].Archive for History of Exact Sciences,1966,3(1):1-96.

③ RIESZ F.Untersuchungen über Systeme integrierbarer Funktionen[J].Mathematische Annalen,1910,69(4):449-497.

或

$$\left(\int_M |f(x)+g(x)|^p \mathrm{d}x\right)^{\frac{1}{p}} \leqslant \left(\int_M |f(x)|^p \mathrm{d}x\right)^{\frac{1}{p}} + \left(\int_M |g(x)|^p \mathrm{d}x\right)^{\frac{1}{p}} \tag{1.4}$$

其中 M 是积分区域，$\frac{1}{p}+\frac{1}{q}=1$.勒贝格积分和这些不等式是他这一工作中的重要工具.他在第三章“函数类 L^p”中定义 L^p 为这样的函数集合，f 在 M 上可测，$|f|^p$ 在 M 上可积.他得到的第一个定理：如果对 L^p 中的每个函数 $f(x)$，函数 $h(x)$ 都使得 $f(x)h(x)$ 可积，那么 $h(x)$ 属于 L^q，反过来，L^p 中的函数 $f(x)$ 和 L^q 中的函数 $h(x)$ 的乘积是可积的.在这个定理的证明中，相反性是式(2) 的直接结果.他也在证明中表明 $h(x)$ 必须可积(取 $f(x)\equiv 1$)，而且如果 $|h(x)|^q$ 不可积，那么存在 L^p 中的一个 $g(x)$ 使得 $g(x)h(x)$ 不可积.

黎兹对 L^p 空间引入了强收敛和弱收敛的概念，这些概念的引入对于后面将他的理论推广到巴拿赫空间中非常重要.若 L^p 空间中的函数列 $\{f_n(x)\}$ 满足

$$\lim_{n\to\infty}\int_a^b |f_n(x)-f(x)|^p \mathrm{d}x = 0 \tag{1.5}$$

则称 $\{f_n(x)\}$ 是强收敛于 L^p 空间中的函数 $f(x)$ 的，若函数列 $\{f_n(x)\}$ 满足：

(a) 对每个 n，有

$$\int_a^b |f_n(x)|^p \mathrm{d}x \leqslant M \tag{1.6}$$

(b) 对 $[a,b]$ 中的每个 x，有

$$\lim_{n\to\infty}\int_a^x f_n(t)\mathrm{d}t=\int_a^x f(t)\mathrm{d}t \tag{1.7}$$

则称$\{f_n(x)\}$是弱收敛于$f(x)$的.

由强收敛和弱收敛的定义可以看出,强收敛能够推出弱收敛.因为如果$\{f_n(x)\}$强收敛于$f(x)$,那么对L^q中的所有$g(x)$,都有

$$\lim_{n\to\infty}\int_a^b f_n(x)g(x)\mathrm{d}x=\int_a^b f(x)g(x)\mathrm{d}x \tag{1.8}$$

成立,而且

$$\lim_{n\to\infty}\int_a^b |f_n(x)|^p\mathrm{d}x=\int_a^b |f(x)|^p\mathrm{d}x \tag{1.9}$$

由式(1.9)可以推出弱收敛定义中的有界性条件(a)得以满足,再取$g(x)\equiv 1$,式(1.8)就是条件(b).因此,如果函数列$\{f_n(x)\}$强收敛,则它也是弱收敛的,而且强收敛和弱收敛的极限函数相等.黎兹也指出弱收敛序列不一定强收敛.例如,函数列$\{\cos nx \mid n=1,2,\cdots\}$弱收敛于零,因为

$$\lim_{n\to\infty}\int_a^x \cos nt\,\mathrm{d}t=\lim_{n\to\infty}\frac{1}{n}\sin nx=0 \tag{1.10}$$

对任意的p,如果函数列$\{\cos nx \mid n=1,2,\cdots\}$强收敛,那么它一定会收敛于零,但是$\int_0^1 |\cos nx|^p\mathrm{d}x$不会变到任意小.

现在黎兹表明:如果函数列$\{f_n(x)\}$弱收敛,那么对L^q空间中的每个$g(x)$,有

$$\lim_{n\to\infty}\int_a^b (f(x)-f_n(x))g(x)\mathrm{d}x=0 \tag{1.11}$$

成立.他指出:如果$\{f_n(x)\}\subset L^p$,L^p空间中的函数$f(x)$使得对L^q空间中的每个$g(x)$,式(1.11)是成立的,那么$\{f_n(x)\}$弱收敛于$f(x)$.式(1.11)是弱收敛

的现代定义，黎兹的弱收敛定义等价于现代定义，因为条件(a)表明弱收敛序列是有界的.

黎兹在第七章表明L^p空间中的有界球是弱紧的，这是希尔伯特的"选择原理"的推广.他给出这样一个定理：如果对L^p空间中的无穷子集S中的每个$f(x)$，有

$$\int_a^b |f(x)|^p \mathrm{d}x \leqslant G^p \tag{1.12}$$

成立，其中G是只取决于集合S的常数，那么S中存在弱收敛的序列.这个定理的证明思路是对S中的每个$f(x)$定义

$$F(x)=\int_a^x f(x)\mathrm{d}x \tag{1.13}$$

这样定义的$F(x)$构成的集合记为A，它具有下面的性质：

(a)A是有界的，这可以由式(1.12)得到；

(b)对A中的所有$F(x)$，有

$$\begin{aligned}|F_1(x)-F_2(x)|=&\left|\int_a^{x_1} f(x)\mathrm{d}x-\int_a^{x_2} f(x)\mathrm{d}x\right|=\\&\left|\int_{x_1}^{x_2} f(x)\mathrm{d}x\right|\leqslant\\&|x_1-x_2|^{qG}\end{aligned} \tag{1.14}$$

因此，由阿尔泽拉(Arzela)定理可知集合A中存在一致收敛子列$\{F_n\}$，即$F_n \to F^*$.黎兹表明：对L^p空间中的某个f^*，有

$$F^*(x)=\int_a^x f^*(x)\mathrm{d}x \tag{1.15}$$

由于

$$F_n(x)=\int_a^x f_n(x)\mathrm{d}x \tag{1.16}$$

从而由函数列弱收敛的定义可知 S 中的函数列 $\{f_n(x)\}$ 弱收敛于 $f^*(x)$.

前面提到了费舍尔关于黎兹－费舍尔定理的工作,他对函数列引入平均收敛的概念,表明勒贝格平方可积函数空间 L^2 在平均收敛的意义下是完备的①.黎兹将费舍尔的这一工作从 L^2 空间扩展到了 L^p 空间,即他表明如果 L^p 空间中的函数列 $\{f_n(x)\}$ 是强柯西序列,那么存在 L^p 空间中的函数 $f(x)$ 使得 $\{f_n(x)\}$ 强收敛于 $f(x)$.

黎兹在第八章回到求解下面的方程组

$$\int_a^b f(x)g_i(x)\mathrm{d}x = c_i \quad (i=1,2,\cdots) \tag{1.17}$$

的矩量问题,其中 $g_i(x)$ 是 L^q 空间中的函数,$f(x)$ 是 L^p 空间中的未知函数.矩量问题②③是指确定一个函数 $f(x)$,使它关于给定的规范正交系 $\{\varphi_n\}$ 具有傅里叶系数 $\{a_n\}$,或者说,确定一个函数 $f(x)$,使它满足

$$\int_a^b f(x)\varphi_n(x)\mathrm{d}x = a_n \quad (n=1,2,\cdots) \tag{1.18}$$

由黎兹－费舍尔定理可知,黎兹要处理的这个问题可以看成施密特在 l^2 空间中处理无穷维线性方程组问题的推广④.他得出这个线性方程组可解的充分必要条

---

① FISHER E. Sur la convergence en moyenne[J].Comptes Rendus de l'Académie des Sciences,1907,144:1022-1024.

② KJELDSEN T H. The early history of the moment problem[J].Historia Mathematica,1993,20(1):19-44.

③ 克莱因 M.古今数学思想(第四册)[M].邓东皋,张恭庆等译.上海:上海科学技术出版社,2002.

④ SCHMIDT E.Über die Auflösung linearer Gleichungen mit unendlich vielen Unbekannten[J].Rendiconti del Circolo Matematico di Palermo,1908,25(1):53-77.

件是存在一个常数 M,对每个 n 及每个实函数或复函数 $u_1,u_2,\cdots,u_n$ 的任意有限集,不等式

$$\left|\sum_{i=1}^{n}u_i c_i\right|^q \leqslant M^q\int_a^b\left|\sum_{i=1}^{n}u_i g_i(x)\right|^q \mathrm{d}x \quad (1.19)$$

成立.黎兹将这个条件应用到特殊情形,即他给出这样一个定理:令 $A(f)$ 是定义在 L^p 空间上的实或复值线性泛函,对 L^p 空间中任意的 f_1,f_2 及任意数 a_1,a_2 满足:

(a)$A(a_1f_1+a_2f_2)=a_1A(f_1)+a_2A(f_2)$;

(b) 存在一个常数 M,有

$$|A(f)|\leqslant M\left(\int_a^b|f(x)|^p\mathrm{d}x\right)^p \quad (1.20)$$

则存在 L^q 空间中的一个函数 $\alpha(x)$,使得对 L^p 空间中的所有 $f(x)$ 都有

$$A(f)=\int_a^b\alpha(x)f(x)\mathrm{d}x \quad (1.21)$$

这个定理称为表示定理,在这里他将它在 l^2 空间和连续函数空间中的结果推广到了 L^p 空间中.在这里最早出现了对偶空间①,即有界线性泛函做成的空间,而且如果用现代术语表述这个定理的话就是 L^p 空间的对偶空间等同于 L^q 空间.

泛函分析中的核心部分是研究出现在微分方程和积分方程中的算子的抽象理论,这个理论统一了微分方程和积分方程的特征值理论以及作用在无穷维空间中的线性变换.黎兹这样来定义 L^p 空间中的一个有界

① BERNKOPF M.The development of function spaces with particular reference to their origins in integral equation theory[J]. Archive for History of Exact Sciences,1966,3(1):1-96.

线性算子:若从 L^p 空间到 L^p 空间的一个线性变换满足下面的条件:

(a) T 是一个"分布",即

$$T(c_1 f_1 + c_2 f_2) = c_1 T(f_1) + c_2 T(f_2) \quad (1.22)$$

(b) T 有界,即存在一个常数 M,使得对满足

$$\int_a^b |f(x)|^p \mathrm{d}x \leqslant 1 \quad (1.23)$$

的 $f \in L^p$ 都有

$$\int_a^b |T(f(x))|^p \mathrm{d}x \leqslant M^p \quad (1.24)$$

则称其为"泛函变换",这也是现在有界线性算子的定义,用 $T(f(x))$ 表示.有可能这是抽象有界线性算子的起源性定义.

前面已经讨论了 L^p 空间的对偶空间是 L^q 空间,有了对偶空间便可以引入伴随算子的概念.黎兹指出对 L^q 空间中的任意函数 $g(x)$,积分

$$\int_a^b T(f(x))g(x)\mathrm{d}x \quad (1.25)$$

对固定的 $g(x)$ 可以定义 L^p 空间上的一个关于 $f(x)$ 的线性泛函.因此根据前面的表示定理可知,存在 L^q 中唯一的函数 $\varphi(x)$ 使得

$$\int_a^b T(f(x))g(x)\mathrm{d}x = \int_a^b f(x)\varphi(x)\mathrm{d}x \quad (1.26)$$

如果将有界线性算子 T 的伴随算子记为 T^*,那么 $T^*(g)=\varphi$,从而式(1.26)可以写成

$$\int_a^b T(f(x))g(x)\mathrm{d}x = \int_a^b f(x)T^*(g(x))\mathrm{d}x \quad (1.27)$$

用现代术语表述的话,T^* 满足 $(Tf,g)=(f,T^*g)$. T^* 也满足黎兹定义有界线性算子的条件(a)和(b),

因此它也是 L^q 中的有界线性算子.

黎兹接着运用伴随算子的概念考虑了方程

$$T(\varphi(x))=f(x) \tag{1.28}$$

的可解性,其中 T 是 L^p 中的一个线性变换,f 是已知函数,φ 是 L^p 中的未知函数.他指出方程(1.28)有解的充分必要条件是对 L^q 中所有的 g,方程

$$\int_a^b \varphi(x)T^*(g(x))\mathrm{d}x=\int_a^b f(x)g(x)\mathrm{d}x \tag{1.29}$$

都有解.从而可以得到方程(1.28)有解的充分必要条件是对 L^p 空间中所有的 $f(x)$ 和 L^q 空间中所有的 $g(x)$,有

$$\left|\int_a^b f(x)g(x)\mathrm{d}x\right| \leqslant M\left(\int_a^b |T^*(g(x))|^q \mathrm{d}x\right)^{\frac{1}{q}} \tag{1.30}$$

对方程(1.28)的可解性的讨论使得黎兹很自然地研究了 T 的逆的存在性.若

$$TT^{-1}=T^{-1}T=E \tag{1.31}$$

则称 T^{-1} 为 T 的逆,这时方程(1.28)的解可以表示为

$$\varphi(x)=T^{-1}(f(x)) \tag{1.32}$$

黎兹指出 T 的逆和 T^* 的逆同时存在,也给出了 T 的逆存在的充分必要条件是存在一个常数 M,使得对 L^p 空间中所有的 $f(x)$ 和 L^q 空间中所有的 $g(x)$,有

$$\int_a^b |f(x)|^p \mathrm{d}x \leqslant M^p \int_a^b |T(f(x))|^p \mathrm{d}x \tag{1.33}$$

和

$$\int_a^b |g(x)|^q \mathrm{d}x \leqslant M^q \int_a^b |T(g(x))|^q \mathrm{d}x \tag{1.34}$$

成立.

黎兹讨论了方程

$$\varphi(x)-\lambda K(\varphi(x))=f(x) \tag{1.35}$$

的特征值问题,其中 f 是已知函数,φ 是 L^p 中的未知函数,K 是 L^p 上的有界线性算子,λ 是参数.这里他限制 $p=2$ 且 K 是有界自伴算子.他首先证明了算子的谱半径定理,即对所有的 $|\lambda|<\frac{1}{\|K\|}$,方程(1.35)有唯一解.黎兹证明它是通过表明线性算子 $T=E-\lambda K$ 满足逆存在的充分必要条件,其中 E 是 L^2 上的单位变换.

黎兹对 L^2 中的线性算子定义了全连续的概念,即若 K 将每个弱收敛的序列映射成一个强收敛的序列,也就是说 $\{f_n(x)\}$ 弱收敛能推出 $\{K(f_n(x))\}$ 强收敛,则称 K 是全连续的.其实黎兹在 L^2 中定义的全连续与希尔伯特在序列空间 l^2 中给出的定义是等价的.他在文章第 487 页的脚注中指出他的全连续的定义与希尔伯特的定义是等价的.在序列空间 l^2 中,若序列 $\{x^t\}$ 满足 $\lim\limits_{t\to\infty}(x^t,x^t)=0$,则称它强收敛于零,若 $\{x^t\}$ 对每个 y 有 $\lim\limits_{t\to\infty}(x^t,y)=0$,则称它弱收敛.显然,这等价于 $(a_1+\varepsilon_1,a_2+\varepsilon_2,\cdots)$ 弱收敛于 $(a_1,a_2,\cdots)$,而且条件 $\lim\limits_{t\to\infty}\sum\limits_{i=1}^{\infty}(\varepsilon_i^t)^2=0$ 等价于 $\{\varepsilon^t\}$ 强收敛于零.如果我们用公式

$$\sum_{q=1}^{\infty}k_{pq}x_q=y_p \quad (p=1,2,\cdots) \tag{1.36}$$

解释双线性形式为一个线性算子 $Kx=y$,那么希尔伯特的全连续的定义表明算子 K 将弱收敛序列映射为

强收敛序列.

黎兹在 L^2 中获得了类似于希尔伯特得到的结果，他将希尔伯特的结果推广到了 L^2 空间中.他表明 K 的特征值没有有限的聚点，而且对应于不同特征值的特征函数相互正交.他在文章的第490页证明了对对称的全连续算子 $K(f(x))$，希尔伯特的分解定理是成立的，即

$$K(f(x))=\sum_{i=1}^{\infty}\frac{1}{\lambda_i}K_i(f(x)) \qquad (1.37)$$

其中和式取遍所有的特征值 λ_i.

黎兹的这篇文章在泛函分析的历史发展中的地位仅次于希尔伯特关于积分方程的文章①.他引入了抽象算子的概念，使他的这一工作成为抽象算子理论的良好开端.同时他还在对偶空间理论方面做出了重要贡献.

§2　紧算子理论的建立

紧算子是一类特殊的有界线性算子，它在积分方程理论和各种数学物理问题的研究中起着核心的作用，它的性质与有限维空间中的矩阵很类似②.1906年，希尔伯特在他关于积分方程的第四篇文章中提出了全连续的概念.黎兹为了继续发展算子理论运用了弗雷歇在点集拓扑学的研究中提出的紧集概念，用抽

① BERNKOPF M.The development of function spaces with particular reference to their origins in integral equation theory[J]. Archive for History of Exact Sciences,1966,3(1):1-96.

② 张恭庆，林源渠.泛函分析讲义(上册)[M].北京:北京大学出版社,2006.

象算子的语言给出了全连续算子，也就是紧算子的定义，并在 $C[a,b]$ 空间上建立了他的紧算子理论.虽然黎兹在具体的巴拿赫空间中建立了他的理论，但是这一理论中不仅包含了定义抽象巴拿赫空间的范数公理，而且他的研究成果可以推广到一般的巴拿赫空间上[①].

1.范数的引入

1916 年，黎兹用匈牙利语写成了一篇文章.1918 年，他将其翻译为德语后发表出来，题目为《线性泛函方程》，它包含三章内容[②].黎兹在文章的第一章“定义和引理”中指出区间 $[a,b]$ 上的全体连续函数 $f(x)$ 可以做成一个函数空间.将 $|f(x)|$ 的最大值称为 $f(x)$ 的范数，把它表示为 $\|f\|$.紧接着他给出了范数满足的三条公理：

(1) $\|f\| \geqslant 0$, $\|f\| = 0$ 当且仅当 $f(x) \equiv 0$；

(2) $\|cf(x)\| = |c| \|f(x)\|$；

(3) $\|f_1 + f_2\| \leqslant \|f_1\| + \|f_2\|$.

在这里黎兹开始用范数代替内积来研究函数空间，这是函数空间理论的发展中很关键的一步.用范数定义的赋范空间比用内积定义的内积空间要更一般.

在定义了函数空间后，黎兹又定义了函数空间上的线性算子.若变换 T 对所有 f 都满足

$$T(cf) = cT(f) \tag{2.1}$$

和

---

① 李亚亚，王昌.紧算子理论成因探析[J].自然辩证法研究，2014，30(12)：74-78.

② RIESZ F. Über lineare Funktionalgleichungen[J]. Acta Mathematica，1918，41(1)：71-98.

$$T(f_1+f_2)=T(f_1)+T(f_2) \tag{2.2}$$

则称 T 是分布的；若存在一个常数 M 使得对所有 f 都有

$$\|T(f)\| \leqslant M\|f\| \tag{2.3}$$

则称 T 是有界的.

若将函数空间中元素 f 映射成 $T(f)$ 的变换既是分布的又是有界的，则称这个变换为线性变换，其实就是有界线性算子.

2.紧算子的定义

黎兹对连续函数列的一致收敛性进行了详细的讨论，他也给出了函数列一致收敛的充要条件.由线性算子的定义可知，线性算子 T 对于函数列$\{f_n\}$有

$$\|T(f)-T(f_n)\|=\|T(f-f_n)\| \leqslant M\|f-f_n\| \tag{2.4}$$

从而当序列$\{f_n\}$一致收敛时可以推出 $T(f_n)$ 收敛于 $T(f)$，黎兹称这样的线性算子 T 是连续的.

根据弗雷歇在拓扑学研究中引入的紧集的概念，黎兹定义 $C[a,b]$ 上的全连续算子为将一个有界紧集映射成相对紧集的映射.接着黎兹在文章的第 74 页给出了紧算子的几个例子，最简单的紧算子是

$$T(f)=f(a) \tag{2.5}$$

即将每个连续函数 $f(x)$ 映射为一个常函数 $f(a)$.更一般的例子是

$$T(f)=f(a_1)g_1(x)+\cdots+f(a_m)g_m(x) \tag{2.6}$$

其中 $a_1,\cdots,a_m$ 是区间$[a,b]$中的点，$g_1(x),\cdots,g_m(x)$ 是给定的连续函数.黎兹也指出积分算子

$$K(f)=\int_a^b K(x,y)f(y)\mathrm{d}y \tag{2.7}$$

是紧算子.

黎兹也讨论了紧算子的一些特征.他指出:如果线性算子 T_1 和 T_2 中至少有一个是紧算子,那么 T_1T_2 是紧算子;如果线性算子 T,T_1 和 T_2 都是紧算子,那么 cT 和 T_1+T_2 也是紧算子.

3.紧算子理论的建立

黎兹在连续函数空间中引入了线性闭子空间的重要概念,即若函数空间 $C[a,b]$ 的子集 E 满足:

(a) 若 f,f_1,f_2 是 E 中的元素,则 cf,f_1+f_2 也是 E 中的元素;

(b) E 中一致收敛的函数列 $\{f_n\}$ 的极限函数 f 也在 E 中,

则称子集 E 是函数空间 $C[a,b]$ 的线性闭子空间.

有了这个概念,黎兹建立了这样一个引理,即设 E_0 是连续函数空间 E 的真闭子空间,则存在一个向量 $\boldsymbol{x}\in E$,满足 $\|\boldsymbol{x}\|=1$ 且对所有的 $\boldsymbol{y}\in E_0$,有

$$\|\boldsymbol{x}-\boldsymbol{y}\|\geqslant\frac{1}{2} \tag{2.8}$$

当把该引理中的连续函数空间替换为一般的赋范空间时结论仍然成立,这也就是著名的黎兹引理,黎兹将这个引理作为工具得到了一些重要结果.

黎兹在第二章“线性变换的逆”中考虑了线性算子 $B=E-A$,其中 E 是恒等算子,A 是紧算子.他通过运用上面的引理表明线性算子 B 的核空间是连续函数空间的一个有限维闭子空间,像空间也是连续函数空间的闭子空间.他也考虑了线性算子 B 的迭代 B^k 的核空间 N_k 和像空间 F_k,表明核空间 N_k 可以形成一个递增序列,即

$$\{0\} = N_0 \subset N_1 \subset \cdots \subset N_k \subset N_{k+1} \subset \cdots \tag{2.9}$$

在这个链里一定存在一个最小整数 k 使得 $N_k = N_{k+1}$ 成立.像空间 F_k 可以形成一个递减序列,即

$$E = F_0 \supset F_1 \supset \cdots \supset F_k \supset F_{k+1} \supset \cdots \tag{2.10}$$

在这个链里也一定存在一个最小整数 k 使得 $F_k = F_{k+1}$ 成立.接着黎兹表明对于线性算子 B,存在正整数 k 使得函数空间 $E = F_k \oplus N_k$.

黎兹进一步表明紧算子的特征值至多有可数多个,$\lambda = 0$ 是特征值唯一可能的聚点,而且他还表明紧算子的谱中每个 $\lambda \neq 0$ 都是特征值,其对应的特征空间是有限维的.

黎兹在文章的第三章“积分方程上的应用”中从算子理论的角度阐述了弗雷德霍姆的积分方程理论,他定义积分算子

$$K(f) = \int_a^b K(x, y) f(y) \mathrm{d}y \tag{2.11}$$

首先由积分的定义可知它是一个有界线性算子,再根据阿尔泽拉有关连续函数序列一致收敛的研究成果得出 $K(f)$ 是紧算子.那么,弗雷德霍姆型积分方程可以转化为

$$\varphi - K(\varphi) = g \tag{2.12}$$

再根据前面对线性算子 $B = E - A$ 的谱的研究得到了弗雷德霍姆的“择一性”,即方程要么有唯一的非零解,要么齐次方程有有限多个线性无关解.

从黎兹整个紧算子理论的建立过程中可以很明显地看出有关紧算子研究的深层动机是追求像微分方程和积分方程这样的函数方程的一般性解法,而正是在这种追求函数一般性解法的过程中,他开始用范数来

研究抽象空间,扩大空间的范围,并从算子理论的角度处理函数方程.他的这一工作极大地推动了抽象空间理论和算子理论的发展.

§3　巴拿赫空间理论的开始

线性空间是线性代数中研究的主要对象,它里面的线性运算是代数概念,从而在线性空间中因为没有收敛的概念,也就没有了开集、闭集、稠密性和可分性等分析学中的重要概念.范数是欧氏空间中向量长度的推广,在线性空间中引入范数使它成为赋范线性空间,完备的赋范空间称为巴拿赫空间.

在巴拿赫空间理论的历史发展中,巴拿赫、汉斯·哈恩(Hans Hahn,1879—1934)、爱德华·黑利(Eduard Helly,1884—1943)以及诺伯特·维纳(Norbert Wiener,1894—1964)都做出了重要的贡献.巴拿赫和维纳认为应该用抽象的方法来考虑巴拿赫空间[①②③④⑤],哈恩和黑利

① BANACH S.Sur les operations dans les ensembles abstraits et leur applications aux équations intégrales[J].Publié dans Fund. Math.,1922,3:133-181.

② WIENER N.On the theory of sets of points in terms of continuous transformations[J].Comptes Rendus du Congrès international des Mathèmaticiens,1921:312-315.

③ WIENER N.Limit in terms of continuous transformations[J].Bulletin de la Société mathématique de France,1922,50:119-134.

④ WIENER N.The group of the linear continuum[J].Proceedings of the London Mathematical Society,1922,20(2):329-346.

⑤ WIENER N.Note on a paper of M.Banach[J].Fundamenta Mathematicae,1923,4:136-143.

更侧重从"应用"的角度出发[1][2][3][4].他们的工作在一些方面有许多是重叠的,而且优先权的问题也很难说清楚,但是在所有人的这些工作中巴拿赫的工作产生的影响最大.

巴拿赫是一个自学成才的数学家[5].他对向量空间的研究比之前的数学家更有影响,他明智地遵循了数学向着抽象化和公理化发展的趋势,将所要处理的问题与抽象的公理以及分析中的应用联系起来,从而开始了对赋范空间的广泛研究.

巴拿赫用了公理化的方法,他不像希尔伯特在欧氏空间中所做的那样,他的目标不是用公理来刻画某个数学领域,而是想通过对一个集合给出几条公理来建立一些定理,在表明这些定理对特殊的集合也是成立的时候只需要表明它满足这些公理.虽然公理化方法在现在的数学中非常普遍,但是在1920年还是相对比较新的,当时主要是在代数中使用,如群理论和域理论,在分析中使用的并不多[6].

---

① HAHN H.Über Folgen linearer Operationen[J].Monatshefte für Mathematik und physic,1922,32(1):3-88.

② HAHN H.Über lineare Gleichungssysteme in linearen Räumen[J].Journal Für Die Reine Und Angewandte Mathematik,1927,157:214-229.

③ HELLY E.Über linearer Gleichungen mit unendlich vielen Unbekannten[J].Monatshefte,1921,31:60-91.

④ HOCHSTADT H.Eduard Helly,father of the Hahn-Banach theorem[J].The Mathematical Intelligencer,1980,2(3):123-125.

⑤ CIESIELSKI K,MOSLEHIAN M S.Some remarks on the history of functional analysis[J].Ann.Funct.Anal.,2010,1:1-12.

⑥ MOORE G H.The axiomatization of linear algebra:1875—1940[J].Historia Mathematica,1995,22(3):262-303.

巴拿赫在他的博士论文的引言中指出：

“沃尔泰拉引入了线函数的概念.弗雷歇、阿达玛、黎兹、萨尔瓦多·平凯莱(Salvatore Pincherle，1853—1936)、斯坦豪斯(Wladyslaw Hugo Dionizy Steinhaus，1887—1972)、外尔以及勒贝格等许多人都研究过这一课题.这里的定义域和值域是最早由具有高阶导数的连续函数做成的集合.虽然希尔伯特处理的是具有无穷多个变量的二次型，而不是线函数，但是这些结果可以很容易地转化到定义域和值域是由勒贝格平方可积函数构成的集合上.”①

巴拿赫对他的博士论文中所做工作的描述：②

> La notion de fonction de ligne fut introduite par M.Volterra.Des recherches à ce sujet ont été faites par M. Fréchet, Hadamard, F.Riesz, Pincherle,Steinhaus, Weyl,Lebesgue et par beaucoup d'autres. Dans les premiers ouvrages on admettait que le domaine et le contre-domaine sont des ensembles de fonctions continues admettant les derivées d'ordres supérieurs. Ce ne furent que les travaux de Hilbert qui, bien qu'ils traitaient les formes quadratiques à une infinité de variables et non pas les

① BANACH S.Sur les operations dans les ensembles abstraits et leur applications aux équations intégrales[J].Publié dans Fund. Math., 1922,3:133-181.

② 摘自巴拿赫的博士论文的第 133 ～ 134 页.

fonctions de ligne, ont apporté des résultats susceptibles à être transferés facilement sur les théorèmes concernant les opérations dont le domaine et le contredomaine se composent des fonctions de carré intégrable (L).

巴拿赫在他的博士论文第一章的第一节“公理和基本定义”中用 $X,Y,Z,\cdots$ 表示 E 中的元素，用 $a,b,c,\cdots$ 表示实数.他先在集合 E 上定义了加法 $X+Y$ 和数乘 $a\cdot X$ 两种运算.他的空间公理分为三组，第一组为：

(1)$X+Y$ 是 E 中的元素；

(2)$X+Y=Y+X$；

(3)$X+(Y+Z)=(X+Y)+Z$；

(4)$X+Y=X+Z$ 推出 $Y=Z$；

(5) 存在 E 中的一个元素 θ 使得 $X+\theta=X$；

(6)$a\cdot X$ 是 E 中的元素；

(7)$a\cdot X=\theta$ 等价于 $X=\theta$ 或 $a=0$；

(8)$a\cdot X=a\cdot Y$ 且 $a\neq 0$ 推出 $X=Y$；

(9)$a\cdot X=b\cdot X$ 且 $X\neq\theta$ 推出 $a=b$；

(10)$a\cdot(X+Y)=a\cdot X+a\cdot Y$；

(11)$(a+b)\cdot X=a\cdot X+b\cdot X$；

(12)$1\cdot X=X$；

(13)$a\cdot(b\cdot X)=(a\cdot b)X$.

这 13 条公理说明 E 在加法下是一个交换群，数乘运算是封闭的，实数与元素的各种运算满足结合律和分配律.

巴拿赫的博士论文中的范数公理[①]如下：

Ⅱ.Il existe une operation appelée norme (nous la désignerons par le symbole $\| X \|$),définie dans le champ E,ayant pour contre-domaine l'ensemble de nombres réels et satisfaisant aux conditions suivantes:

Ⅱ$_1$. $\| X \| \geqslant 0$;

Ⅱ$_2$. $\| X \| = 0$ équivaut à $X = \theta$;

Ⅱ$_3$. $\| a \cdot X \| = | a | \cdot \| X \|$;

Ⅱ$_4$. $\| X + Y \| \leqslant \| X \| + \| Y \|$.

Ⅲ.Si 1°$\{X_n\}$ est une suite d'éléments de E,2° $\lim\limits_{\substack{r \to \infty \\ p \to \infty}} \| X_r - X_p \| = 0$, il existe un élément X tel que

$$\lim_{n \to \infty} \| X - X_n \| = 0$$

第二组公理刻画了E中元素的范数,范数是定义在E上的实值函数,用$\| X \|$表示.对于任一实数a和E中的元素X,范数满足下面的性质:

(1) $\| X \| \geqslant 0$;

(2) $\| X \| = 0$ 当且仅当 $X = 0$;

(3) $\| a \cdot X \| = | a | \cdot \| X \|$;

(4) $\| X + Y \| \leqslant \| X \| + \| Y \|$.

---

① 摘自巴拿赫的博士论文的第135页.

第三组公理只包含一个完备性公理：若 $\{x_n\}$ 对范数来说是一个柯西列，即 $\lim\limits_{m,n\to\infty}\|x_n-x_m\|=0$，则存在 E 中的一个元素 x，使得 $\lim\limits_{n\to\infty}\|x_n-x\|=0$.

满足上面三组公理的空间称为巴拿赫空间或完备的赋范空间，它包含前面提到的具体的 L^p 空间、l^p 空间以及 $C[a,b]$ 空间.

巴拿赫在第一章的第二节"范数和极限的辅助性定理"中证明了范数的几个性质，下面一一列举.

定理 1：$\|X-Y\|\leqslant\|X\|+\|Y\|$.

定理 2：$\|X-Y\|\geqslant\|X\|-\|Y\|$.

定理 3：$\|\sum\limits_{n=1}^{\infty}a_nX_n\|\leqslant\sum\limits_{n=1}^{\infty}|a_n|\|X\|$.

定理 4：若元素列 $\{X_n\}$ 满足 $\lim\limits_{n\to\infty}X_n=X$ 和 $\lim\limits_{n\to\infty}X_n=Y$，则 $X=Y$.

定理 5：若 $\lim\limits_{n\to\infty}X_n=X$，则 $\lim\limits_{n\to\infty}\|X_n\|=\|X\|$.

定理 6：若 $\lim\limits_{n\to\infty}X_n=X$，$\lim\limits_{n\to\infty}Y_n=Y$，$\lim\limits_{n\to\infty}a_n=a$ 以及 $\lim\limits_{n\to\infty}b_n=b$，则

$$\lim_{n\to\infty}(a_nX_n+b_nY_n)=aX+bY$$

定理 7：若元素列 $\{X_n\}$ 满足 $X_n=X$，则 $\lim\limits_{n\to\infty}X_n=X$.

定理 8：若元素列 $\{X_n\}$ 使得 $\sum\limits_{n=1}^{\infty}\|X_n\|$ 存在，则级数 $\sum\limits_{n=1}^{\infty}X_n$ 是收敛的.

定理 9：元素列 $\{X_n\}$ 收敛的充分必要条件是 $\lim\limits_{\substack{p\to\infty\\q\to\infty}}\|X_p-X_q\|=0$.

第一章第三节的题目为“集合上的相关定义和定理”，他在这一节先定义中心为 X_1，半径为 r 的球是满足 $\| X - X_1 \| \leqslant r$ 的所有 X 构成的集合，记为 $K(X_1, r)$. $K(X_1, r)$ 的内部是满足 $\| X - X_1 \| < r$ 的所有 X 构成的集合.他在这里定义的球的概念，其实就是邻域. 紧接着他建立了这样一个定理：$K(X_2, r_2) \subset K(X_1, r_1)$ 的充分必要条件是

$$\| X_1 - X_2 \| \leqslant r_1 - r_2$$

而且他还建立了“区间套定理”，即如果 $K_n(X_n, r_n)$ 是球的递减序列，那么这些球的球心构成的元素列 $\{X_n\}$ 存在极限 X，X 属于每个球.

有了球的定义后，巴拿赫用球的术语引入了聚点的概念.设 A 是巴拿赫空间 E 的子集.若对每个 $r > 0$，球 $K(X, r)$ 中至少包含 A 中不同于 X 的一个点，则称点 X 为子集 A 的聚点.A 的导集是 A 的聚点构成的集合.若 A 包含它的导集，则称 A 是闭的.若 A 等于它的导集，则称 A 是完全的.A 的子集 B 在 A 中是稠密的，如果包含在 A 中的每个球至少有 B 中的一个点.他表明可数无穷多个闭集的交是闭集.

巴拿赫在第一章的第四节开始研究定义在巴拿赫空间 E 上的算子，它的值域是另一个巴拿赫空间 E_1. 首先他给出了算子连续的定义.一个算子 $F(X)$ 称为在 X_0 处相对于集合 A 是连续的，如果：

(1)$F(X)$ 对 A 中的所有 X 都有定义；

(2)X_0 是集合 A 的聚点；

(3) 若序列$\{X_n\}$满足$\lim\limits_{n\to\infty} X_n = X_0$，则$\lim\limits_{n\to\infty} F(X_n) = F(X_0)$.

他在文章的第 316 页对连续算子建立了这样一个

定理:若 $F_1(X)$ 和 $F_2(X)$ 在 X_0 处相对于集合 A 是连续的,则

$$F(X)=a_1F_1(X)+a_2F_2(X) \tag{3.1}$$

也是连续的,其中 a_1 和 a_2 是任意实数.在这里巴拿赫表明连续算子的线性组合也是连续算子.

紧接着他给出了 $F(X)$ 连续的充分必要条件,即 $F(X)$ 在 X_0 处相对于集合 A 是连续的等价于 $F(X)$ 和 X_0 满足上面定义中的条件(1)和(2),且对每个 $\varepsilon>0$,存在一个 $r>0$,使得对 $K(X_0,r)\cap A$ 中的所有 z_1 和 z_2,有

$$\| F(z_1)-F(z_2) \| <\varepsilon$$

他给出了算子一致连续的定义.若:

(1) $F(X)$ 对 A 中的所有 X 都有定义;

(2) 对每个 $\varepsilon>0$,存在 $m>0$,使得对 A 中的任意元素 X 和 X',当 $\| X-X' \| <\varepsilon$ 时,有

$$\| F(X)-F(X') \| <\varepsilon$$

则称算子 $F(X)$ 相对于集合 A 是一致连续的.

巴拿赫在第四节的后半部分将研究的注意力转向了算子序列.称它收敛于定义在集合 A 上的算子 $F(X)$,如果算子序列 $\{F_n(X)\}$ 对集合 A 中的每个 X,有 $\lim\limits_{n\to\infty}F_n(X)=F(X)$ 成立,其中 $F(X)$ 是定义在 A 上的算子,则称 $\{F_n(X)\}$ 收敛于 $F(X)$.

巴拿赫在第二章的第一节定义了一种特殊的算子,即加法算子.若对所有的 X 和 Y,有

$$F(X+Y)=F(X)+F(Y) \tag{3.2}$$

成立,则称算子 $F(X)$ 是加法算子.可以证明 $F(\theta)=\theta$,因为

$$F(\theta)=F(\theta+\theta)=2F(\theta) \tag{3.3}$$

也可以证明

$$F(\frac{p}{q}X)=\frac{p}{q}F(X) \tag{3.4}$$

其中 p 和 q 是任意实数，且 $q\neq 0$.巴拿赫这里定义的加法算子比我们现在的线性算子更一般.

巴拿赫表明：如果加法算子 $F(X)$ 对球 $K(X_0,r)$ 中的所有 X 是有界的，那么 $F(X)$ 在 E 中的每个点 X 处是连续的.如果加法算子是连续的，那么它就是我们现在的线性算子.由这个定理，他推导出这样几个结论.如果加法算子 $F(X)$ 在一点处连续，那么它在 E 中的每个点处都连续.如果加法算子 $F(X)$ 是连续的，那么存在一个常数 $M>0$，使得对 E 中的每个 X，有

$$\| F(X)\| \leqslant M\| X\| \tag{3.5}$$

即他表明连续的加法算子是有界算子.他还在文章的第 143 页对算子序列 $\{F_n(X)\}$ 建立了这样一个定理：

如果：

(1) $\{F_n(X)\}$ 是连续的加法算子序列；

(2) $F(X)$ 是加法算子；

(3) $\lim\limits_{n\to\infty}F_n(X)=F(X)$，

那么 $F(X)$ 是连续的，且存在一个常数 $M>0$，使得对 E 中的每个 X，有

$$\| F_n(X)\| \leqslant M\| X\| \tag{3.6}$$

诺伊曼求解了第二型积分方程

$$f+Kf=\phi \tag{3.7}$$

其中 $Kf(x)=\int_a^b K(x,y)f(y)\mathrm{d}y$.取 $f_0=0$，令

$$f_{n+1}(x)=\phi(x)-\int_a^b K(x,y)f_n(y)\mathrm{d}y \tag{3.8}$$

他给出了方程在 $C[a,b]$ 中的近似解的柯西序列

$\{f_n(x)\}$，它们的极限是方程的解.1890年，皮卡运用迭代方法对一阶常微分方程

$$\frac{dy}{dx}=F(x,y),y(a)=y_0 \tag{3.9}$$

证明了存在和唯一性定理，取

$$y_0(x)=y_0 \tag{3.10}$$

且

$$y_{n+1}(x)=y_0+\int_a^x F(t,y_n(t))dt \tag{3.11}$$

巴拿赫在他的博士论文中以皮卡的迭代为模板建立了他的不动点定理.他在第二章的第二节建立了两个定理来刻画方程在巴拿赫空间 E 中的解的情况.第一个定理就是不动点定理，即如果：

(1) 设 $U(X)$ 是连续算子，它的值域和定义域都是巴拿赫空间 E；

(2) 存在常数 $0<M<1$，对 E 中所有的 X' 和 X''，有

$$\| U(X')-U(X'') \| \leqslant M \| X'-X'' \| \tag{3.12}$$

成立，那么存在 E 中唯一的元素 X，使得 $X=U(X)$.这里的 $U(X)$ 不要求是加法算子.这个定理的出现可能是压缩映射原理或不动点定理最早的抽象形式①.在微分方程、积分方程以及其他类型的方程理论中，解的存在性、唯一性以及近似解的收敛性都是相当重要的课题.运用不动点定理可以讨论微分方程、积分方程以及其他类型的方程的解的存在性.这也是巴拿赫建立这

① BERNKOPF M. The development of function spaces with particular reference to their origins in integral equation theory[J]. Archive for History of Exact Sciences, 1966, 3(1): 1-96.

个定理的目的.之后,巴拿赫的不动点定理又被扩展和提炼,而且被扩展到拓扑学领域[①].

巴拿赫的证明如下:设 Y 是 E 中的任意元素,且 $X_1=Y$.当 $n>1$ 时,用归纳法定义,$X_n=U(X_{n-1})$.因为

$$\|X_{n+1}-X_n\|=\|U(X_n)-U(X_{n-1})\|\leqslant M\|X_n-X_{n-1}\| \tag{3.13}$$

所以

$$\|X_{n+1}-X_n\|\leqslant M^n\|X_2-X_1\| \tag{3.14}$$

又因为 $M>1$,所以由前面的结果可知级数 $\sum_{n=1}^{\infty}(X_{n+1}-X_n)$ 收敛.定义

$$X=X_1+\sum_{n=1}^{\infty}(X_{n+1}-X_n) \tag{3.15}$$

这等价于

$$X=\lim_{n\to\infty}X_n \tag{3.16}$$

因此,由算子 $U(X)$ 的连续性可知

$$U(X)=\lim_{n\to\infty}U(X_n) \tag{3.17}$$

又因为 $X_n=U(X_{n-1})$,所以

$$U(X)=\lim_{n\to\infty}X_n \tag{3.18}$$

由极限的唯一性可知 $X=U(X)$,从而巴拿赫证明了定理的存在性,但是他在文章中没有证明定理的唯一性.

接下来他证明了下面关于积分方程抽象形式的解的定理.考虑方程

① BIRKHOFF G, KREYSZIG E. The establishment of functional analysis[J].Historia Mathematica,1984,11(3):258-321.

$$X+\alpha F(X)=Y \tag{3.19}$$

其中 Y 是已知的，X 是 E 中的未知元素，而且：

(1)$F(X)$ 是连续加法算子；

(2)M 是满足 $\|F(X)\|\leqslant M'\|X\|$ 的 M' 的最大下界；

(3)α 是实数，

则对每个 Y，且对满足 $|hM|<1$ 的每个 h，方程存在解

$$X=Y+\sum_{n=1}^{\infty}(-1)^n h^n F^n(Y) \tag{3.20}$$

其中 $F^n(Y)=F(F^{n-1}(Y))$.这个结果是谱半径定理的一种形式，也是沃尔泰拉求解积分方程的方法的推广①.

1928 年，弗雷歇最早引入了“巴拿赫空间”这个术语，斯坦豪斯也建议过用“巴拿赫空间”这个术语，数学家们很快接受了这个术语，但是巴拿赫一直用的是“B 类型的空间”②.

§4　抽象希尔伯特空间理论的开始

从前面的相关介绍中我们可以看出，20 世纪 20 年代抽象巴拿赫空间理论已经建立.虽然具体的希尔伯特空间出现得比较早，但是抽象希尔伯特空间理论出

---

①　克莱因 M.古今数学思想(第四册)[M].邓东皋，张恭庆等译.上海：上海科学技术出版社，2002.

②　CIESIELSKI K，MOSLEHIAN M S.Some remarks on the history of functional analysis[J].Ann.Funct.Anal.，2010，1：1-12.

现得比较晚,矩阵一直是研究希尔伯特空间的主要工具[①].

在量子力学蓬勃发展之际,物理学家认识到希尔伯特的谱理论可以应用于量子力学中.冯·诺伊曼是20世纪的天才数学家,希尔伯特很欣赏他的数学才能[②],他抽象出具体希尔伯特空间 L^2 空间与 l^2 空间的共同特征,并用公理化给出了抽象希尔伯特空间的定义[③].冯·诺伊曼深受当时抽象代数学发展的影响,他将希尔伯特空间上的有界线性算子做成代数,从而开创了算子代数这门新的数学分支[④].他在冯·诺伊曼代数中提出的一些问题直到20世纪70年代才得以完全解决[⑤].

1.抽象希尔伯特空间的定义

1929年,冯·诺伊曼连续发表了3篇用德文写成的论文,这些论文在抽象希尔伯特空间理论的历史发

---

① BERNKOPF M.A history of infinite matrices[J].Archive for History of Exact Sciences,1968,4(4):308-358.

② 胡作玄.冯·诺伊曼:二十世纪的天才数学家[J].自然辩证法通讯,1984,6(2):67-80.

③ NEUMANN J V.Allgemeine Eigenwerttheorie Hermitescher Funktionaloperatoren[J]. Mathematische Annalen, 1930, 102(1):49-131.

④ NEUMANN J V.Zur Algebra der Funktionaloperationen und Theorie der normalen Operatoren[J].Mathematische Annalen,1930,102(1):370-427.

⑤ 梁宗巨,王青建,孙宏安.世界数学通史[M].沈阳:辽宁教育出版社,2001.

展中具有非常重要的意义①.他的第一篇论文的题目为《埃尔米特算子的一般理论》,这篇文章共包含 12 章内容和 3 个附录.他在长达 15 页的引言中指出黎兹－费舍尔定理表明勒贝格平方可积函数空间 L^2 与平方可和序列空间 l^2 之间存在一一对应关系.假设$\{\boldsymbol{\varphi}_n\}$是 L^2 空间中的完备规范正交系.如果 $\boldsymbol{f}$ 是 L^2 中的元素,将 $\boldsymbol{f}$ 关于$\{\boldsymbol{\varphi}_n\}$的傅里叶系数表示为复序列$\{a_n\}$,那么由黎兹－费舍尔定理可知这样就定义了一个满足 $\sum\limits_{p=1}^{\infty}|a_p|^2<\infty$ 的序列.因此,序列$\{a_n\}$是 l^2 空间中的元素.反过来,如果$\{a_n\}$是 l^2 空间中的元素,即它满足 $\sum\limits_{p=1}^{\infty}|a_p|^2<\infty$,那么存在 L^2 空间中的唯一元素 $\boldsymbol{f}$,它关于$\{\boldsymbol{\varphi}_n\}$的傅里叶系数为$\{a_n\}$.另外,如果我们用公式

$$(\boldsymbol{f},\boldsymbol{g})=\int_E \boldsymbol{f}(z)\overline{\boldsymbol{g}(z)}\mathrm{d}z$$

定义 L^2 空间中的内积$(\boldsymbol{f},\boldsymbol{g})$,用公式

$$(\boldsymbol{a},\boldsymbol{b})=\sum_{n=1}^{\infty}a_n\bar{b}_n$$

定义 l^2 空间中的内积$(\boldsymbol{a},\boldsymbol{b})$,那么对 $\boldsymbol{f}\leftrightarrow\boldsymbol{a}$ 和 $\boldsymbol{g}\leftrightarrow\boldsymbol{b}$,有$(\boldsymbol{f},\boldsymbol{g})=(\boldsymbol{a},\boldsymbol{b})$.

冯·诺伊曼在文章的第一章"抽象希尔伯特空间"中抽象出 L^2 空间和 l^2 空间的共同特征,用(A)～(E)共 5 条公理给出了抽象希尔伯特空间 H 的定义,即:

① DIEUDONNÉ J. History of functional analysis[M]. Amsterdam/New York/Oxford:North-Holland Publishing Company, 1981.

(A)H 是一个线性向量空间,即在 H 上定义了加法和数乘运算,使得如果 $\boldsymbol{f}_1$ 和 $\boldsymbol{f}_2$ 是 H 中的元素,a_1 和 a_2 是任意复数,那么 $a_1\boldsymbol{f}_1+a_2\boldsymbol{f}_2$ 也是 H 中的元素. H 中的元素被称为向量.

(B)H 上存在一个内积$(\boldsymbol{f},\boldsymbol{g})$,即任意两个向量 $\boldsymbol{f}$ 和 $\boldsymbol{g}$ 的复值函数,用它可以定义度量,且具有性质:

①$(a\boldsymbol{f},\boldsymbol{g})=a(\boldsymbol{f},\boldsymbol{g})$;

②$(\boldsymbol{f}_1+\boldsymbol{f}_2,\boldsymbol{g})=(\boldsymbol{f}_1,\boldsymbol{g})+(\boldsymbol{f}_2,\boldsymbol{g})$;

③$(\boldsymbol{f},\boldsymbol{g})=\overline{(\boldsymbol{g},\boldsymbol{f})}$;

④$(\boldsymbol{f},\boldsymbol{f})\geqslant 0,(\boldsymbol{f},\boldsymbol{f})=0$ 当且仅当 $\boldsymbol{f}=\boldsymbol{0}$.

根据 ③ 能推出:

①$'(\boldsymbol{f},a\boldsymbol{g})=\bar{a}(\boldsymbol{f},\boldsymbol{g})$;

②$'(\boldsymbol{f},\boldsymbol{g}_1+\boldsymbol{g}_2)=(\boldsymbol{f},\boldsymbol{g}_1)+(\boldsymbol{f},\boldsymbol{g}_2)$.

取 $\|\boldsymbol{f}\|=\sqrt{(\boldsymbol{f},\boldsymbol{f})}$,则 $\|\boldsymbol{f}-\boldsymbol{g}\|$ 可以定义空间中的一个度量.

(C)H 在度量 $\|\boldsymbol{f}-\boldsymbol{g}\|$ 下是可分的,即在 H 中存在一个可数的稠密子集.

(D) 对每一个正整数 n,H 中存在 n 个线性无关的元素.

(E)H 是完备的,也就是说,如果序列$\{\boldsymbol{f}_n\}$ 是柯西列,即对 $\forall\varepsilon>0$,存在正整数 N,当 $m,n\geqslant N$ 时,有 $\|\boldsymbol{f}_n-\boldsymbol{f}_m\|\leqslant\varepsilon$,那么在 H 中存在 $\boldsymbol{f}$,对 $\forall\varepsilon>0$,存在正整数 N,当 $n\geqslant N$ 时,有 $\|\boldsymbol{f}_n-\boldsymbol{f}\|\leqslant\varepsilon$.

冯·诺伊曼给出的关于希尔伯特空间的内积的 5 条公理[①]如下:

---

① 摘自冯·诺伊曼 1929 年的论文《埃尔米特算子的一般理论》的第 64 ~ 66 页.

A.$\mathfrak{H}$ ist ein linearer Raum.

D.h.: es gibt in $\mathfrak{H}$ eine Addition $\boldsymbol{f}+\boldsymbol{g}$, eine Subtraktion $\boldsymbol{f}-\boldsymbol{g}$, und eine (skalare) Multiplikation $a\boldsymbol{f}$ ($\boldsymbol{f},\boldsymbol{g}$ von $\mathfrak{H}$, a eine komplexe Zahl), sowie ein Element 0; und für diese gelten die Rechenregeln der gewöhnlichen Vektoralgebra.

B.Es gibt in $\mathfrak{H}$ ein, zu dem der Vektorrechnung analoges, inneres Produkt, das eine Metrik erzeugt.

D.h.: es gibt eine Funktion $(\boldsymbol{f},\boldsymbol{g})$ ($\boldsymbol{f}$, $\boldsymbol{g}$ von $\mathfrak{H}$, $(\boldsymbol{f},\boldsymbol{g})$ eine komplexe Zahl) mit den folgenden Eigenschaften:

1.$(a\boldsymbol{f},\boldsymbol{g})=a(\boldsymbol{f},\boldsymbol{g})$;

2.$(\boldsymbol{f}_1+\boldsymbol{f}_2,\boldsymbol{g})=(\boldsymbol{f}_1,\boldsymbol{g})+(\boldsymbol{f}_2,\boldsymbol{g})$;

3.$(\boldsymbol{f},\boldsymbol{g})=\overline{(\boldsymbol{g},\boldsymbol{f})}$;

4.$(\boldsymbol{f},\boldsymbol{f})\geqslant 0$ und nur für $\boldsymbol{f}=\boldsymbol{0}$, ist es $=0$.

(Aus 1.,2. folgt nach 3.: 1′.$(\boldsymbol{f},a\boldsymbol{g})=\overline{a}(\boldsymbol{f},\boldsymbol{g})$;2. $(\boldsymbol{f},\boldsymbol{g}_1+\boldsymbol{g}_2)=(\boldsymbol{f},\boldsymbol{g}_1)+(\boldsymbol{f},\boldsymbol{g}_2)$.)

Durch

$$|\boldsymbol{f}|=\sqrt{(\boldsymbol{f},\boldsymbol{f})}$$

wird ein, “Betrag” definieri, durch $|\boldsymbol{f}-\boldsymbol{g}|$ die Metrik (vgl.Satz 2 und Anm.[27]).

C.In der Metrik $|\boldsymbol{f}-\boldsymbol{g}|$ ist $\mathfrak{H}$ separabel.

D.h.: eine gewisse abzählbare Menge ist in $\mathfrak{H}$ überall dicht.

D.$\mathfrak{H}$ besetzt beliebig (endlich!) viele lin. unabh. Elemente[28]).

E.$\mathfrak{H}$ ist vollständig.

D.h.: wenn eine Folge $\boldsymbol{f}_1, \boldsymbol{f}_2, \cdots$ in $\mathfrak{H}$ der Cauchyschen Konvergenzbedingung genügt (zu jedem $\varepsilon > 0$ gibt es ein $N = N(\varepsilon)$, so daβ aus $m, n \geqslant N$, $|\boldsymbol{f}_m - \boldsymbol{f}_n| \leqslant \varepsilon$ folgt), so ist sie konvergent (es existiert ein $\boldsymbol{f}$ aus $\mathfrak{H}$, so daβ es zu jedem $\varepsilon > 0$ ein $N = N(\varepsilon)$ gibt, so daβ aus $n \geqslant N$, $|\boldsymbol{f}_n - \boldsymbol{f}| \leqslant \varepsilon$ folgt).

冯·诺伊曼在公理B和公理C之间给出了元素正交和规范正交集的定义.他指出:若H中的两个元素$\boldsymbol{f}$和$\boldsymbol{g}$使得$(\boldsymbol{f}, \boldsymbol{g})=0$,则称$\boldsymbol{f}$与$\boldsymbol{g}$是正交的.正交是希尔伯特空间中一个非常重要的概念,有了它才能建立正交投影和正交分解等希尔伯特空间中的重要特征①.若一个线性子空间中的每个元素与另一个空间中的每个元素都正交,则称这两个线性子空间是正交的.若集合M中的元素$\boldsymbol{f}$和$\boldsymbol{g}$满足

$$(\boldsymbol{f}, \boldsymbol{g}) = \begin{cases} 1, \boldsymbol{f} = \boldsymbol{g} \\ 0, \boldsymbol{f} \neq \boldsymbol{g} \end{cases} \tag{4.1}$$

则称集合M为规范正交集.同时他也给出了完备规范

① 克莱因 M.古今数学思想(第四册)[M].邓东皋,张恭庆等译.上海:上海科学技术出版社,2002.

正交集的定义.完备性是与规范正交系有关的一个非常重要的概念.

冯·诺伊曼从他给出的这 5 条公理中推出了 8 个定理.它们都是用现代抽象语言表述的,与我们在泛函分析教科书中看到的一样.下面我们来一一列举.

定理 1:不等式 $\|(\boldsymbol{f},\boldsymbol{g})\| \leqslant \|\boldsymbol{f}\|\|\boldsymbol{g}\|$ 成立.该不等式被称为施瓦兹不等式.

定理 2:$\|a\boldsymbol{f}\| = |a|\|\boldsymbol{f}\|$ 和 $\|\boldsymbol{f}+\boldsymbol{g}\| \leqslant \|\boldsymbol{f}\|+\|\boldsymbol{g}\|$ 成立.

定理 3:每个规范正交集是可数集,每个完备规范正交集是可数集.

定理 4:设$\{\boldsymbol{\varphi}_n\}$是规范正交系,则对希尔伯特空间 H 中的所有 $\boldsymbol{f}$ 和 $\boldsymbol{g}$,级数

$$\sum_{n=1}^{\infty}(\boldsymbol{f},\boldsymbol{\varphi}_n)\overline{(\boldsymbol{g},\boldsymbol{\varphi}_n)} \tag{4.2}$$

是绝对收敛的,特别地,当 $\boldsymbol{f}=\boldsymbol{g}$ 时,有 $\sum\limits_{n=1}^{\infty}|(\boldsymbol{f},\boldsymbol{\varphi}_n)|^2 \leqslant \|\boldsymbol{f}\|^2$.

定理 5:设$\{\boldsymbol{\varphi}_n\}$是规范正交系,级数 $\sum\limits_{n=1}^{\infty}a_n\boldsymbol{\varphi}_n$ 收敛当且仅当 $\sum\limits_{n=1}^{\infty}|a_n|^2$ 收敛.

定理 6:设$\{\boldsymbol{\varphi}_n\}$是规范正交系,对每个元素 $\boldsymbol{f}$,级数

$$\boldsymbol{f}'=\sum_{n=1}^{\infty}a_n\boldsymbol{\varphi}_n \tag{4.3}$$

收敛,其中 $a_n=(\boldsymbol{f},\boldsymbol{\varphi}_n)$,即 $\boldsymbol{f}-\boldsymbol{f}'$ 与所有$\{\boldsymbol{\varphi}_n\}$是正交的.

定理 7:规范正交系$\{\boldsymbol{\varphi}_n\}$完备的 3 个充分必要条

件为：

(1)$\{\boldsymbol{\varphi}_n\}$ 生成了 H 的一个闭子空间.

(2) 对 H 中的所有元素 $\boldsymbol{f}$，有

$$\boldsymbol{f}=\sum_{n=1}^{\infty}(\boldsymbol{f},\boldsymbol{\varphi}_n)\boldsymbol{\varphi}_n \quad (n=1,2,\cdots) \tag{4.4}$$

(3) 对 H 中的所有元素 $\boldsymbol{f}$，有

$$(\boldsymbol{f},\boldsymbol{g})=\sum_{n=1}^{\infty}(\boldsymbol{f},\boldsymbol{\varphi}_n)\overline{(\boldsymbol{g},\boldsymbol{\varphi}_n)} \tag{4.5}$$

定理 8：H 中的任意元素序列 $\boldsymbol{f}_1,\boldsymbol{f}_2,\boldsymbol{f}_3,\cdots$ 可以做成规范正交系 $\boldsymbol{\varphi}_1,\boldsymbol{\varphi}_2,\boldsymbol{\varphi}_3,\cdots$.

冯·诺伊曼在定理 8 的证明中用到了施密特标准正交化过程.规范正交系是希尔伯特空间中的一个基本要素，他在这里得到的定理 3 到定理 8 已经给出了希尔伯特空间的规范正交系的一些基本性质.

冯·诺伊曼用上面 5 条公理给出了抽象希尔伯特空间的定义，有这样一个问题，他是怎样想到用这些公理来刻画希尔伯特空间的？他给出的这些公理可以看成是有限维空间中公理的直接推广.1920 年，维纳在他的文章《基于连续变换的点集理论》中给出了一个一般的公理系，他将这个公理系称为“向量系”[①][②].1922 年，巴拿赫在他的博士论文中给出了一个公理集，它其实是现在线性空间的公理系.冯·诺伊曼公理化希尔伯特空间的工作受到维纳、外尔以及巴拿赫的影响[③]，

---

① WIENER N.Limit in terms of continuous transformations[J]. Bulletin de la Société mathématique de France, 1922, 50: 119-134.

② MOORE G H. The axiomatization of linear algebra: 1875—1940[J]. Historia Mathematica, 1995, 22(3): 262-303.

③ 克莱因 M.古今数学思想(第四册)[M].邓东皋，张恭庆等译.上海：上海科学技术出版社，2002.

他在文章第65页的脚注中指出：

“外尔在他1923年出版的著作《空间，时间，物质》中提出了公理A和B，它们与有限维向量空间的公理系有关.”[①]

希尔伯特空间和赋范空间之间有怎样的关系呢？1935年，弗雷歇研究了在什么条件下赋范空间E等距同构于抽象希尔伯特空间，他发现赋范空间E的每个维数至多为3的线性子空间等距同构于欧氏空间[②].同年，冯·诺伊曼发表了一篇用英语写成的题目为《完备的拓扑空间》的论文[③]，表明这个条件可以减弱为线性子空间的维数至多为2，且对向量$\boldsymbol{x}$和$\boldsymbol{y}$给出了一个等价条件

$$\|\boldsymbol{x}+\boldsymbol{y}\|^2+\|\boldsymbol{x}-\boldsymbol{y}\|^2=2(\|\boldsymbol{x}\|^2+\|\boldsymbol{y}\|^2) \tag{4.6}$$

这是平行四边形法则的推广.他取消了希尔伯特空间是无穷维的条件，因而可以将有限维的欧氏空间增加在内.更重要的是他还取消了由公理C给出的希尔伯特空间是可分的条件.

2.抽象希尔伯特空间的算子

冯·诺伊曼在1929年的第一篇文章的引言中指出：

“这项工作的主题是为了建立所有埃尔米特算子

---

① NEUMANN J V.Allgemeine Eigenwerttheorie Hermitescher Funktionaloperatoren[J].Mathematische Annalen,1930,102(1):49-131.

② MOORE G H. The axiomatization of linear algebra: 1875—1940[J].Historia Mathematica,1995,22(3):262-303.

③ NEUMANN J V. On complete topological spaces[J]. Transactions of the American Mathematical Society,1935,37(1):1-20.

的一般特征值理论.在这篇文章中我们将继续抽象,即这样的安排一开始使得我们的结果适用于所有函数空间(L^2 空间)和序列空间(l^2 空间).”①

冯·诺伊曼在第二章“希尔伯特空间上的算子”中给出了希尔伯特空间上算子的一些定义和相关的重要定理.若希尔伯特空间 H 中的元素 $\boldsymbol{f}_1,\boldsymbol{f}_2,\cdots,\boldsymbol{f}_n$ 满足

$$R(a_1\boldsymbol{f}_1+a_2\boldsymbol{f}_2+\cdots+a_n\boldsymbol{f}_n)=a_1R\boldsymbol{f}_1+a_2R\boldsymbol{f}_2+\cdots+a_nR\boldsymbol{f}_n \tag{4.7}$$

其中 $a_1,a_2,\cdots,a_n$ 是复数,则称 R 为希尔伯特空间 H 上的线性算子.这是希尔伯特空间上抽象算子的最早的定义②.若当元素列 $\{\boldsymbol{f}_n\}$ 收敛于 $\boldsymbol{f}$,$\{R\boldsymbol{f}_n\}$ 收敛于 $\boldsymbol{f}^*$ 时,有 $R\boldsymbol{f}=\boldsymbol{f}^*$ 成立,则称线性算子 R 是闭算子.若线性算子 R 满足

$$(\boldsymbol{f},R\boldsymbol{g})=(R\boldsymbol{f},\boldsymbol{g}) \tag{4.8}$$

则称 R 是埃尔米特算子.若 $|R\boldsymbol{f}|=|\boldsymbol{f}|$,则称 R 是长度不变的算子.

由于量子力学中的大多数算子不能定义在整个希尔伯特空间上,所以有必要研究线性算子的延拓问题.冯·诺伊曼指出:若算子 R 的定义域是算子 S 的定义域的子集,且在相同的定义域中 $R=S$,则称算子 S 是算子 R 的延拓.若 R 的定义域是 S 的定义域的真子集,则 S 是 R 的真延拓.紧接着他证明了关于延拓的重要定理.

---

① NEUMANN J V. Allgemeine Eigenwerttheorie Hermitescher Funktionaloperatoren[J]. Mathematische Annalen, 1930, 102(1): 49-131.

② BERNKOPF M. Division of mathematics: three pivotal papers of John von Neumann[J]. Transactions of the New York Academy of Sciences, 1969, 31(5): 516-529.

定理：如果 U 是长度不变的算子，那么 U 在它的定义域和值域中都有闭子空间，U 是一一映射，且 $(\boldsymbol{f},\boldsymbol{g})=(U\boldsymbol{f},U\boldsymbol{g})$.

冯·诺伊曼指出：若一个埃尔米特算子没有真延拓，则称它为极大算子.设 R 为埃尔米特算子，如果存在 $\boldsymbol{f}^*$，对所有 $\boldsymbol{g}$，都有

$$(\boldsymbol{f},R\boldsymbol{g})=(\boldsymbol{f}^*,\boldsymbol{g})$$

那么根据 $\mathrm{Im}(\boldsymbol{f}^*,\boldsymbol{f})>,<,=0$ 这三种情况，称 $\boldsymbol{f}$ 分别属于＋类、－类和 0 类.他表明：如果 $\boldsymbol{f}$ 属于 0 类，那么 R 可以延拓为 $\boldsymbol{f}$ 且 $R\boldsymbol{f}=\boldsymbol{f}^*$.反过来也是成立的.前面定义了极大算子，紧接着他又定义了超级大算子.若算子 R 的所有延拓都属于 0 类，则称 R 是超级大算子.

连续和有界是刻画线性算子的两个重要概念，冯·诺伊曼证明了线性算子连续的等价条件，也定义了算子的有界性.如果 R 为线性算子，那么 R 连续等价于下面两个条件：

(1) $|R\boldsymbol{f}|\leqslant C|\boldsymbol{f}|$；

(2) $|(\boldsymbol{f},R\boldsymbol{g})|\leqslant C|\boldsymbol{f}||\boldsymbol{g}|$.

如果 R 为埃尔米特算子，那么它连续等价于

$$|(\boldsymbol{f},R\boldsymbol{f})|\leqslant C|\boldsymbol{f}|^2 \tag{4.9}$$

对一个埃尔米特算子 R，若存在 C，使得

$$(\boldsymbol{f},R\boldsymbol{f})\leqslant C|\boldsymbol{f}|^2 \tag{4.10}$$

则称 R 是上半有界的.若存在 C，使得

$$(\boldsymbol{f},R\boldsymbol{f})\geqslant -C|\boldsymbol{f}|^2 \tag{4.11}$$

则称 R 是下半有界的.

冯·诺伊曼在第三章“线性子空间和投影算子”中研究了投影算子和线性子空间之间的关系.首先，他给出这样一个定义：如果 M 和 N 是 H 的闭子空间，将

$M-N$ 定义为 M 中所有与 N 中的任意元素正交的元素做成的集合，那么 $M-N$ 是 M 的闭子空间，特别地，$H-N$ 是 H 的子空间，称它为 N 的正交补.紧接着他在文章的第 74 页证明了下面的投影定理：设 M 是 H 的一个闭子空间，则 H 中的任一元素 $\boldsymbol{f}$ 可以分解为

$$\boldsymbol{f}=\boldsymbol{g}+\boldsymbol{h} \tag{4.12}$$

其中 $\boldsymbol{g}$ 属于 M，$\boldsymbol{h}$ 属于 $H-M$，并且这一分解是唯一的.1908 年，施密特在具体的希尔伯特空间，即平方可和的序列空间 l^2 中建立了这个投影定理[①②].冯・诺伊曼在此将它推广到了一般的抽象希尔伯特空间上.这个定理表明希尔伯特空间中的任意元素 $\boldsymbol{f}$ 都可以在任意闭子空间中找到它的"影子".

冯・诺伊曼对投影定理的证明和施密特一样，设 $\{\boldsymbol{\varphi}_n\}$ 是生成闭子空间 M 的规范正交系，则由帕塞瓦尔不等式可知级数 $\sum_{n=1}^{\infty}(\boldsymbol{f},\boldsymbol{\varphi}_n)\boldsymbol{\varphi}_n$ 收敛.因为 M 是闭的，所以这个级数收敛于 M 中的元素.又 $\boldsymbol{h}=\boldsymbol{f}-\boldsymbol{g}\in H-M$，从而他完成了对定理的证明.

冯・诺伊曼将投影算子 P_M 定义为 $P_M(\boldsymbol{f})=\boldsymbol{g}$，也就是说，投影算子是定义在整个希尔伯特空间 H 上的算子，它将元素 $\boldsymbol{f}$ 投影到 $\boldsymbol{f}$ 在 M 中的分量上.紧接着他证明了投影算子成立的几个定理.

定理 1：P_M 是极大的埃尔米特算子，且满足 $P_M^2=$

---

① SCHMIDT E.Über die Auflösung linearer Gleichungen mit unendlich vielen Unbekannten[J].Rendiconti del Circolo Matematico di Palermo，1908，25(1)：53-77.

② 李亚亚，王昌.希尔伯特空间诞生探源[J].自然辩证法研究，2013，29(12)：90-94.

P_M.

定理 2:如果 E 是任意极大的埃尔米特算子,且满足 $E^2=E$,那么存在 H 的闭子空间 M 使得 $E=P_M$.

定理 3:满足 $E^2=E$ 的极大的埃尔米特算子 E 可以被定义为投影算子.恒等算子 1 和零算子 0 是投影算子.当 E 是投影算子时,$1-E$ 也是投影算子.

定理 4:投影算子 E 满足

$$(f,Ef)=|Ef|^2 \tag{4.13}$$

和

$$|Ef|\leqslant|f| \tag{4.14}$$

这个定理表明投影算子是有界的.紧接着他证明了子空间的并集和交集与投影算子的和式和乘积之间的关系.

定理 5:如果 M 和 N 是希尔伯特空间 H 的闭子空间,P_M 和 P_N 是投影算子,那么 P_MP_N 是投影算子当且仅当 $P_MP_N=P_NP_M$,P_MP_N 是 $M\cap N$ 上的投影算子.P_M+P_N 是投影算子当且仅当 $P_MP_N=0$(或 $P_NP_M=0$),P_M+P_N 是 $M\oplus N$ 上的投影算子.P_M-P_N 是投影算子当且仅当 $P_MP_N=P_N$(或 $P_NP_M=P_M$),P_M-P_N 是 $M-N$ 上的投影算子.

而且冯·诺伊曼还研究了投影算子列,他建立了定理 6:设 $\{E_n\}$ 是投影算子构成的扩展或压缩序列,则存在投影算子 E,使得对所有 $f\in H$,有 $E_nf\to Ef$.

他只证明了前一种情形.当 $\{E_n\}$ 是投影算子构成的扩展序列时,$\{|E_nf|^2\}$ 是有界递增序列.从而对 H 中每个固定的 f,$\{E_nf\}$ 是一个柯西列.因此由完备性可知 $\lim\limits_{n\to\infty}E_nf$ 存在,且等于 Ef.因此就能证明这个定理.

投影算子在算子的谱理论中起着基本作用，冯·诺伊曼证明的这6个定理给出了投影算子的基本性质①.

因为自伴算子都有谱分解，所以给定的埃尔米特算子是否有自伴延拓就成为一个非常重要的问题.冯·诺伊曼在第五章“柯西变换”中通过考虑映射$R \pm \mathrm{i}I$讨论了埃尔米特算子R的延拓问题.1855年，柯西参数化正交群时表明对一个$n \times n$的实反对称矩阵$\boldsymbol{S}$，它使得$\det(\boldsymbol{I}+\boldsymbol{S}) \neq 0$，$\boldsymbol{U}=(\boldsymbol{I}-\boldsymbol{S})(\boldsymbol{I}+\boldsymbol{S})^{-1}$是一个正交矩阵，且使得$\det(\boldsymbol{I}+\boldsymbol{U}) \neq 0$的任一正交矩阵$\boldsymbol{U}$可以用这种方式来表示②.冯·诺伊曼将这一思想引入希尔伯特空间中来考虑埃尔米特算子的对称延拓.

冯·诺伊曼在文章的第九章“超级大算子和特征值表示”中对前面定义的超级大算子建立了特征值表示.首先，他定义单位分解为一簇定义在$a<\lambda<b$上的投影算子$E(\lambda)$，它们使得：

(1) 若$\lambda \leqslant \mu$，则$|E(\lambda)| \leqslant |E(\mu)|$，即$E(\lambda)$的像是$E(\mu)$的像的子集.

(2) 对所有$\boldsymbol{f} \in H$，有

$$\lim_{\lambda \to \lambda_0^+} E(\lambda)\boldsymbol{f}=E(\lambda_0)\boldsymbol{f}$$

(3) 对所有$\boldsymbol{f} \in H$，有

$$\lim_{\lambda \to a^+} E(\lambda)\boldsymbol{f}=\mathbf{0} \text{ 和 } \lim_{\lambda \to b^-} E(\lambda)\boldsymbol{f}=\boldsymbol{f}$$

这里的开区间可能是$(-\infty,+\infty)$或$(0,1)$.

---

① 王声望，郑维行.实变函数与泛函分析概要[M].北京：高等教育出版社，1990.

② DIEUDONNÉ J. History of functional analysis[M]. Amsterdam/New York/Oxford: North-Holland Publishing Company, 1981.

他在这一章还建立了一个重要的定理：令 $F(\lambda)$ 是 $(-\infty, +\infty)$ 上的单位分解.如果斯蒂尔切斯积分

$$\int_{-\infty}^{+\infty} \lambda^2 \mathrm{d} \mid F(\lambda)\boldsymbol{f} \mid^2 \qquad (4.15)$$

是有限的,那么存在唯一的 $\boldsymbol{f}^*$,使得对所有 $\boldsymbol{g}$,有

$$(\boldsymbol{f}^*, \boldsymbol{g}) = \int_{-\infty}^{+\infty} \lambda^2 \mathrm{d}(F(\lambda)\boldsymbol{f}, \boldsymbol{g}) \qquad (4.16)$$

成立.若对这些 $\boldsymbol{f}$,定义算子 R 为 $R\boldsymbol{f} = \boldsymbol{f}^*$,则称 R 是埃尔米特超极大算子.对极大但不是超极大的算子,冯·诺伊曼没有建立这样的分解.

冯·诺伊曼在 1929 年的第二篇文章《算子代数和正规算子的理论》[①] 共有 58 页,包括 5 章内容和 3 个附录.他在这篇文章中研究了定义在希尔伯特空间 H 上的有界线性算子,也研究了这些有界线性算子的集合做成的代数结构.这篇文章标志着重要的代数概念首次被引入到分析学中[②].

冯·诺伊曼在文章的第一章中用 5 个定义对希尔伯特空间 H 引入了两种拓扑,即强拓扑和弱拓扑,也对定义在 H 上的有界线性算子构成的集合 $\mathfrak{B}$ 定义了 3 种拓扑.下面给出这 5 种拓扑的定义.

(1)H 中的强拓扑.$\boldsymbol{f}_0$ 的强邻域是使得 $|\boldsymbol{f} - \boldsymbol{f}_0| < \varepsilon$ 的所有 $\boldsymbol{f}$ 构成的集合,记为 $U_1(\boldsymbol{f}_0; \varepsilon)$.

(2)H 中的弱拓扑.$\boldsymbol{f}_0$ 的弱邻域是所有满足 $|(\boldsymbol{f} -$

---

① NEUMANN J V.Zur Algebra der Funktionaloperationen und Theorie der normalen Operatoren[J].Mathematische Annalen,1930,102(1):370-427.

② BERNKOPF M.Division of mathematics:three pivotal papers of John von Neumann[J]. Transactions of the New York Academy of Sciences,1969,31(5):516-529.

$\boldsymbol{f}_0,\boldsymbol{\varphi}_k)\mid<\varepsilon(k=1,2,\cdots,s)$ 的 f 构成的集合，记为 $U_2(\boldsymbol{f}_0;\boldsymbol{\varphi}_1,\boldsymbol{\varphi}_2,\cdots,\boldsymbol{\varphi}_s,\varepsilon)$，其中 s 是任意正整数，$\boldsymbol{\varphi}_k$ 是 H 中的任意固定元. 因为可以证明 $U_1(\boldsymbol{f}_0;\varepsilon)\subset U_2(\boldsymbol{f}_0;\boldsymbol{\varphi}_1,\boldsymbol{\varphi}_2,\cdots,\boldsymbol{\varphi}_s,\varepsilon)$，所以 H 中的强收敛可以推出 H 中的弱收敛.

(3)$\mathfrak{B}$ 中的强拓扑.A_0 的强邻域是使得

$$\mid(A-A_0)\boldsymbol{\varphi}_k\mid<\varepsilon$$

的所有 A 构成的集合，记为 $U_3(A_0;\boldsymbol{\varphi}_1,\boldsymbol{\varphi}_2,\cdots,\boldsymbol{\varphi}_s,\varepsilon)$，其中 s 是任意正整数，$\boldsymbol{\varphi}_k$ 是 H 中的任意固定元.

(4)$\mathfrak{B}$ 中的弱拓扑.A_0 的弱邻域是所有满足

$$\mid((A-A_0)\boldsymbol{\varphi}_k,\boldsymbol{\psi}_k)\mid<\varepsilon$$

的 A 构成的集合，记为 $U_4(A_0;\boldsymbol{\varphi}_1,\boldsymbol{\psi}_1,\boldsymbol{\varphi}_2,\boldsymbol{\psi}_2,\cdots,\boldsymbol{\varphi}_s,\boldsymbol{\psi}_s,\varepsilon)$，其中 s 是任意正整数，$\boldsymbol{\varphi}_k$ 和 $\boldsymbol{\psi}_k$ 是 H 中的任意固定元.

(5)$\mathfrak{B}$ 中的一致拓扑.A_0 的一致邻域是对某个 $\varepsilon'<\varepsilon$，满足

$$\mid(A-A_0)\boldsymbol{f}\mid<\varepsilon'$$

的所有 A 构成的集合，记为 $U_5(A_0;\varepsilon)$.

冯·诺伊曼在给出这 5 种定义后，紧接着指出定义在 H 上的有界线性算子构成的集合 $\mathfrak{B}$ 在一致拓扑的意义下是一个度量空间.他也指出 $\mathfrak{B}$ 是 $*$ －代数，即 $\mathfrak{B}$ 对加法、乘法、数量积以及 $*$ －运算是封闭的.他在文章的第 384 页的脚注中给出了 $*$ －运算的性质.他还表明定义在 H 上的有界线性算子构成的集合 $\mathfrak{B}$ 中的元素 A 和 B 满足下面的性质

$$\mid aA\mid=\mid a\mid\mid A\mid \tag{4.17}$$

$$\mid A+B\mid\leqslant\mid A\mid+\mid B\mid \tag{4.18}$$

$$\mid AB\mid\leqslant\mid A\mid\mid B\mid \tag{4.19}$$

环论是抽象代数学中最深刻的一部分，大致可以分为交换环、结合环以及非结合环.1921 年，诺特用公理化给出了抽象环的定义①.冯·诺伊曼文章的第二章接连给出了与环有关的 3 个定义.若 A 和 B 是定义在 H 上的有界线性算子构成的集合 $\mathfrak{B}$ 的子集 M 中的元素，aA，A^*，$A+B$ 以及 AB 也是 M 中的元素且 M 在弱拓扑的意义下是闭的，则称 M 做成了一个环.若 M 是 $\mathfrak{B}$ 的任意子集，则称 $R(M)$ 是 $\mathfrak{B}$ 中包含 M 的最小的环.

如果 M 是 $\mathfrak{B}$ 的任意子集，那么使得 $\mathfrak{B}$ 中的每个元素与 A 和 A^* 可交换的所有 $A\in\mathfrak{B}$ 构成的集合记为 M'，重复这个步骤可以得到 $M''=(M')'$，等等.

有了这些定义后，冯·诺伊曼表明

$$M'=M'''=M^{\mathrm{V}}=\cdots，且\ M''=M^{\mathrm{IV}}=M^{\mathrm{VI}}=\cdots$$

显然有 $M\subset M''$.他也表明 M' 和 M'' 也能做成一个环.他在文章的第 389 页得到一个重要结果，即令 M 是一个环，A 是有界埃尔米特算子，$E(\lambda)$ 是他在 1929 年的第一篇文章中对 A 定义的单位分解，则 $A\in M$ 当且仅当对所有 $\lambda<0$，有 $E(\lambda)\in M$，且对所有 $\lambda\geqslant 0$，有 $I-E(\lambda)\in M$.如果 $I\in M$，那么 $A\in M$ 当且仅当对所有 $\lambda<0$，有 $E(\lambda)\in M$.

他在第三章“阿贝尔环”中定义：若 $\mathfrak{B}$ 中的元素 A 与 A^* 是可交换的，则称 A 是正规的.$R(M)$ 是阿贝尔的当且仅当 M 中的每个元素是正规的.

在希尔伯特运用无穷矩阵成功解决积分方程问题的鼓舞下，以希尔伯特为主的德国学派继续用无穷矩

---

① 胡作玄.近代数学史[M].济南：山东教育出版社，2006.

阵作为研究希尔伯特空间上的算子.于是,算子理论被分为两个学派,一个是以弗雷歇为主的学派,他们主要研究抽象算子理论,另一个是德国学派,他们以无穷矩阵作为研究算子的工具[①].希尔伯特在分析学领域的目标是用统一的方法来处理线性问题.于是,在20世纪20年代,行列式、矩阵、二次型以及双线性形式的理论通过很多种方式向无穷维情形来推广,从而可以从属于统一的线性理论的框架[②].如德国数学家奥托·特普利茨(Otto Toeplitz,1881—1940)在这方面做出了重要贡献[③④⑤].

冯·诺伊曼1929年的第三篇文章的题目为《无穷矩阵的理论》,这篇文章共28页,包含5章内容和一个附录.他在这篇文章中指出虽然无穷矩阵在处理一些特殊算子的表示上有优势,但是它不是处理定义在希尔伯特空间上的算子的最合适的工具.他在文章中指出:

“对有限维的欧氏空间以及希尔伯特空间上的有界算子,算子与矩阵之间的关系比较简单,甚至是一一

---

① BERNKOPF M.A history of infinite matrices[J].Archive for History of Exact Sciences,1968,4(4):308-358.

② DORIER J L. A general outline of the genesis of vector space theory[J]. Historia Mathematica,1995,22(3):227-261.

③ TOEPLITZ O. Die Jacobische transformation der quadratischen formen von unendlichvielen veränderlichen[J].Nachr. Akad.Wiss.Göttingen,1907:101-109.

④ TOEPLITZ O. Zur theorie der quadratischen formen von unendlichvielen veränderlichen[J].Göttinger Nachr.,1907:489-506.

⑤ TOEPLITZ O.Zur Transformation der Scharen bilinearer Formen von unendlichvielen Veränderlichen[J].Nachr.Akad.Wiss. Göttingen,1907:110-115.

对应的.对希尔伯特空间上的无界算子,算子与矩阵之间的关系会表现出新的性质特征.这在本质上更复杂,就像前面提到的那样,矩阵理论和算子理论并不是等价的,也不是对应的……这是因为对有限维的情形和希尔伯特空间上的有界算子,矩阵与埃尔米特算子 R 可以通过 $a_{jk}=(\boldsymbol{\varphi}_j,R\boldsymbol{\varphi}_k)$ 联系起来,其中 $\{\boldsymbol{\varphi}_k\}$ 是完备规范正交系.但是对无界算子 R,根据特普利茨的定理可知 R 不能定义在整个空间上,而这种赋值只有在 $R\boldsymbol{\varphi}_1,R\boldsymbol{\varphi}_2,\cdots$ 都有定义时才可能存在."①

冯·诺伊曼的这一工作使得分析学家确信无穷矩阵不是研究希尔伯特空间上算子的最好的工具.

在抽象性和一般性的发展趋势下,希尔伯特的追随者黎兹、巴拿赫以及冯·诺伊曼等人运用公理化的方法定义了抽象的巴拿赫空间和希尔伯特空间,进而建立了抽象空间理论.

① NEUMANN J V. Zur Theorie der unbeschränkten Matrizen[J].Journal Für Die Reine Und Angewandte,1929,161:208-236.

希尔伯特空间的各种逼近问题

第7章

§1 关于希尔伯特空间逆算子的最佳逼近[①]

众所周知，对于希尔伯特空间中方程

$$\xi_j - \lambda \sum_{k=1}^{\infty} a_{jk} \xi_k = \eta_j \quad (j = 1, 2, \cdots)$$

或其缩形

$$x - \lambda U x = y$$

的解，一个最常用的方法是简单迭代程序

$$x_{n+1} = \lambda U x_n + y \quad (x_0 = 0; n = 0, 1, 2, \cdots)$$

此时，当 $\| \lambda U \| < 1$ 时，程序收敛，一般

---

① 本节摘编自《南京大学学报》，1962(2)：93-97.

对方程组指出充分条件$\left\{\sum_{j,k}|a_{jk}|^2\right\}^{\frac{1}{2}}<1$.显然,当$\|\lambda U\|<1$时,由简单迭代法所给出的第$n+1$次近似解正是收敛的冯·诺伊曼级数

$$x^*=(I-\lambda U)^{-1}y=y+\lambda Uy+\cdots+\lambda^n U^n y+\cdots$$

的部分和,误差估计为

$$\|(I-\lambda U)^{-1}y-(y+\lambda Uy+\cdots+\lambda^n U^n y)\|\leqslant \frac{\|\lambda U\|^{n+1}}{1-\|\lambda U\|}\|y\| \tag{1.1}$$

可是,当$|\lambda|\ \|U\|\geqslant 1$时,上述方法不能应用,且迄今未见适宜的近似程序.南京大学的郑维行教授1962年从另外的观点来建立逼近方法并给出若干估计.

设U为希尔伯特空间$\mathscr{H}$中的线性有界对称算子,S为其谱集,$[\alpha,\beta]$为包含S的最小闭区间.次设于$\alpha\leqslant t\leqslant\beta$上给定一连续实函数$\varphi(t)$,则可定义一算子函数$\varphi(U)$且它只依$\varphi(t)$在$S$上的值唯一确定①.我们来考虑用算子多项式$c_0+c_1U+\cdots+c_nU^n$($c_k$为实数)最佳逼近$\varphi(U)$的问题.令

$$\varepsilon_n\equiv\varepsilon_n[\varphi(U)]\equiv\inf_{c_k}\|\varphi(U)-c_0-c_1U-\cdots-c_nU^n\|$$

并称之为最佳逼近.显然

$$\varepsilon_n\leqslant\|\varphi(U)\|=\max_{t\in S}|\varphi(t)|\quad(n=0,1,2,\cdots)$$

若存在$\bar{c}_k,k=0,1,\cdots,n$,使

$$\|\varphi(U)-\bar{c}_0-\bar{c}_1U-\cdots-\bar{c}_nU^n\|=\varepsilon_n$$

则称$\bar{c}_0+\bar{c}_1U+\cdots+\bar{c}_nU^n$为$\varphi(U)$的最佳算子多项式.

---

① RIESZ F, NAGY B SZ. Lecons d'analyse fonctionnelle[M]. Paris:Gauthier-Villars,1953.

容易明了，若 S 为有限集，则 $\varphi(U)$ 必为多项式，因而对于一切充分大的 n，ε_n 恒为零，此平淡情形以后常去掉不论而设一切 $\varepsilon_n > 0$.

于是，应用闭集上连续函数逼近理论[1]，不难建立：

定理 1 (1) 最佳逼近算子多项式恒存在、唯一，且 $\lim\limits_{n\to\infty} \varepsilon_n = 0$.

(2) 欲 $\overline{P}_n(U)$ 为最佳算子多项式，其充要条件为，存在 $n+2$ 个属于谱 S 的点 $\lambda_1 < \lambda_2 < \cdots < \lambda_{n+2}$，使对每一 $k=1,2,\cdots,n+2$，有

$$\lim_{v\to\infty} \| \varphi(U)x_v^{(k)} - \overline{P}(U)x_v^{(k)} - \eta(-1)^k \varepsilon_n x_v^{(k)} \| = 0 \tag{1.2}$$

其中 η 取 -1 或 1，$x_v^{(k)} \in \mathscr{H}$ 为从属于 λ_k 的具有下述性质的元列

$$\lim_{v\to\infty} \| Ux_v^{(k)} - \lambda_k x_v^{(k)} \| = 0,\quad \| x_v^{(k)} \| = 1 \tag{1.3}$$

为了证明，引进 $\varphi(t)$ 于集 S 上的最佳逼近多项式 $\overline{P}_n(t)$. 那么，由

$$\| \varphi(U) - \overline{P}_n(U) \| = \max_{t\in S} | \varphi(t) - \overline{P}_n(t) |$$

以及著名的切比雪夫定理立即可得本定理.

由定理 1 可知，特别地，若 S 中的点均为固有值，则条件(1.2) 中的元列 $x_v^{(k)}$ 可换为相应于固有值 λ_k 的固有元 $x^{(k)}$，且(1.2) 化成

$$\varphi(U)x^{(k)} - \overline{P}(U)x^{(k)} = \eta(-1)^k \varepsilon_n x^{(k)},\ \eta = -1 \text{ 或 } 1 \tag{1.4}$$

---

① VALLÉE POUSSIN. Lecons sur l'approximation des fonctions d'une variable réelle[M]. Paris: Gauthier-Villars, 1919.

以下将考虑逆算子的最佳逼近与若干估计.

设 $\varphi(U)=(I-\lambda U)^{-1}$,这里 $\mu=\dfrac{1}{\lambda}\notin S$,分两种情形讨论.

(1) 设 $\mu\notin[\alpha,\beta]$.对于最佳逼近多项式 $\bar{P}_n(U)$,有

$$\varepsilon_n=\|\varphi(U)-\bar{P}_n(U)\|\leqslant E_n(\frac{1}{1-\lambda t};[\alpha,\beta])$$

其中 $E_n(f(t);A)$ 表示通常连续函数 $f(t)$ 在集 A 上的最佳逼近.但

$$E_n(\frac{1}{1-\lambda t};[\alpha,\beta])=$$

$$\frac{2|\mu|}{\beta-\alpha}E_n\left(\frac{1}{x-\dfrac{2\mu-\beta-\alpha}{\beta-\alpha}};[-1,1]\right)=$$

$$\frac{2|\mu|}{\beta-\alpha}\cdot\frac{1}{(a^2-1)(a+\sqrt{a^2-1})^n}$$

其中 $a=\left|\dfrac{2\mu-\beta-\alpha}{\beta-\alpha}\right|>1$,故

$$\varepsilon_n[(I-\lambda U)^{-1}]\leqslant\frac{2|\mu|}{\beta-\alpha}\cdot\frac{1}{(a^2-1)(a+\sqrt{a^2-1})^n}\tag{1.5}$$

此情形可用冯·诺依曼级数部分和逼近,但把估值(1.5)与估值(1.1)比较,知前者多一无穷小因子 $q^n(0<q<1)$:

$$q=\frac{\mu}{\max(|\alpha|,|\beta|)[a+\sqrt{a^2-1}]}$$

$$a=\left|\frac{2\mu-\beta-\alpha}{\beta-\alpha}\right|>1$$

(2) 设 $\mu\in[\alpha,\beta]\subset \complement S$,假定$(\alpha,\beta)$内有正则点.

既然 $\complement S$ 为开集,故存在开区间$(\alpha_1,\beta_1)\subset \complement S$,于是可得

$$\varepsilon_n((I-\lambda U)^{-1})\leqslant E_n\left(\frac{1}{1-\lambda t};[\alpha,\alpha_1]\cup[\beta_1,\beta]\right) \tag{1.6}$$

此时最佳逼近多项式比较复杂,我们给出最佳逼近的若干估计.为了记号简便起见,假定$[\alpha,\beta]=[-1,1]$,并假定$|\beta_1|<|\alpha_1|$(另一情形$|\beta_1|>|\alpha_1|$相仿,$|\beta_1|=|\alpha_1|$的情形可直接引用相关文献[①]中的结果).令

$$\begin{cases} c=\sqrt{\dfrac{1-\alpha_1^2}{1-\beta_1^2}} \\ \gamma=\dfrac{\sqrt{\dfrac{1-\alpha_1}{1-\beta_1}}-\sqrt{\dfrac{1+\alpha_1}{1+\beta_1}}}{\sqrt{\dfrac{1-\alpha_1}{1-\beta_1}}+\sqrt{\dfrac{1+\alpha_1}{1+\beta_1}}} \\ \mu'=\gamma\dfrac{(1+c)\mu-(\alpha_1+c\beta_1)}{(1-c)\mu-(\alpha_1-c\beta_1)} \end{cases} \tag{1.7}$$

并设 $V_{n+1}(y)$ 为使 $\max\limits_{y\in[-1,-\gamma]\cup[\gamma,1]}|y^{n+1}+\cdots+c|$ 达最小的多项式,且相应的最小偏差为 L_{n+1},则得

$$\varepsilon_n((I-\lambda U)^{-1})\leqslant \frac{1}{\min(|1-\lambda\alpha_1|,|1-\lambda\beta_1|)}\cdot \left|\frac{(1-c)-(\alpha_1-c\beta_1)}{(1-c)\mu-(\alpha_1-c\beta_1)}\right|^{n+1}\frac{L_{n+1}}{|V_{n+1}(\mu')|} \tag{1.8}$$

---

① АХИЕЗЕР Н И. 逼近论讲义[M].北京:科学出版社,1958.

其中 L_{n+1} 与 $V_{n+1}(y)$ 的表示可参看相关文献①，这里只列出 n 为奇数的情形，$n=2k-1$：

$$V_{n+1}(y)=\frac{(1-\gamma^2)^k}{2^{2k-1}}\cos k\arccos\frac{2y^2-1-\gamma^2}{1-\gamma^2}$$

$$L_{2k}=\frac{1}{2^{2k-1}}(1-\gamma^2)^k$$

我们写出(1.8)的证明.显然

$$\begin{aligned}
&\varepsilon_n((I-\lambda U)^{-1})\leqslant\\
&\min_{c_k}\max_{t\in[-1,\alpha_1]\cup[\beta_1,1]}\left|\frac{1}{1-\lambda t}-c_0-c_1t-\cdots-c_nt^n\right|\leqslant\\
&\frac{1}{\min(|1-\lambda\alpha|,|1-\lambda\beta|)}\cdot\\
&\min_{c_k}\max_{t\in[-1,\alpha_1]\cup[\beta_1,1]}|1-(1-\lambda t)(c_0+\cdots+c_0t^n)|=\\
&C(\lambda,\alpha,\beta)\min_{T}\max_{t\in[-1,\alpha_1]\cup[\beta_1,1]}|T(t)| \qquad (1.9)
\end{aligned}$$

其中 $T(t)$ 为满足条件 $T(\mu)=1$ 的 $n+1$ 次多项式，$C(\lambda,\alpha,\beta)$ 为一常数.

令

$$y=\gamma\frac{(1+c)t-(\alpha+c\beta)}{(1-c)t-(\alpha-c\beta)}$$

则

$$\begin{aligned}
L_{n+1}&=\max_{y\in[-1,-\gamma]\cup[\gamma,1]}|V_{n+1}(y)|=\\
&\max_{t\in[-1,\alpha]\cup[\beta,1]}\left|V_{n+1}\left(\gamma\frac{(1+c)t-(\alpha+c\beta)}{(1-c)t-(\alpha-c\beta)}\right)\right|\geqslant\\
&\left|\frac{(1-c)\mu-(\alpha-c\beta)}{(1-c)-(\alpha-c\beta)}\right|^{n+1}.
\end{aligned}$$

① БЕРНШТЕЙН С Н.Экстремальные свойства полиномов и наилучшее приближение непрерывных функций одной вещественной переменной[M].ГОНТИ，1937.

$$|V_{n+1}(\mu')| \min_{T} \max_{t\in[-1,\alpha]\cup[\beta,1]} |T(t)|$$

将此不等式与(1.9)联立便得到(1.8).

同理,在 $|\beta_1|>|\alpha_1|$ 的情形可得估计

$$\varepsilon_n((I-\lambda U)^{-1}) \leqslant \frac{1}{\min(|1-\lambda\alpha_1|,|1-\lambda\beta_1|)} \cdot \left|\frac{(1-c)+(\alpha_1-c\beta_1)}{(1-c)\mu-(\alpha_1-c\beta_1)}\right|^{n+1} \cdot \frac{L_{n+1}}{|V_{n+1}(\mu')|} \tag{1.8'}$$

而在 $|\alpha_1|=|\beta_1|$ 的情形,据(1.9)即有

$$\varepsilon_n((I-\lambda U)^{-1}) \leqslant \frac{1}{\min(|1-\lambda\alpha_1|,|1-\lambda\beta_1|)} \cdot \max_{t\in[-1,\alpha_1]\cup[\beta_1,1]} \left|\frac{V_{n+1}(t)}{V_{n+1}(\mu)}\right|$$

或

$$\varepsilon_n((I-\lambda U)^{-1}) \leqslant \frac{1}{\min(|1-\lambda\alpha_1|,|1-\lambda\beta_1|)} \cdot \frac{L_{n+1}}{V_{n+1}(\mu)} \tag{1.8''}$$

兹举一数值的例子. 设 $\alpha=-\frac{4}{5}$,$\beta=\frac{3}{5}$,$\mu=\frac{-25+14\sqrt{3}}{5}$,那么相应的 $\mu=0$,(1.8)给出($n=2k-1$)

$$\varepsilon_n((I-\lambda U)^{-1}) \leqslant Cq^{n+1}$$

其中

$$q \leqslant \frac{5\sqrt{6}}{24} < 1$$

我们将所得结果陈述为下列定理.

定理 2　设

$$\mu=\frac{1}{\lambda}\notin S$$

则当 $\mu\notin[\alpha,\beta]$ 时有估计(1.5) 成立；当 $\mu\in(\alpha_1,\beta_1)\subset[-1,1]\equiv[\alpha,\beta]$，分别于 $|\beta_1|<|\alpha_1|$，$|\beta_1|>|\alpha_1|$ 及 $|\beta_1|=|\alpha_1|$ 时有估计(1.8)，(1.8′) 及(1.8″) 成立.

注 1　估计(1.8) 尚不能最终解决逆算子的逼近问题，为了得到更好的估计，尚需继续研究，但最佳逼近理论用于此问题却是一种新的想法.

注 2　设 T 为希尔伯特空间的一般线性算子，那么，如果对称算子 T^*T 有正的下界，那么用 $\overline{P}_n((T^*T)^{-1})$ 表示逆算子$(T^*T)^{-1}$ 的最佳算子多项式，有

$$T^{-1}=\lim\overline{P}_n((T^*T)^{-1})T^*$$

§2　赋范线性空间中的最佳逼近与凸性[①]

在逼近中人们关心的是用较为简单的函数类去逼近较为复杂的函数类，如用某一区间上的多项式去逼近这一区间上的连续函数，又如若某个函数有泰勒(Taylor) 级数，就可以用这个函数的部分和去逼近，这些问题都是人们在微积分中早已熟知的.

一般地，对于给定的函数集 X 和函数集 Y，我们试图用 Y 中的元(素) 去逼近 X 中的元(素)，这自然需要研究逼近的存在性和唯一性，为此须首先指出在赋范

① 本节摘编自《松辽学刊(自然科学版)》，1990(1)：36-39.

线性空间中最佳逼近的含义.

定义 1 设 $X=(X,\|\cdot\|)$ 是赋范线性空间，$Y=(Y,\|\cdot\|)$ 是 X 的某个确定子空间，对于任意给定的 $\boldsymbol{x}\in X$（一般地，$\boldsymbol{x}\in X/Y$），用 $\boldsymbol{y}\in Y$ 去逼近，记

$$\delta=\delta(\boldsymbol{x},\boldsymbol{y})=\inf_{y\in Y}\|\boldsymbol{x}-\boldsymbol{y}\| \tag{2.1}$$

若存在 $\boldsymbol{y}_0\in Y$，使

$$\|\boldsymbol{x}-\boldsymbol{y}_0\|=\delta \tag{2.2}$$

则称 $\boldsymbol{y}_0$ 为 $\boldsymbol{x}$ 在 Y 中的最佳逼近.

注 $\boldsymbol{y}_0$ 是 Y 中到 $\boldsymbol{x}$ 距离最小的元.

一般地，对某个 $\boldsymbol{x}\in X$，在 $Y(\subset X)$ 中的最佳逼近可能存在也可能不存在，因而就产生了最佳逼近的存在性问题.

在许多应用中，往往考虑对于任意给定的 $\boldsymbol{x}\in X$，去寻求 $\boldsymbol{x}$ 在 X 的某个有限维子空间 Y 中的最佳逼近，这里值得引起人们注意的是在有限维的赋范线性空间中，紧集与有界闭集是等价的，基于这种想法，四平师范学院的邹丽贤教授 1990 年给出如下的最佳逼近存在性定理.

定理 1 （存在性定理(最佳逼近)）若 Y 是赋范线性空间 $X=(X,\|\cdot\|)$ 的有限维子空间，则对于每个 $\boldsymbol{x}\in X$，在 Y 中存在关于 $\boldsymbol{x}$ 的最佳逼近.

证 设 $\boldsymbol{x}\in X$ 是给定的，作 Y 中的闭球

$$\widetilde{B}=\{\boldsymbol{y}:\|\boldsymbol{y}\|\leqslant 2\|\boldsymbol{x}\|,\boldsymbol{y}\in Y\}$$

首先证明

$$\delta(\boldsymbol{x},\widetilde{B})=\delta(\boldsymbol{x},Y)=\delta$$

事实上，由 $\widetilde{B}\subset Y$，显然有

$$\delta(\boldsymbol{x},Y)=\inf_{y\in Y}\|\boldsymbol{x}-\boldsymbol{y}\|\leqslant$$

$$\inf_{\tilde{y}\in\tilde{B}}\|\boldsymbol{x}-\tilde{\boldsymbol{y}}\|=\delta(\boldsymbol{x},\tilde{B})\tag{2.3}$$

另外,由 $\boldsymbol{\theta}\in\tilde{B}$,有

$$\delta(\boldsymbol{x},\tilde{B})=\inf_{\tilde{y}\in\tilde{B}}\|\boldsymbol{x}-\tilde{\boldsymbol{y}}\|\leqslant\|\boldsymbol{x}-\boldsymbol{\theta}\|=\|\boldsymbol{x}\|$$

若 $\boldsymbol{y}\notin\tilde{B}$,则 $\|\boldsymbol{y}\|>2\|\boldsymbol{x}\|$,从而有

$$\|\boldsymbol{x}-\boldsymbol{y}\|\geqslant\|\boldsymbol{y}\|-\|\boldsymbol{x}\|>2\|\boldsymbol{x}\|-\|\boldsymbol{x}\|=\|\boldsymbol{x}\|\geqslant\delta(\boldsymbol{x},\tilde{B})\tag{2.4}$$

若 $\boldsymbol{y}\in\tilde{B}$,则也有

$$\|\boldsymbol{x}-\boldsymbol{y}\|\geqslant\inf_{z\in\tilde{B}}\|\boldsymbol{x}-\boldsymbol{z}\|=\delta(\boldsymbol{x},\tilde{B})$$

综上,对 $\forall\,\boldsymbol{y}\in Y$ 有

$$\delta(\boldsymbol{x},Y)=\inf_{y\in Y}\|\boldsymbol{x}-\boldsymbol{y}\|\geqslant\delta(\boldsymbol{x},\tilde{B})\tag{2.5}$$

由(2.3)和(2.5)知 $\delta(\boldsymbol{x},Y)=\delta(\boldsymbol{x},\tilde{B})=\delta$.

其次,值 $\delta(\boldsymbol{x},\tilde{B})=\delta(\boldsymbol{x},Y)=\delta$ 只能在 $\tilde{B}$ 中达到,而且必在 $\tilde{B}$ 中达到.

事实上,当 $\boldsymbol{y}\in Y-\tilde{B}$ 时,由(2.4)有

$$\|\boldsymbol{x}-\boldsymbol{y}\|>\delta(\boldsymbol{x},\tilde{B})=\delta$$

因而,值 δ 只能在 $\tilde{B}$ 中达到.又因 $\tilde{B}\subset Y$(有限维)是有界闭集,故为紧集,注意紧集 $\tilde{B}\subset Y$ 上的连续函数 $\|\cdot\|$ 是下确界可达的,因而,必存在 $\boldsymbol{y}_0\in\tilde{B}\subset Y$,使

$$\delta=\delta(\boldsymbol{x},\tilde{B})=\delta(\boldsymbol{x},Y)=\|\boldsymbol{x}-\boldsymbol{y}_0\|$$

故 $\boldsymbol{y}_0$ 就是 Y 中关于 $\boldsymbol{x}$ 的最佳逼近.证毕.

从下面的例子可以看出,最佳逼近未必是唯一的.

例 1　在二维欧几里得空间 $X=\{(\xi_1,\xi_2):\xi_1,\xi_2\in\mathbf{R}\}$ 中,对 $\boldsymbol{x}=(\xi_1,\xi_2)\in X$ 定义范数

$$\|\boldsymbol{x}\|_1=|\xi_1|+|\xi_2|$$

则在 X 中按着通常的线性运算，$X=(X,\|\cdot\|)$ 是赋范线性空间，取 X 的子空间 Y 为

$$Y=\{(\mu,\mu):\mu\in\mathbf{R}\}$$

我们取定一点 $\boldsymbol{x}=(1,-1)\in X$，那么对一切 $\boldsymbol{y}=(\mu,\mu)\in Y$，显然有

$$\|\boldsymbol{x}-\boldsymbol{y}\|_1=|1-\mu|+|-1-\mu|\geqslant 2$$

于是 $\boldsymbol{x}$ 到 Y 的距离为

$$\delta(\boldsymbol{x},Y)=\inf_{\boldsymbol{y}\in Y}\|\boldsymbol{x}-\boldsymbol{y}\|=2$$

这里当 $|\mu|\leqslant 1$ 时，一切 $\boldsymbol{y}=(\mu,\mu)\in Y$ 都是 $\boldsymbol{x}$ 的最佳逼近.如图 1 所示，在这里 $\boldsymbol{x}=(1,-1)\in X$ 在 $Y=\{(\mu,\mu):\mu\in\mathbf{R}\}$ 中有无穷多个最佳逼近.

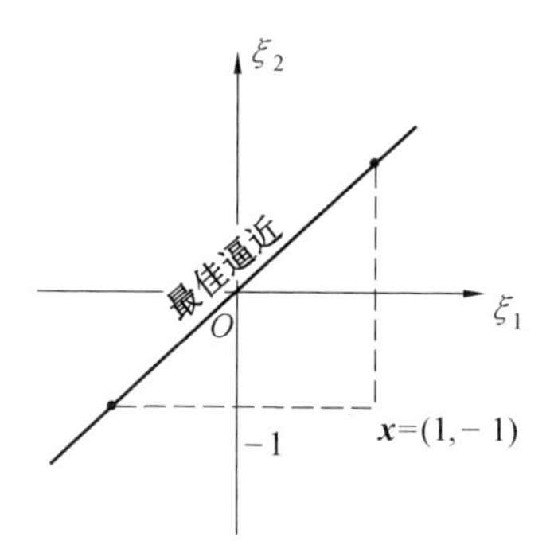

图 1

下面我们将会看到，在赋范线性空间$(X,\|\cdot\|)$中的最佳逼近集是凸集.所谓凸集是指：

定义 2 设 $X=(X,\|\cdot\|)$ 为赋范线性空间，M 为 X 的子集，对 $\boldsymbol{y},\boldsymbol{z}\in M$ 有

$$W=\{\boldsymbol{u}:\boldsymbol{u}=\alpha\boldsymbol{y}+(1-\alpha)\boldsymbol{z},0\leqslant\alpha\leqslant 1\}$$

为 M 的子集，则称 M 是凸集.

这里 W 叫作闭线段，$\boldsymbol{y},\boldsymbol{z}$ 叫作闭线段 W 的端点

(边界点),W 的其他点叫作 W 的内点.特别地,当线段的两个端点 $\boldsymbol{y},\boldsymbol{z}$ 重合时,即 $\boldsymbol{y}=\boldsymbol{z}$,称其为平凡线段.

定理 2　设 $X=(X,\|\cdot\|)$ 为赋范线性空间,Y 为 X 的子空间,$\boldsymbol{x}\in X$ 为给定点,则在 Y 中最佳逼近集 M 是凸集.

证　若 $M=\varnothing$ 或 M 为单点集,则定理显然成立.不妨设 $\boldsymbol{y},\boldsymbol{z}\in M$,仍令

$$\delta=\delta(\boldsymbol{x},\boldsymbol{y})=\inf_{\boldsymbol{y}\in Y}\|\boldsymbol{x}-\boldsymbol{y}\|$$

由 M 为 $\boldsymbol{x}$ 在 Y 中的最佳逼近集,因而有

$$\|\boldsymbol{x}-\boldsymbol{y}\|=\|\boldsymbol{x}-\boldsymbol{z}\|=\delta\quad(\boldsymbol{y},\boldsymbol{z}\in M)$$

以下证明

$$\boldsymbol{\omega}=\alpha\boldsymbol{y}+(1-\alpha)\boldsymbol{z}\in M\quad(0\leqslant\alpha\leqslant 1)\tag{2.6}$$

事实上,因 $\boldsymbol{\omega}\in Y$,故

$$\|\boldsymbol{x}-\boldsymbol{\omega}\|\geqslant\inf_{\boldsymbol{y}\in Y}\|\boldsymbol{x}-\boldsymbol{y}\|=\delta(\boldsymbol{x},Y)$$

另外

$$\begin{aligned}\|\boldsymbol{x}-\boldsymbol{\omega}\|=\|\alpha(\boldsymbol{x}-\boldsymbol{y})+(1-\alpha)(\boldsymbol{x}-\boldsymbol{z})\|\leqslant\\ \alpha\|\boldsymbol{x}-\boldsymbol{y}\|+(1-\alpha)\|\boldsymbol{x}-\boldsymbol{z}\|=\\ \alpha\delta+(1-\alpha)\delta=\\ \delta\end{aligned}$$

故 $\|\boldsymbol{x}-\boldsymbol{\omega}\|\leqslant\delta$.

综上,$\|\boldsymbol{x}-\boldsymbol{\omega}\|=\delta$.

所以 $\boldsymbol{\omega}\in M$,即 M 为凸集.证毕.

前面已经指出,在赋范线性空间中给定点的最佳逼近未必唯一.那么在什么条件下,其最佳逼近不多于一个?

为解决最佳逼近的唯一性问题,以定理 2 为依据可做如下分析:

如果在 $X=(X,\|\cdot\|)$ 的子空间 Y 中,有关于 $\boldsymbol{x}$

的若干个最佳逼近，那么，据定义 1，它们中的每一个到 $\boldsymbol{x}$ 的距离都是δ.由定理1的证明过程可知，Y 中关于 $\boldsymbol{x}$ 的最佳逼近都属于闭球

$$\widetilde{S}(\boldsymbol{x},\delta)=\{\boldsymbol{v}: \|\boldsymbol{v}-\boldsymbol{x}\|\leqslant\delta\}$$

再据定理 2，由(2.6) 所确定的 $\boldsymbol{\omega}$ 在闭球 $\widetilde{S}(\boldsymbol{x},\delta)$ 的球面上(每个 $\boldsymbol{\omega}\in W$ 到 $\boldsymbol{x}$ 的距离为 $\|\boldsymbol{\omega}-\boldsymbol{x}\|=\delta$，这里 $\boldsymbol{\omega}$ 为由(2.6) 所确定的闭线段上的任意一点).

另外，每个 $\boldsymbol{\omega}\in W$ 对应唯一的元 $\boldsymbol{v}=\dfrac{\boldsymbol{\omega}-\boldsymbol{x}}{\delta}$，其范数为 $\|\boldsymbol{v}\|=\dfrac{\|\boldsymbol{\omega}-\boldsymbol{x}\|}{\delta}=1$.因而由(2.6) 所确定的每个最佳逼近 $\boldsymbol{\omega}\in W$，都对应着单位球面 $\{\boldsymbol{x}: \|\boldsymbol{x}\|=1\}$ 上的唯一的点 $\boldsymbol{v}$.

由此可知，为了保证最佳逼近的唯一性，必须排除使单位球面可以包含直线段的那种范数的元.

为便于给出最佳逼近的唯一性定理，对于严格凸性定义如下.

定义 3　若赋范线性空间 $X=(X,\|\cdot\|)$ 中的单位球面 $S=\{\boldsymbol{x}: \|\boldsymbol{x}\|=1, \boldsymbol{x}\in X\}$ 不包含任何非平凡线段，则称 X 为严格凸赋范线性空间.

易于验证定义 3 与如下的定义是等价的：

定义 3′　设 $X=(X,\|\cdot\|)$ 为赋范线性空间，对任何 $\boldsymbol{x},\boldsymbol{y}\in X$，且 $\|\boldsymbol{x}\|=\|\boldsymbol{y}\|=1$ 和 $\boldsymbol{x}\neq\boldsymbol{y}$，有

$$\|\boldsymbol{x}+\boldsymbol{y}\|<\|\boldsymbol{x}\|+\|\boldsymbol{y}\|$$

即

$$\|\boldsymbol{x}+\boldsymbol{y}\|<2$$

注　在严格凸赋范线性空间中，对 $\|\boldsymbol{x}\|=\|\boldsymbol{y}\|=1$，在如下的三角不等式

$$\|\boldsymbol{x}+\boldsymbol{y}\| \leqslant \|\boldsymbol{x}\|+\|\boldsymbol{y}\|=2$$

中排除了等号,即以上不等式只有在 $\boldsymbol{x}=\boldsymbol{y}$ 时等号才能成立.

于是可以给出最佳逼近的唯一性定理如下:

定理 3 (唯一性定理(最佳逼近))在严格凸赋范线性空间 $X=(X,\|\cdot\|)$ 中,关于 $\boldsymbol{x}\in X$,在其给定的子空间 Y 中至多有一个最佳逼近.

注　在定理 3 中,若 Y 为 $X=(X,\|\cdot\|)$ 的有限维子空间,关于 $\boldsymbol{x}\in X$,在 Y 中存在唯一的最佳逼近.

例 2　希尔伯特空间 H 是严格凸的.

证　对希尔伯特空间 H 中一切范数为 1 的元 $\boldsymbol{x}$ 和 $\boldsymbol{y}(\boldsymbol{x}\neq\boldsymbol{y})$,令

$$\|\boldsymbol{x}-\boldsymbol{y}\|=\alpha \quad (\alpha>0)$$

由平行四边形公式,有

$$\|\boldsymbol{x}+\boldsymbol{y}\|^2=-\|\boldsymbol{x}-\boldsymbol{y}\|^2+2(\|\boldsymbol{x}\|^2+\|\boldsymbol{y}\|^2)=-\alpha^2+2(1+1)<4$$

故

$$\|\boldsymbol{x}+\boldsymbol{y}\|<2 \quad (\|\boldsymbol{x}\|=\|\boldsymbol{y}\|=1)$$

因此,由定理 3 立即可知,对于希尔伯特空间,有如下重要结果.

推论　设 H 为希尔伯特空间(完备的内积空间),Y 为 H 的闭子空间,则对于每个 $\boldsymbol{x}\in H$,在 Y 中存在唯一的最佳逼近.

注　这个唯一的最佳逼近 Y 就是投影算子 P:$H\to Y$ 关于 $\boldsymbol{x}$ 的像 $\boldsymbol{y}=P\boldsymbol{x}$.这个推论实际上就是希尔伯特空间中的正交分解定理.

§3 希尔伯特空间中的非扩张映象的不动点集的结构及其迭代集合序列逼近①

中山大学的王大麒教授1990年为庆祝李国平教授八十寿辰发表了一篇文章，研究了希尔伯特空间H中的闭凸集C上的非扩张映象T的不动点集$F(T)$的结构和它的集合序列逼近，得到：

(1)T的不动点集$F(T)$是闭凸集(定理4及系).

(2)提供一个集合序列迭代法，使得由这个方法构造的迭代集合序列(定义2)，有：

① 在某些条件和某种意义下弱收敛于T的一个不动点，且给出收敛速度估计(定理3及系)；

② 在另一些条件和另一个意义下强收敛于T的一个不动点，且给出收敛速度估计(定理1,2及系).

前面叙述的这些结果包含了Browder, Petryshyn, Kirk等人的某些结果(参看定理4系1，定理3系2，定理2系3).

集合序列逼近是在点序列逼近的基础上发展起来的逼近方法，是更加有用的逼近方法.本节提供的集合序列强(弱)收敛的定义(定义3)包含了点序列强(弱)收敛的定义，因而使得集合序列迭代法自然地包含了点序列迭代法.这样，在迭代集合序列的每个集上取一点所构成的点序列迭代法均为本节提供的方法的特例.

① 本节摘编自《数学物理学报》，1990，10(4)：432-440.

1.迭代集合序列,假设和定义

定义1　设 H 是希尔伯特空间,若 $T:C\to C(\subset H)$ 满足

$$\|Tx-Ty\|\leqslant\|x-y\|\quad(\forall x,y\in C)$$

则称 T 是 C 中的非扩张映象.T 的不动点集记为 $F(T)$.

假设1　设 H 是希尔伯特空间,C 是 H 中的非空闭凸集,$T:C\to C$ 是非扩张映象,T 的不动点集 $F(T)\neq\varnothing$.

假设2　① 设 $\varepsilon_k>0,\sum_{k=0}^{\infty}\varepsilon_k<\infty$;

② 取 $a\in(0,1]$,设整数 $I_k=I(a,\boldsymbol{x}_k)\leqslant I^0\in\{1,2,\cdots,n,\cdots\}$,满足

$$\|T^i\boldsymbol{x}_k-\boldsymbol{x}_k\|\geqslant a\|T\boldsymbol{x}_k-\boldsymbol{x}_k\|$$
$$(\forall\boldsymbol{x}_k\in C,1\leqslant i\leqslant I_k)$$

定义2　迭代集合序列 I:设 H 是希尔伯特空间,C 是 H 中的非空闭凸集,T 是 C 中的非扩张映象,对 $\forall\boldsymbol{x}_0\in C,O_0=\{\boldsymbol{x}_0\}$(单点集),迭代集合序列

$$\{O_k\}=\{O_0,O_1,\cdots,O_k,\cdots\}\tag{3.1}$$

中的 O_{k+1},由 $\forall\boldsymbol{x}_k\in O_k(k=0,1,2,\cdots)$,按下面的方法构造,$\forall\boldsymbol{y}\in O_{k+1}$,可表示为

$$\boldsymbol{y}=\sum_{i=1}^{I_k}\sum_{j=1}^{\alpha}\alpha_{k_{ij}}\boldsymbol{x}_{k_{ij}}+\boldsymbol{e}_k\in C\tag{3.2}$$

其中 $\alpha_{k_{ij}}\in[0,1],\sum_{i=1}^{I_k}\sum_{j=1}^{\alpha}\alpha_{k_{ij}}=1,\boldsymbol{e}_k\in\bar{B}(\boldsymbol{\theta},\varepsilon_k)$($H$ 中以零元 $\boldsymbol{\theta}$ 为心,以 ε_k 为半径的闭球,ε_k 满足假设2①),$\boldsymbol{x}_{k_{ij}}=(1-\alpha_j)\boldsymbol{x}_k+\alpha_jT^i\boldsymbol{x}_k,\alpha_1=\alpha\in\left(0,\frac{1}{2}\right]$,

$\alpha_2=1-\alpha$.这时,称$\{O_k\}$是由$\{\boldsymbol{x}_k\}$生成的迭代集合序列,而称$\{\boldsymbol{x}_k\}$是迭代集合序列$\{O_k\}$的生成点序列.

注 1 令$\alpha_{k_{11}}=1,\boldsymbol{e}_k=\boldsymbol{\theta}$,则(3.2)可表示为

$$\boldsymbol{y}=(1-\alpha)\boldsymbol{x}_k+\alpha T\boldsymbol{x}_k$$

定义 3 设$\{O_k\}$是希尔伯特空间H中的集合序列,$O\subset H$,若

$$W^{+}(O_k,O)=\sup_{\boldsymbol{y}\in O_k}\inf_{\boldsymbol{x}\in O}\|\boldsymbol{y}-\boldsymbol{x}\|\to 0\quad(k\to\infty)$$

则称集合序列$\{O_k\}$强收敛于O,并记为$O_k\to O(k\to\infty)$;若

$$W_f^{+}(O_k,O)=\sup_{\boldsymbol{y}\in O_k}\inf_{\boldsymbol{x}\in O}|(\boldsymbol{y}-\boldsymbol{x},\boldsymbol{f})|\to 0\quad(k\to\infty,\forall\boldsymbol{f}\in H)$$

则称集合序列$\{O_k\}$弱收敛于O,并记为$O_k\rightharpoonup O(k\to\infty)$.

注 2 显然,当集O_k和O分别只含一个点$\boldsymbol{x}_k$和$\boldsymbol{x}$时,集合序列$\{O_k\}$强(弱)收敛于O,就是点序列$\{\boldsymbol{x}_k\}$强(弱)收敛于$\boldsymbol{x}$.$\{\boldsymbol{x}_k\}$强收敛于$\boldsymbol{x}$记为$\boldsymbol{x}_k\to\boldsymbol{x}$$(k\to\infty)$,$\{\boldsymbol{x}_k\}$弱收敛于$\boldsymbol{x}$记为$\boldsymbol{x}_k\rightharpoonup\boldsymbol{x}(k\to\infty)$.

定义 4 集合序列$\{O_k\}$的强和弱聚点集分别定义为

$$\{O_k\}^*=\{\boldsymbol{x}\in H:\exists\{O_{k_i}\}\subset\{O_k\},\boldsymbol{y}_{k_i}\in O_{k_i},\boldsymbol{y}_{k_i}\to\boldsymbol{x}(i\to\infty)\}$$

和

$$\{O_k\}_w^*=\{\boldsymbol{x}\in H:\exists\{O_{k_i}\}\subset\{O_k\},\boldsymbol{y}_{k_i}\in O_{k_i},\boldsymbol{y}_{k_i}\rightharpoonup\boldsymbol{x}(i\to\infty)\}$$

而点序列$\{\boldsymbol{x}_k\}$的强和弱聚点集分别定义为

$$\{\boldsymbol{x}_k\}^*=\{\boldsymbol{x}\in H:\exists\{\boldsymbol{x}_{k_i}\}\subset\{\boldsymbol{x}_k\},\boldsymbol{x}_{k_i}\to\boldsymbol{x}(i\to\infty)\}$$

和

$$\{\boldsymbol{x}_k\}_w^* = \{\boldsymbol{x} \in H : \exists \{\boldsymbol{x}_{k_i}\} \subset \{\boldsymbol{x}_k\}, \boldsymbol{x}_{k_i} \rightharpoonup \boldsymbol{x} (i \to \infty)\}$$

2.不动点集的结构及其迭代集合序列逼近

下面的定理4阐述了不动点集的结构，而定理1，2和3及其系则阐述了不动点集的强（弱）逼近.

引理1　设 H 是希尔伯特空间，$\boldsymbol{x},\boldsymbol{y},\boldsymbol{z} \in H$，$\alpha \in [0,1]$，则

$$\|(1-\alpha)(\boldsymbol{x}-\boldsymbol{z})+\alpha(\boldsymbol{y}-\boldsymbol{z})\|^2 = (1-\alpha)\|\boldsymbol{x}-\boldsymbol{z}\|^2+\alpha\|\boldsymbol{y}-\boldsymbol{z}\|^2 - \alpha(1-\alpha)\|\boldsymbol{x}-\boldsymbol{y}\|^2 \tag{3.3}$$

证　把(3.3)的两边展开，比较，即知等式成立.

引理2　在假设1下，有：

(1) $\|T^i\boldsymbol{x}-\boldsymbol{x}^*\| \leqslant \|T^{i-1}\boldsymbol{x}-\boldsymbol{x}^*\| \leqslant \cdots \leqslant \|\boldsymbol{x}-\boldsymbol{x}^*\|$ $(\boldsymbol{x} \in C, \boldsymbol{x}^* \in F(T), i \in \mathbf{N})$；

(2) $\|T^i\boldsymbol{x}-\boldsymbol{x}\| \leqslant 2\|\boldsymbol{x}-\boldsymbol{x}^*\|$ $(\boldsymbol{x} \in C, \boldsymbol{x}^* \in F(T), i \in \mathbf{N})$.

证　因 $\boldsymbol{x}^* \in F(T)$，$T$ 是非扩张的，故有

$$\|T^i\boldsymbol{x}-\boldsymbol{x}^*\| = \|T^i\boldsymbol{x}-T\boldsymbol{x}^*\| \leqslant \|T^{i-1}\boldsymbol{x}-\boldsymbol{x}^*\| \leqslant \cdots \leqslant \|\boldsymbol{x}-\boldsymbol{x}^*\|$$

而由(1)，有

$$\|T^i\boldsymbol{x}-\boldsymbol{x}\| \leqslant \|T^i\boldsymbol{x}-\boldsymbol{x}^*\| + \|\boldsymbol{x}-\boldsymbol{x}^*\| \leqslant 2\|\boldsymbol{x}-\boldsymbol{x}^*\|$$

引理3　在假设1和2下，又设 $\{\boldsymbol{x}_k\} \subset C$ 是迭代集合序列 $\{O_k\}$ 的生成点序列，$\boldsymbol{x}^* \in F(T)$

$$\|\boldsymbol{x}_{k_{i_0 j_0}}-\boldsymbol{x}^*\| = \max\{\|\boldsymbol{x}_{k_{ij}}-\boldsymbol{x}^*\| : 1 \leqslant i \leqslant I_k, 1 \leqslant j \leqslant 2\}$$

$$\theta_k = \frac{\| T\boldsymbol{x}_k - \boldsymbol{x}_k \|}{\| \boldsymbol{x}_k - \boldsymbol{x}^* \|}$$

$$\beta_k = [1 - \alpha(1-\alpha)a^2\theta_k^2]^{\frac{1}{2}}$$

则有：

(1) $$\| \boldsymbol{y}_{k+1} - \boldsymbol{x}^* \| \leqslant \prod_{j=k_0}^{k} \beta_j \| \boldsymbol{x}_{k_0} - \boldsymbol{x}^* \| + \sum_{j=k_0}^{k} \gamma_j \leqslant \prod_{j=k_0}^{k} \beta_j \| \boldsymbol{x}_{k_0} - \boldsymbol{x}^* \| + \sum_{j=k_0}^{k} \varepsilon_j$$

其中 $\forall \boldsymbol{y}_{k+1} \in O_{k+1}, \beta_j \in [0,1], \gamma_j = \varepsilon_j \beta_{j+1} \cdots \beta_k$.

(2) $\{ \| \boldsymbol{x}_k - \boldsymbol{x}^* \| \}$ 收敛.

证 (1) 由假设2② 知 $a \in (0,1]$，由引理2知 $\theta_k \leqslant 2$，由定义2知 $\alpha \in \left(0, \frac{1}{2}\right]$，故

$$\beta_k = [1 - \alpha(1-\alpha)a^2\theta_k^2]^{\frac{1}{2}} \in [0,1]$$

而由假设2，引理1,2和定义2，知当 $\boldsymbol{y}_{k+1} \in O_{k+1}$ 时，有

$$\begin{aligned}
&\| \boldsymbol{y}_{k+1} - \boldsymbol{x}^* \| = \\
&\left\| \sum_{i=1}^{I_k} \sum_{j=1}^{2} \alpha_{k_{ij}} (\boldsymbol{x}_{k_{ij}} - \boldsymbol{x}^*) + \boldsymbol{e}_k \right\| \leqslant \\
&\sum_{i=1}^{I_k} \sum_{j=1}^{2} \alpha_{k_{ij}} \| \boldsymbol{x}_{k_{ij}} - \boldsymbol{x}^* \| + \| \boldsymbol{e}_k \| \leqslant \\
&\sum_{i=1}^{I_k} \sum_{j=1}^{2} \alpha_{k_{ij}} \| \boldsymbol{x}_{k_{i_0 j_0}} - \boldsymbol{x}^* \| + \varepsilon_k = \\
&\| (1-\alpha_{j_0})\boldsymbol{x}_k + \alpha_{j_0} T^{i_0} \boldsymbol{x}_k - \boldsymbol{x}^* \| + \varepsilon_k = \\
&[\| (1-\alpha_{j_0})(\boldsymbol{x}_k - \boldsymbol{x}^*) + \\
&\alpha_{j_0}(T^{i_0}\boldsymbol{x}_k - \boldsymbol{x}^*) \|^2]^{\frac{1}{2}} + \varepsilon_k = \\
&[(1-\alpha_{j_0}) \| \boldsymbol{x}_k - \boldsymbol{x}^* \|^2 + \\
&\alpha_{j_0} \| T^{i_0}\boldsymbol{x}_k - \boldsymbol{x}^* \|^2 - \\
&\alpha_{j_0}(1-\alpha_{j_0}) \| T^{i_0}\boldsymbol{x}_k - \boldsymbol{x}_k \|^2]^{\frac{1}{2}} + \varepsilon_k \leqslant
\end{aligned}$$

$[(1-\alpha_{j_0})\|\boldsymbol{x}_k-\boldsymbol{x}^*\|^2+\alpha_{j_0}\|\boldsymbol{x}_k-\boldsymbol{x}^*\|^2-$

$\alpha_{j_0}(1-\alpha_{j_0})a^2\|T\boldsymbol{x}_k-\boldsymbol{x}_k\|^2]^{\frac{1}{2}}+\varepsilon_k=$

$[\|\boldsymbol{x}_k-\boldsymbol{x}^*\|^2-\alpha(1-\alpha)a^2\cdot$

$\|T\boldsymbol{x}_k-\boldsymbol{x}_k\|^2]^{\frac{1}{2}}+\varepsilon_k=$

$[1-\alpha(1-\alpha)a^2\theta_k^2]^{\frac{1}{2}}\|\boldsymbol{x}_k-\boldsymbol{x}^*\|+\varepsilon_k=$

$\beta_k\|\boldsymbol{x}_k-\boldsymbol{x}^*\|+\varepsilon_k\leqslant\cdots\leqslant$

$\prod_{j=k_0}^{k}\beta_j\|\boldsymbol{x}_{k_0}-\boldsymbol{x}^*\|+\sum_{j=k_0}^{k}\gamma_j\leqslant$

$\prod_{j=k_0}^{k}\beta_j\|\boldsymbol{x}_{k_0}-\boldsymbol{x}^*\|+\sum_{j=k_0}^{k}\varepsilon_j$

(2) 由(1) 推出

$$\|\boldsymbol{x}_{k+1}-\boldsymbol{x}^*\|\leqslant\|\boldsymbol{x}_k-\boldsymbol{x}^*\|+\varepsilon_k$$

故有

$$b_k=\|\boldsymbol{x}_k-\boldsymbol{x}^*\|+\sum_{j=k}^{\infty}\varepsilon_j\geqslant$$

$$\|\boldsymbol{x}_{k+1}-\boldsymbol{x}^*\|+\sum_{j=k+1}^{\infty}\varepsilon_j=b_{k+1}$$

即$\{b_k\}$是单调递减的，而$\left\{\sum_{j=k}^{\infty}\varepsilon_j\right\}$也单调递减.故由

$\|\boldsymbol{x}_k-\boldsymbol{x}^*\|=b_k-\sum_{j=k}^{\infty}\varepsilon_j$，知$\{\|\boldsymbol{x}_k-\boldsymbol{x}^*\|\}$收敛.

定理 1　在假设 1 和 2 下，又设$\{O_k\}$是由点序列$\{\boldsymbol{x}_k\}\subset C$生成的迭代集合序列，$O_k$ 的直径为δO_k，而γ_j，θ_k 和β_k 由引理 3 表示.那么：

(1) 若存在$\{\boldsymbol{x}_{k_j}\}\subset\{\boldsymbol{x}_k\}$，$b\in(0,2]$，$\boldsymbol{x}^*\in F(T)$，使

$$\|T\boldsymbol{x}_{k_j}-\boldsymbol{x}_{k_j}\|\geqslant b\|\boldsymbol{x}_{k_j}-\boldsymbol{x}^*\|\quad(j\in\mathbf{N})\tag{3.4}$$

则当 $k\to\infty$ 时,有 $O_k\to\{\boldsymbol{x}^*\}$(即 $\sup\limits_{\boldsymbol{y}\in O_k}\|\boldsymbol{y}-\boldsymbol{x}^*\|\to 0$),$\sup\limits_{\boldsymbol{y}\in O_k}\|T^i\boldsymbol{y}-\boldsymbol{y}\|\to 0(i\in\mathbf{N})$,$\delta O_k\to 0$;特别地,$\boldsymbol{x}_k\to\boldsymbol{x}^*$,$\|T^i\boldsymbol{x}_k-\boldsymbol{x}_k\|\to 0(i\in\mathbf{N})$.而且有估计

$$\|\boldsymbol{x}_{k+1}-\boldsymbol{x}^*\|\leqslant\sup_{\boldsymbol{y}\in O_{k+1}}\|\boldsymbol{y}-\boldsymbol{x}^*\|\leqslant \varepsilon_1(j,j_0,k)\leqslant \varepsilon_2(j,j_0,k) \tag{3.5}$$

$$\sup_{\boldsymbol{y}\in O_{k+1}}\|T^i\boldsymbol{y}-\boldsymbol{y}\|\leqslant\|T^i\boldsymbol{x}_{k+1}-\boldsymbol{x}_{k+1}\|\leqslant 2\varepsilon_1(j,j_0,k)\leqslant 2\varepsilon_2(j,j_0,k) \tag{3.6}$$

$$\delta O_{k+1}\leqslant 2\varepsilon_1(j,j_0,k)\leqslant 2\varepsilon_2(j,j_0,k) \tag{3.7}$$

其中

$$\varepsilon_1(j,j_0,k)=\beta^{j-j_0+1}\|\boldsymbol{x}_{k_{j_0}}-\boldsymbol{x}^*\|+\sum_{j=k_{j_0}}^{k}\gamma_j$$

$$\varepsilon_2(j,j_0,k)=\beta^{j-j_0+1}\|\boldsymbol{x}_{k_{j_0}}-\boldsymbol{x}^*\|+\sum_{j=k_{j_0}}^{k}\varepsilon_j$$

$$\beta=[1-\alpha(1-\alpha)a^2b^2]^{\frac{1}{2}}\in(0,1)$$

$$(i,j,j_0,k_j,k_{j_0},k\in\mathbf{N})$$

$$(j_0\leqslant j,k_{j_0}\leqslant k_j\leqslant k)$$

(2) 当 $k\to\infty$ 时,有

$$\|T\boldsymbol{x}_k-\boldsymbol{x}_k\|\to 0$$

$$\|T^i\boldsymbol{x}_k-\boldsymbol{x}_k\|\to 0\quad(i\in\mathbf{N})$$

$$\sup_{\boldsymbol{y}\in O_{k+1}}\|T^i\boldsymbol{y}-\boldsymbol{y}\|\to 0\quad(i\in\mathbf{N})$$

$$\sup_{\boldsymbol{y}\in O_{k+1}}\|\boldsymbol{y}-\boldsymbol{x}_k\|\to 0,\delta O_{k+1}\to 0$$

而且有估计

$$\|T^i\boldsymbol{x}_k-\boldsymbol{x}_k\|\leqslant i\|T\boldsymbol{x}_k-\boldsymbol{x}_k\| \tag{3.8}$$

$$\sup_{\boldsymbol{y}\in O_{k+1}}\|\boldsymbol{y}-\boldsymbol{x}_k\|\leqslant I_k(1-\alpha)\|T\boldsymbol{x}_k-\boldsymbol{x}_k\|+\varepsilon_k\leqslant$$

$$I^0(1-\alpha)\|T\boldsymbol{x}_k-\boldsymbol{x}_k\|+\varepsilon_k \tag{3.9}$$

$$\begin{aligned}\delta O_{k+1}\leqslant 2I_k(1-\alpha)\|T\boldsymbol{x}_k-\boldsymbol{x}_k\|+\varepsilon_k\leqslant\\ 2[I^0(1-\alpha)\|T\boldsymbol{x}_k-\boldsymbol{x}_k\|+\varepsilon_k]\end{aligned} \tag{3.10}$$

$$\begin{aligned}\sup_{\boldsymbol{y}\in O_{k+1}}\|T^i\boldsymbol{y}-\boldsymbol{y}\|\leqslant[2I_k(1-\alpha)+i]\cdot\\ \|T\boldsymbol{x}_k-\boldsymbol{x}_k\|+2\varepsilon_k\leqslant\\ [2I^0(1-\alpha)+i]\cdot\\ \|T\boldsymbol{x}_k-\boldsymbol{x}_k\|+2\varepsilon_k\end{aligned} \tag{3.11}$$

证　(1) 因 $\beta\in(0,1)$，$\sum\limits_{k=1}^{\infty}\varepsilon_k<\infty$，故分别先在(3.5)，(3.6)和(3.7)中令 $j\to\infty$，再令 $j_0\to\infty$，则得全部的收敛论断.故下面只需证明估计式(3.5)，(3.6)和(3.7).

由引理3和式(3.4)推出

$$\begin{aligned}\beta_{k_j}=[1-\alpha(1-\alpha)a^2\theta_{k_j}^2]^{\frac{1}{2}}\leqslant\\ [1-\alpha(1-\alpha)a^2b^2]^{\frac{1}{2}}=\\ \beta\in(0,1)\end{aligned}$$

而由引理3，有

$$\begin{aligned}\|\boldsymbol{y}_{k+1}-\boldsymbol{x}^*\|\leqslant\prod_{j=k_{j_0}}^{k}\beta_j\|\boldsymbol{x}_{k_{j_0}}-\boldsymbol{x}^*\|+\sum_{j=k_{j_0}}^{k}\gamma_j\leqslant\\ \varepsilon_1(j,j_0,k)\leqslant\varepsilon_2(j,j_0,k)\\ (\forall\,\boldsymbol{y}_{k+1}\in O_{k+1})\end{aligned}$$

从而有

$$\begin{aligned}\sup_{\boldsymbol{y}\in O_{k+1}}\|\boldsymbol{y}-\boldsymbol{x}^*\|\leqslant\varepsilon_1(j,j_0,k)\leqslant\\ \varepsilon_2(j,j_0,k)\end{aligned}$$

而

$$\delta O_{k+1}=\sup_{\boldsymbol{y},\boldsymbol{y}'\in O_{k+1}}\|\boldsymbol{y}-\boldsymbol{y}'\|\leqslant 2\sup_{\boldsymbol{y}\in O_{k+1}}\|\boldsymbol{y}-\boldsymbol{x}^*\|\leqslant 2\varepsilon_1(j,j_0,k)\leqslant 2\varepsilon_2(j,j_0,k)$$

又由引理 2,有

$$\|T^i\boldsymbol{y}_{k+1}-\boldsymbol{y}_{k+1}\|\leqslant\|T^i\boldsymbol{y}_{k+1}-\boldsymbol{x}^*\|+\|\boldsymbol{y}_{k+1}-\boldsymbol{x}^*\|\leqslant 2\|\boldsymbol{y}_{k+1}-\boldsymbol{x}^*\|\leqslant 2\varepsilon_1(j,j_0,k)\leqslant 2\varepsilon_2(j,j_0,k)$$

$$(i\in\mathbf{N},\forall\,\boldsymbol{y}_{k+1}\in O_{k+1})$$

故

$$\sup_{\boldsymbol{y}\in O_{k+1}}\|T^i\boldsymbol{y}-\boldsymbol{y}\|\leqslant 2\varepsilon_1(j,j_0,k)\leqslant 2\varepsilon_2(j,j_0,k)\quad(i\in\mathbf{N})$$

(2) 首先用反证法证明

$$\|T\boldsymbol{x}_k-\boldsymbol{x}_k\|\to 0\quad(k\to\infty)$$

否则,必存在 $\varepsilon>0$ 和

$$\{\|T\boldsymbol{x}_{k_i}-\boldsymbol{x}_{k_i}\|\}\subset\{\|T\boldsymbol{x}_k-\boldsymbol{x}_k\|\}$$

使

$$\|T\boldsymbol{x}_{k_i}-\boldsymbol{x}_{k_i}\|\geqslant\varepsilon\quad(i\in\mathbf{N})$$

又由引理 3 推出$\{\boldsymbol{x}_k-\boldsymbol{x}^*\}$有界.故必存在 $b\in(0,2]$,使

$$\frac{\|T\boldsymbol{x}_{k_i}-\boldsymbol{x}_{k_i}\|}{\|\boldsymbol{x}_{k_i}-\boldsymbol{x}^*\|}\geqslant\frac{\varepsilon}{\|\boldsymbol{x}_{k_i}-\boldsymbol{x}^*\|}\geqslant b\quad(3.12)$$

由(3.12) 和(1) 推出

$$\|T\boldsymbol{x}_k-\boldsymbol{x}_k\|\to 0\quad(k\to\infty)$$

矛盾！即证得

$$\| Tx_k - x_k \| \to 0 \quad (k \to \infty)$$

由 $\| Tx_k - x_k \| \to 0 (k \to \infty)$ 和估计式(3.8)，(3.9)，(3.10)，(3.11) 知，令 $k \to \infty$ 时即得要证明的收敛结论.故下面只需证明估计式(3.8)，(3.9)，(3.10) 和 (3.11).由

$$\| T^i x_k - T^{i-1} x_k \| \leqslant \| T^{i-1} x_k - T^{i-2} x_k \| \leqslant \cdots \leqslant \| Tx_k - x_k \|$$

$1 - \alpha > \alpha$，定义 2，假设 2，推出

$$\| T^i x_k - x_k \| \leqslant \| T^i x_k - T^{i-1} x_k \| + \| T^{i-1} x_k - T^{i-2} x_k \| + \cdots + \| Tx_k - x_k \| \leqslant i \| Tx_k - x_k \| \quad (i, k \in \mathbf{N})$$

$$\| y_{k+1} - x_k \| = \left\| \sum_{i=1}^{I_k} \sum_{j=1}^{2} \alpha_{k_{ij}} (x_{k_{ij}} - x_k) + e_k \right\| \leqslant \sum_{i=1}^{I_k} \sum_{j=1}^{2} \alpha_{k_{ij}} \| x_{k_{ij}} - x_k \| + \| e_k \| =$$

$$\sum_{i=1}^{I_k} [\alpha_{k_{i1}} \| (1-\alpha) x_k + \alpha T^i x_k - x_k \| + \alpha_{k_{i2}} \| \alpha x_k + (1-\alpha) T^i x_k - x_k \|] + \| e_k \| =$$

$$\sum_{i=1}^{I_k} [\alpha_{k_{i1}} \alpha + \alpha_{k_{i2}} (1-\alpha)] \| T^i x_k - x_k \| + \| e_k \| \leqslant$$

$$(1-\alpha) \sum_{i=1}^{I_k} \sum_{j=1}^{2} \alpha_{k_{ij}} \| T^i x_k - x_k \| + \varepsilon_k \leqslant$$

$$(1-\alpha) \sum_{i=1}^{I_k} \sum_{j=1}^{2} i \alpha_{k_{ij}} \| Tx_k - x_k \| + \varepsilon_k \leqslant$$

$$I_k (1-\alpha) \sum_{i=1}^{I_k} \sum_{j=1}^{2} \alpha_{k_{ij}} \| Tx_k - x_k \| + \varepsilon_k =$$

$$I_k(1-\alpha)\|Tx_k-x_k\|+\varepsilon_k\leqslant$$
$$I^0(1-\alpha)\|Tx_k-x_k\|+\varepsilon_k\quad(\forall y_{k+1}\in O_{k+1})$$
$$\sup_{y\in O_{k+1}}\|y-x_k\|\leqslant I_k(1-\alpha)\|Tx_k-x_k\|+\varepsilon_k\leqslant$$
$$I^0(1-\alpha)\|Tx_k-x_k\|+\varepsilon_k$$
$$\delta O_{k+1}=\sup_{y,y'\in O_{k+1}}\|y-y'\|\leqslant$$
$$\sup_{y\in O_{k+1}}\|y-x_k\|+\sup_{y'\in O_{k+1}}\|y'-x_k\|\leqslant$$
$$2[I_k(1-\alpha)\|Tx_k-x_k\|+\varepsilon_k]\leqslant$$
$$2[I^0(1-\alpha)\|Tx_k-x_k\|+\varepsilon_k]$$
$$\sup_{y\in O_{k+1}}\|T^iy-y\|=\sup_{y\in O_{k+1}}\|(T^iy-T^ix_k)+$$
$$(T^ix_k-x_k)+(x_k-y)\|\leqslant$$
$$\sup_{y\in O_{k+1}}[\|T^iy-T^ix_k\|+$$
$$\|T^ix_k-x_k\|+\|x_k-y\|]\leqslant$$
$$\sup_{y\in O_{k+1}}[2\|y-x_k\|+$$
$$i\|Tx_k-x_k\|]\leqslant$$
$$[2I_k(1-\alpha)+i]\cdot$$
$$\|Tx_k-x_k\|+2\varepsilon_k\leqslant$$
$$[2I^0(1-\alpha)+i]\cdot$$
$$\|Tx_k-x_k\|+2\varepsilon_k$$
$$(i,k\in\mathbf{N})$$

定理 2　在定理 1 的假设下，若$\{O_k\}^*\neq\varnothing$，则有：

(1)$\{O_k\}^*=\{x_k\}^*=\{x^*\}\subset F(T)$；

(2) 当 $k\to\infty$ 时，$O_k\to\{x^*\}$（即 $\sup_{y\in O_k}\|y-x^*\|\to 0$），$x_k\to x^*$，且有估计

$$\|x_{k+1}-x^*\|\leqslant\sup_{y\in O_{k+1}}\|y-x^*\|\leqslant$$

$$\prod_{j=k_0}^{k}\beta_j \| \boldsymbol{x}_{k_0} - \boldsymbol{x}^* \| + \sum_{j=k_0}^{k}\gamma_j \leqslant$$
$$\prod_{j=k_0}^{k}\beta_j \| \boldsymbol{x}_{k_0} - \boldsymbol{x}^* \| + \sum_{j=k_0}^{k}\varepsilon_j \tag{3.13}$$

或

$$\sup_{\boldsymbol{y}\in O_{k+1}} \| \boldsymbol{y} - \boldsymbol{x}^* \| \leqslant$$
$$\| \boldsymbol{x}_{k+1} - \boldsymbol{x}^* \| + 2[I^0(1-\alpha) \| T\boldsymbol{x}_k - \boldsymbol{x}_k \| + \varepsilon_k] \tag{3.14}$$

证　(1) 因$\{O_k\}^* \neq \varnothing$，故存在$\{k_i\} \subset \{k\}$，$\boldsymbol{y}_{k_i} \in O_{k_i}$，使$\boldsymbol{y}_{k_i} \to \boldsymbol{x}^* (i \to \infty)$.但由定理1的(2)，有

$$\| \boldsymbol{x}_{k_i} - \boldsymbol{x}^* \| \leqslant \| \boldsymbol{x}_{k_i} - \boldsymbol{y}_{k_i} \| + \| \boldsymbol{y}_{k_i} - \boldsymbol{x}^* \| \leqslant$$
$$\delta O_{k_i} + \| \boldsymbol{y}_{k_i} - \boldsymbol{x}^* \| \to$$
$$0 \quad (i \to \infty) \tag{3.15}$$

由(3.15)推出$\{O_k\}^* \subset \{\boldsymbol{x}_k\}^*$，而$\{\boldsymbol{x}_k\}^* \subset \{O_k\}^*$是显然的，故$\{O_k\}^* = \{\boldsymbol{x}_k\}^*$.

又因$\{\boldsymbol{x}_k\}^* = \{O_k\}^* \neq \varnothing$，$\forall \boldsymbol{x}^* \in \{\boldsymbol{x}_k\}^*$，$\exists \{\boldsymbol{x}_{k_i}\} \subset \{\boldsymbol{x}_k\}$，使$\boldsymbol{x}_{k_i} \to \boldsymbol{x}^* (i \to \infty)$，由定理1的(2)和$T$的连续性($T$非扩张)，推出

$$\| T\boldsymbol{x}^* - \boldsymbol{x}^* \| = \lim_{i\to\infty} \| T\boldsymbol{x}_{k_i} - \boldsymbol{x}_{k_i} \| = 0 \tag{3.16}$$

由(3.16)推出

$$\{O_k\}^* = \{\boldsymbol{x}_k\}^* \subset F(T)$$

下面用反证法证明$\{\boldsymbol{x}_k\}^* = \{\boldsymbol{x}^*\}$，否则，存在$\boldsymbol{x}_1^*, \boldsymbol{x}_2^* \in \{\boldsymbol{x}_k\}^*$，$\| \boldsymbol{x}_2^* - \boldsymbol{x}_1^* \| > 0$，$\{\boldsymbol{x}_{k_i}\} \subset \{\boldsymbol{x}_k\}$，$\{\boldsymbol{x}_{k_j}\} \subset \{\boldsymbol{x}_k\}$，使

$$\boldsymbol{x}_{k_i} \to \boldsymbol{x}_1^* (i \to \infty), \boldsymbol{x}_{k_j} \to \boldsymbol{x}_2^* (j \to \infty) \tag{3.17}$$

但由引理3和$\sum\limits_{k=1}^{\infty}\varepsilon_k<\infty$知,必存在$i_0$,使当$k\geqslant k_{i_0}$时,有

$$\|\boldsymbol{x}_k-\boldsymbol{x}_1^*\|\leqslant\|\boldsymbol{x}_{k_{i_0}}-\boldsymbol{x}_1^*\|+\sum_{j=k_{i_0}}^{\infty}\varepsilon_j<2^{-1}\|\boldsymbol{x}_2^*-\boldsymbol{x}_1^*\| \tag{3.18}$$

(3.18)说明$\boldsymbol{x}_{k_j}\not\to\boldsymbol{x}_2^*\ (j\to\infty)$.这与(3.17)矛盾.从而有$\{\boldsymbol{x}_k\}^*=\{\boldsymbol{x}^*\}$.(1)证毕.

(2)取$\{\boldsymbol{x}_{k_i}\}\subset\{\boldsymbol{x}_k\}$,使$\boldsymbol{x}_{k_i}\to\boldsymbol{x}^*\ (i\to\infty)$.由$\sum\limits_{k=1}^{\infty}\varepsilon_k<\infty$和引理3知,当$k\geqslant k_i$时,有

$$\|\boldsymbol{x}_k-\boldsymbol{x}^*\|\leqslant\|\boldsymbol{x}_{k_i}-\boldsymbol{x}^*\|+\sum_{j=k_i}^{\infty}\varepsilon_j\to 0\quad(i\to\infty\Rightarrow k\to\infty)$$

即

$$\boldsymbol{x}_k\to\boldsymbol{x}^*\quad(k\to\infty) \tag{3.19}$$

又由(3.19)

$$\|\boldsymbol{y}-\boldsymbol{x}^*\|\leqslant\|\boldsymbol{y}-\boldsymbol{x}_{k+1}\|+\|\boldsymbol{x}_{k+1}-\boldsymbol{x}^*\|$$

定理1的(2)和$\sum\limits_{k=1}^{\infty}\varepsilon_k<\infty$,有

$$\begin{aligned}&\sup_{\boldsymbol{y}\in O_{k+1}}\inf_{\boldsymbol{x}^*\in\{\boldsymbol{x}^*\}}\|\boldsymbol{y}-\boldsymbol{x}^*\|=\\&\sup_{\boldsymbol{y}\in O_{k+1}}\|\boldsymbol{y}-\boldsymbol{x}^*\|\leqslant\\&\|\boldsymbol{x}_{k+1}-\boldsymbol{x}^*\|+\sup_{\boldsymbol{y}\in O_{k+1}}\|\boldsymbol{y}-\boldsymbol{x}_{k+1}\|\leqslant\\&\|\boldsymbol{x}_{k+1}-\boldsymbol{x}^*\|+\delta O_{k+1}\leqslant\\&\|\boldsymbol{x}_{k+1}-\boldsymbol{x}^*\|+\\&2[I^0(1-\alpha)\|T\boldsymbol{x}_k-\boldsymbol{x}_k\|+\varepsilon_k]\to\\&0\quad(k\to\infty)\end{aligned}$$

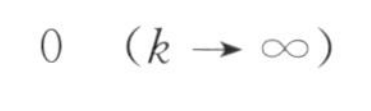

即 $O_k \to \{\boldsymbol{x}^*\}(k \to \infty)$.而(3.13)由引理3得到.(2)证毕.

系 1　在定理 2 中,用 $\{\boldsymbol{x}_k\}^* \neq \varnothing$ 代替 $\{O_k\}^* \neq \varnothing$,则定理 2 的结论成立.

证　因 $\{\boldsymbol{x}_k\}^* \subset \{O_k\}^*$,$\{\boldsymbol{x}_k\}^* \neq \varnothing \Rightarrow \{O_k\}^* \neq \varnothing$.从而结论成立.

系 2　在定理 2 的假设下,增设 T 是半紧的,则 $\{O_k\}^* \neq \varnothing$,且定理 2 的结论成立.

证　由定理1的(2)和 T 半紧知,$\{\boldsymbol{x}_k\}^* \neq \varnothing$,从而由系 1 知结论成立.

系 3(Browder,Petryshyn①)　设 C 是希尔伯特空间 H 中的有界闭凸集,$T:C \to C$ 是半紧的非扩张映象,则 $F(T) \neq \varnothing$,而且对每一 $\alpha \in (0,1)$,序列 $\{\boldsymbol{x}_k\}$:

$$\boldsymbol{x}_{k+1} = (1-\alpha)\boldsymbol{x}_k + \alpha T\boldsymbol{x}_k \quad (k \in \mathbf{N}) \tag{3.20}$$

强收敛于 T 的一个不动点.

证　$F(T) \neq \varnothing$ 已由相关文献②给出.由注 1 知(3.20)是(3.2)的特殊情形,故知本系是系 2 的特殊情形.从而结论成立.

定理 3　在定理 1 的假设下,有:

(1) $\{O_k\}_w^* \neq \varnothing$,且 $\{O_k\}_w^* = \{\boldsymbol{x}_k\}_w^* = \{\boldsymbol{x}^*\} \subset F(T)$;

(2) 当 $k \to \infty$ 时,$O_k \rightharpoonup \{\boldsymbol{x}^*\}$,即

---

① BROWDER F,PETRYSHYN W.Construction of fixed points of nonlinear mappings in Hilbert spaces[J].J.Math.Anal.Appl.,1967,20(2):197-228.

② BROWDER F,PETRYSHYN W.Construction of fixed points of nonlinear mappings in Hilbert spaces[J].J.Math.Anal.Appl.,1967,20(2):197-228.

$$\sup_{y \in O_k} |(\boldsymbol{y} - \boldsymbol{x}^*, \boldsymbol{f})| \to 0 \quad (\forall \boldsymbol{f} \in H) \tag{3.21}$$

特别地，有

$$\boldsymbol{x}_k \to \boldsymbol{x}^* \tag{3.22}$$

且对 $\forall \boldsymbol{f} \in H$ 有估计

$$\sup_{y \in O_{k+1}} |(\boldsymbol{y} - \boldsymbol{x}^*, \boldsymbol{f})| \leqslant |(\boldsymbol{x}_{k+1} - \boldsymbol{x}^*, \boldsymbol{f})| + 2[I^0(1-\alpha)\|T\boldsymbol{x}_k - \boldsymbol{x}_k\| + \varepsilon_k]\|\boldsymbol{f}\| \tag{3.23}$$

证 (1) 因 $F(T) \neq \varnothing$，由引理3推出 $\{\boldsymbol{x}_k\}$ 有界，而 H 是希尔伯特空间，故 $\{\boldsymbol{x}_k\}_w^* \neq \varnothing$. 从而由 $\{\boldsymbol{x}_k\}_w^* \subset \{O_k\}_w^*$ 知 $\{O_k\}_w^* \neq \varnothing$.对 $\forall \boldsymbol{x}^* \in \{O_k\}_w^*$，则必存在 $\{k_i\} \subset \{k\}$，$\boldsymbol{y}_{k_i} \in O_{k_i}$，使 $\boldsymbol{y}_{k_i} \rightharpoonup \boldsymbol{x}^*$ $(i \to \infty)$.而由上述和定理1知

$$\begin{aligned}|(\boldsymbol{x}_{k_i} - \boldsymbol{x}^*, \boldsymbol{f})| &\leqslant |(\boldsymbol{y}_{k_i} - \boldsymbol{x}^*, \boldsymbol{f})| + |(\boldsymbol{y}_{k_i} - \boldsymbol{x}_{k_i}, \boldsymbol{f})| \leqslant \\ &|(\boldsymbol{y}_{k_i} - \boldsymbol{x}^*, \boldsymbol{f})| + \|\boldsymbol{y}_{k_i} - \boldsymbol{x}_{k_i}\| \|\boldsymbol{f}\| \leqslant \\ &|(\boldsymbol{y}_{k_i} - \boldsymbol{x}^*, \boldsymbol{f})| + (\delta O_{k_i})\|\boldsymbol{f}\| \to \\ &0 \quad (i \to \infty, \forall \boldsymbol{f} \in H)\end{aligned} \tag{3.24}$$

由(3.24)推出 $\boldsymbol{x}^* \in \{\boldsymbol{x}_k\}_w^*$，从而 $\{O_k\}_w^* \subset \{\boldsymbol{x}_k\}_w^*$，而 $\{\boldsymbol{x}_k\}_w^* \subset \{O_k\}_w^*$ 显然，故 $\{O_k\}_w^* = \{\boldsymbol{x}_k\}_w^*$.

而当 $\boldsymbol{x} \in H$，$\{\boldsymbol{x}_{k_i}\} \subset \{\boldsymbol{x}_k\}$ 且 $\boldsymbol{x}_{k_i} \rightharpoonup \boldsymbol{x}^*$ $(i \to \infty)$ 时，由 T 是非扩张映象，推出

$$\begin{aligned}&(T\boldsymbol{x} - \boldsymbol{x}, \boldsymbol{x}_{k_i} - \boldsymbol{x}) - (T\boldsymbol{x}_{k_i} - \boldsymbol{x}_{k_i}, \boldsymbol{x}_{k_i} - \boldsymbol{x}) = \\ &((\boldsymbol{x}_{k_i} - \boldsymbol{x}) - (T\boldsymbol{x}_{k_i} - T\boldsymbol{x}), \boldsymbol{x}_{k_i} - \boldsymbol{x}) = \\ &\|\boldsymbol{x}_{k_i} - \boldsymbol{x}\|^2 - (T\boldsymbol{x}_{k_i} - T\boldsymbol{x}, \boldsymbol{x}_{k_i} - \boldsymbol{x}) \geqslant\end{aligned}$$

$$\|x_{k_i}-x\|^2-\|Tx_{k_i}-Tx\|\,\|x_{k_i}-x\|\geqslant$$
$$\|x_{k_i}-x\|^2-\|x_{k_i}-x\|^2=0 \tag{3.25}$$

由定理1的(2)知

$$\|Tx_{k_i}-x_{k_i}\|\to 0\quad(i\to\infty)$$

又$\{x_k\}$有界，$x_{k_i}\rightharpoonup x^*(i\to\infty)$，故在(3.25)中令$i\to\infty$时，有

$$(Tx-x,x-x^*)\leqslant 0 \tag{3.26}$$

又C是闭凸的，$\{x_{k_i}\}\subset C$，$x_{k_i}\rightharpoonup x^*(i\to\infty)$，这推出$x^*\in C$.故可令$x=\frac{2}{3}x^*+\frac{1}{3}Tx^*$，代入(3.26)，并注意到$T$是非扩张的，则得

$$\begin{aligned}0\geqslant&(Tx-x,x-x^*)=\\&(Tx-Tx^*+Tx^*-x,x-x^*)=\\&(Tx^*-x,x-x^*)+(Tx-Tx^*,x-x^*)\geqslant\\&\left(\frac{2}{3}(Tx^*-x^*),\frac{1}{3}(Tx^*-x^*)\right)-\\&\|Tx-Tx^*\|\,\|x-x^*\|\geqslant\\&\frac{2}{9}\|Tx^*-x^*\|^2-\|x-x^*\|^2=\\&\frac{2}{9}\|Tx^*-x^*\|^2-\frac{1}{9}\|Tx^*-x^*\|^2=\\&\frac{1}{9}\|Tx^*-x^*\|^2\end{aligned}$$

这推出$\|Tx^*-x^*\|=0$.从而推出$\{x_k\}_w^*\subset F(T)$.

现在用反证法证明$\{x_k\}_w^*=\{x^*\}$(单点集).否则，必存在$x_1^*,x_2^*\in\{x_k\}_w^*$，$\|x_2^*-x_1^*\|>0$，$\{x_{k_i}\}\subset\{x_k\}$，$\{x_{k_j}\}\subset\{x_k\}$，$x_{k_i}\rightharpoonup x_1^*(i\to\infty)$，$x_{k_j}\rightharpoonup x_2^*(j\to\infty)$.由

$$x_k-x_2^*=(x_k-x_1^*)-(x_2^*-x_1^*)$$

知

$$\| \boldsymbol{x}_k - \boldsymbol{x}_2^* \|^2 = \| \boldsymbol{x}_k - \boldsymbol{x}_1^* \|^2 + \| \boldsymbol{x}_2^* - \boldsymbol{x}_1^* \|^2 - 2(\boldsymbol{x}_k - \boldsymbol{x}_1^*, \boldsymbol{x}_2^* - \boldsymbol{x}_1^*)$$

即

$$(\boldsymbol{x}_k - \boldsymbol{x}_1^*, \boldsymbol{x}_2^* - \boldsymbol{x}_1^*) = 2^{-1}[\| \boldsymbol{x}_k - \boldsymbol{x}_1 \|^2 + \| \boldsymbol{x}_2^* - \boldsymbol{x}_1^* \|^2 - \| \boldsymbol{x}_k - \boldsymbol{x}_2^* \|^2] \quad (3.27)$$

由引理 3 的(2) 知$\{\| \boldsymbol{x}_k - \boldsymbol{x}_1 \|^2\}$和$\{\| \boldsymbol{x}_k - \boldsymbol{x}_2^* \|^2\}$收敛,故由(3.27) 推出$\{(\boldsymbol{x}_k - \boldsymbol{x}_1^*, \boldsymbol{x}_2^* - \boldsymbol{x}_1^*)\}$也收敛.但 $\boldsymbol{x}_{k_i} \rightharpoonup \boldsymbol{x}_1^* (i \to \infty), \boldsymbol{x}_{k_j} \rightharpoonup \boldsymbol{x}_2^* (j \to \infty)$,故

$$\begin{aligned} 0 = (\boldsymbol{x}_1^* - \boldsymbol{x}_1^*, \boldsymbol{x}_2^* - \boldsymbol{x}_1^*) &= \\ \lim_{i \to \infty} (\boldsymbol{x}_{k_i} - \boldsymbol{x}_1^*, \boldsymbol{x}_2^* - \boldsymbol{x}_1^*) &= \\ \lim_{k \to \infty} (\boldsymbol{x}_k - \boldsymbol{x}_1^*, \boldsymbol{x}_2^* - \boldsymbol{x}_1^*) &= \\ \lim_{j \to \infty} (\boldsymbol{x}_{k_j} - \boldsymbol{x}_1^*, \boldsymbol{x}_2^* - \boldsymbol{x}_1^*) &= \\ (\boldsymbol{x}_2^* - \boldsymbol{x}_1^*, \boldsymbol{x}_2^* - \boldsymbol{x}_1^*) &= \\ \| \boldsymbol{x}_2^* - \boldsymbol{x}_1^* \|^2 &> 0 \end{aligned}$$

矛盾! 即$\{\boldsymbol{x}_k\}_w^* = \{\boldsymbol{x}^*\}$得证.

(2) 先用反证法证明

$$\boldsymbol{x}_k \rightharpoonup \boldsymbol{x}^* \quad (k \to \infty) \quad (3.28)$$

否则,必存在 $\varepsilon > 0, \{\boldsymbol{x}_{k_i}\} \subset \{\boldsymbol{x}_k\}, \boldsymbol{f}_0 \in H$,使

$$|(\boldsymbol{x}_{k_i} - \boldsymbol{x}^*, \boldsymbol{f}_0)| \geqslant \varepsilon > 0 \quad (3.29)$$

但由引理 3 的(1) 知$\{\boldsymbol{x}_{k_i}\}$有界,又 H 是希尔伯特空间,这些推出存在弱收敛子列$\{\boldsymbol{x}_{k_{ij}}\} \subset \{\boldsymbol{x}_{k_i}\}$.而由(1)知

$$(\boldsymbol{x}_{k_{ij}} - \boldsymbol{x}^*, \boldsymbol{f}) \to 0 \quad (j \to \infty, \forall \boldsymbol{f} \in H) \quad (3.30)$$

(3.30) 与(3.29) 矛盾.故(3.28) 得证.

对 $\forall\, \boldsymbol{y} \in O_{k+1}(k=0,1,2,\cdots),\forall\, \boldsymbol{f} \in H$，由定理1的(2)有估计

$$\begin{aligned}|(\boldsymbol{y}-\boldsymbol{x}^*,\boldsymbol{f})| \leqslant\ & |(\boldsymbol{x}_{k+1}-\boldsymbol{x}^*,\boldsymbol{f})|+ \\ & |(\boldsymbol{y}-\boldsymbol{x}_{k+1},\boldsymbol{f})| \leqslant \\ & |(\boldsymbol{x}_{k+1}-\boldsymbol{x}^*,\boldsymbol{f})|+ \\ & \|\boldsymbol{y}-\boldsymbol{x}_{k+1}\|\ \|\boldsymbol{f}\| \leqslant \\ & |(\boldsymbol{x}_{k+1}-\boldsymbol{x}^*,\boldsymbol{f})|+ \\ & 2[I^0(1-\alpha)\|T\boldsymbol{x}_k- \\ & \boldsymbol{x}_k\|+\varepsilon_k]\|\boldsymbol{f}\| \end{aligned} \tag{3.31}$$

故由(1)，(3.31)，(3.28)，$\sum_{k=1}^{\infty}\varepsilon_k<\infty$ 和定理1的(2)中的

$$\|T\boldsymbol{x}_k-\boldsymbol{x}_k\| \to 0 \quad (k\to\infty)$$

推出

$$\begin{aligned}&\sup_{\boldsymbol{y}\in O_{k+1}}\ \inf_{\boldsymbol{x}^*\in\{O\}_w^*}|(\boldsymbol{y}-\boldsymbol{x}^*,\boldsymbol{f})|= \\ &\sup_{\boldsymbol{y}\in O_{k+1}}|(\boldsymbol{y}-\boldsymbol{x}^*,\boldsymbol{f})| \leqslant \\ &|(\boldsymbol{x}_{k+1}-\boldsymbol{x}^*,\boldsymbol{f})|+2[I^0(1-\alpha)\cdot \\ &\|T\boldsymbol{x}_k-\boldsymbol{x}_k\|+\varepsilon_k]\|\boldsymbol{f}\| \to \\ &0\quad (k\to\infty,\forall\, \boldsymbol{f}\in H)\end{aligned}$$

即 $O_k \rightharpoonup \{\boldsymbol{x}^*\}=\{\boldsymbol{x}_k\}_w^*=\{O_k\}_w^*(k\to\infty)$.(2)证毕.

系1　设 C 是希尔伯特空间 H 中的非空有界闭凸集，$T:C\to C$ 为非扩张映象，则 $F(T)\neq\varnothing$，且定理3的全部结论成立.

证　$F(T)\neq\varnothing$ 已由相关文献[①]得到，其余由定

---

① BROWDER F, PETRYSHYN W. Construction of fixed points of nonlinear mappings in Hilbert spaces[J]. J. Math. Anal. Appl., 1967, 20(2): 197-228.

理 3 推得.

系 2[①] 设 C 是希尔伯特空间 H 中的非空有界闭凸集, $T:C \to C$ 是非扩张映象,则 $F(T) \neq \varnothing$,且由

$$\boldsymbol{x}_{k+1} = (1-\alpha)\boldsymbol{x}_k + \alpha T\boldsymbol{x}_k$$
$$(\alpha \in (0,1), \boldsymbol{x}_0 \in C, k \in \mathbf{N}) \tag{3.32}$$

产生的迭代点序列$\{\boldsymbol{x}_k\}$弱收敛于 T 的一个不动点.

证 由注 1 知(3.32)是(3.2)的特殊情形,故知系 2 是系 1 的特殊情形.从而结论成立.

定理 4 设 C 是希尔伯特空间 H 中的非空闭凸集, $T:C \to C$ 是非扩张映象,则其不动点集 $F(T)$ 是闭凸集.

证 对 $\forall \boldsymbol{y}_1, \boldsymbol{y}_2 \in F(T)$, $\forall \alpha \in [0,1]$, $\boldsymbol{y} = (1-\alpha)\boldsymbol{y}_1 + \alpha \boldsymbol{y}_2$,由 T 的非扩张性和引理 1,有

$$\begin{aligned}\| T\boldsymbol{y} - \boldsymbol{y} \|^2 = {} & \| (1-\alpha)(T\boldsymbol{y} - \boldsymbol{y}_1) + \\ & \alpha(T\boldsymbol{y} - \boldsymbol{y}_2) \|^2 = \\ & (1-\alpha) \| T\boldsymbol{y} - \boldsymbol{y}_1 \|^2 + \\ & \alpha \| T\boldsymbol{y} - \boldsymbol{y}_2 \|^2 - \\ & \alpha(1-\alpha) \| \boldsymbol{y}_2 - \boldsymbol{y}_1 \|^2 = \\ & (1-\alpha) \| T\boldsymbol{y} - T\boldsymbol{y}_1 \|^2 + \\ & \alpha \| T\boldsymbol{y} - T\boldsymbol{y}_2 \|^2 - \\ & \alpha(1-\alpha) \| \boldsymbol{y}_2 - \boldsymbol{y}_1 \|^2 \leqslant \\ & (1-\alpha) \| \boldsymbol{y} - \boldsymbol{y}_1 \|^2 + \\ & \alpha \| \boldsymbol{y} - \boldsymbol{y}_2 \|^2 - \\ & \alpha(1-\alpha) \| \boldsymbol{y}_2 - \boldsymbol{y}_1 \|^2 = \\ & (1-\alpha) \| \alpha(\boldsymbol{y}_2 - \boldsymbol{y}_1) \|^2 + \end{aligned}$$

---

① EBERHARD ZEIDLER. Nonlinear functional analysis and its applications[M].New York:Springer-Verlag, 1986:481-482.

$$\alpha\|(1-\alpha)(\boldsymbol{y}_1-\boldsymbol{y}_2)\|^2-$$
$$\alpha(1-\alpha)\|\boldsymbol{y}_2-\boldsymbol{y}_1\|^2=$$
$$[(1-\alpha)\alpha^2+\alpha(1-\alpha)^2-$$
$$\alpha(1-\alpha)]\|\boldsymbol{y}_2-\boldsymbol{y}_1\|^2=0$$

即 $T\boldsymbol{y}=\boldsymbol{y}$.故 $F(T)$ 是凸的.又由 T 非扩张推出 T 连续.若

$$\boldsymbol{x}_k\in F(T),\boldsymbol{x}_k\to\boldsymbol{x}^*\quad(k\to\infty)$$

则

$$T\boldsymbol{x}^*-\boldsymbol{x}^*=\lim_{k\to\infty}(T\boldsymbol{x}_k-\boldsymbol{x}_k)=\boldsymbol{\theta}$$

即 $\boldsymbol{x}^*\in F(T)$.故 $F(T)$ 是闭的.

系 1[①②]　在定理 4 的假设下,增设 C 是有界的,则 $F(T)$ 是非空闭凸集.

证　因 C 有界,由相关文献[③]知 $F(T)\neq\varnothing$,故由定理 4 知 $F(T)$ 是非空闭凸集.

§4　关于复希尔伯特空间中凸集的逼近映射[④]

设 X 是一个复希尔伯特空间,K 是其中的一个闭

① BROWDER F. Nonexpansive nonlinear operators in a Banach space[J].Proc.Nat.Acad.Sci.USA,1965,54:1041-1044.

② KIRK W.A fixed-point theorem for mappings which do not increase distances[J]. Amer.Math.Monthly, 1965,72(9):1004-1006.

③ BROWDER F,PETRYSHYN W.Construction of fixed points of nonlinear mappings in Hilbert spaces[J].J.Math.Anal.Appl.,1967,20(2):197-228.

④ 本节摘编自《湖南师范大学自然科学学报》,1991,14(4):297-301.

凸集，任取 $\boldsymbol{x} \in X$，则存在唯一的 $\boldsymbol{y} \in K$[①]，使

$$\| \boldsymbol{x} - \boldsymbol{y} \| = \min_{z \in K} \| \boldsymbol{x} - \boldsymbol{z} \|$$

故我们可以定义 $X \to K$ 的一个映射 p 如下：$p\boldsymbol{x} = \boldsymbol{y}$.映射 p 叫作 K 的逼近映射[②③]，或最优逼近射影映射[④]. Ward Cheney 和 Allen A.Goldstein 在相关文献[⑤⑥]的基础上利用逼近映射研究了希尔伯特空间 X 中两个闭凸集间距离的可达性，并进一步得到如下主要结论[⑦]：

设 K_i 是希尔伯特空间 X 的闭凸集，p_i 是关于 K_i 的逼近映射，则其合成映射 $Q = p_1 p_2$ 的每一个不动点是 K_1 最接近于 K_2 的点，反之也成立.又如 K_1，K_2 中有一个是紧集，或 K_1，K_2 中有一个集是有限维的，且 K_1，K_2 间的距离可达，则 $\{Q^n \boldsymbol{x}\}$ 收敛于 Q 的不动点.

---

① KREYSZIG E. Introductory functional analysis with applications[M].New York:John Wiley & Sons, Inc.,1978.

② NAGY B V.Spektraldarstellung Linearer Transformationen des Hilbertschen Raumes[M].Berlin:Springer-Verlag,1942.

③ CHENEY W, GOLDSTEIN A A.Proximity maps for convex sets[J].Proceedings of the American Mathematical Society,1959,10(3):448-450.

④ AUBIN JEAN-PIERRE. Applied functional analysis[M]. Paris:John Wiley&Sons, Inc.,1980.

⑤ NAGY B V.Spektraldarstellung Linearer Transformationen des Hilbertschen Raumes[M].Berlin:Springer-Verlag,1942.

⑥ SCHAEFER H. Über die Methode Sukzessiver Approximationen[J].J. Deut. Math. Verein.,1957,59(1):131-140.

⑦ CHENEY W, GOLDSTEIN A A.Proximity maps for convex sets[J].Proceedings of the American Mathematical Society,1959,10(3):448-450.

相关文献[1]中没有指出希尔伯特空间是实的还是复的,但该文献中的证明实际上只对实希尔伯特空间成立,而对复希尔伯特空间证明是无效的.我们知道实希尔伯特空间是一类很特殊的希尔伯特空间,其上的结论不一定能推广到复希尔伯特空间.湖南师范大学数学系的钟新民教授1991年将该文献的主要结论推广到复希尔伯特空间.

引理1　设Q是距离空间X到X的一个映射,满足:

(1)$d(Q\boldsymbol{x},Q\boldsymbol{y})\leqslant d(\boldsymbol{x},\boldsymbol{y})$;

(2)若$\boldsymbol{x}\neq Q\boldsymbol{x}$,则$d(Q\boldsymbol{x},Q^2\boldsymbol{x})<d(\boldsymbol{x},Q\boldsymbol{x})$;

(3)若对每一个$\boldsymbol{x}$,序列$\{Q^n\boldsymbol{x}\}$有一个聚点,则对每一个$\boldsymbol{x}$,序列$\{Q^n\boldsymbol{x}\}$收敛于Q的不动点.

证明见相关文献[2]的定理1.

引理2　设K是复希尔伯特空间X中的一个凸集,一个点$\boldsymbol{b}\in K$最接近于$\boldsymbol{a}\notin K$(即$\|\boldsymbol{b}-\boldsymbol{a}\|=\min\limits_{x\in K}\|\boldsymbol{x}-\boldsymbol{a}\|$),当且仅当对所有$\boldsymbol{x}\in K$,$\mathrm{Re}(\boldsymbol{b}-\boldsymbol{a},\boldsymbol{x}-\boldsymbol{b})\geqslant 0$.

证　设$\boldsymbol{b}\in K$最接近于$\boldsymbol{a}\notin K$,如存在$\boldsymbol{x}\in K$,使

$$\mathrm{Re}(\boldsymbol{b}-\boldsymbol{a},\boldsymbol{x}-\boldsymbol{b})<0$$

由于K为凸集,故对$t(0\leqslant t\leqslant 1)$,$t\boldsymbol{x}+(1-t)\boldsymbol{b}\in K$,

---

[1] CHENEY W, GOLDSTEIN A A.Proximity maps for convex sets[J].Proceedings of the American Mathematical Society,1959,10(3):448-450.

[2] CHENEY W, GOLDSTEIN A A.Proximity maps for convex sets[J].Proceedings of the American Mathematical Society,1959,10(3):448-450.

有

$$\|a-[tx+(1-t)b]\|^2-\|a-b\|^2=$$
$$(a-tx-(1-t)b,a-tx-$$
$$(1-t)b)-\|a-b\|^2=$$
$$(a-b,a-b)+(a-b,-tx+$$
$$tb)+(-tx+tb,a-b)+$$
$$\|-tx+tb\|^2-\|a-b\|^2=$$
$$(a-b,-tx+tb)+\overline{(a-b,-tx+tb)}+$$
$$t^2\|b-x\|^2=$$
$$t[(b-a,x-b)+\overline{(b-a,x-b)}]+t^2\|b-x\|^2=$$
$$t[2\mathrm{Re}(b-a,x-b)+t\|b-x\|^2]$$

由 $\mathrm{Re}(b-a,x-b)<0$,故存在$\delta(0<\delta<1)$,当$0<t<\delta$ 时

$$\|a-[tx+(1-t)b]\|\leqslant\|a-b\|$$

注意到 $tx+(1-t)b\in K$,此与 b 最接近于a 矛盾.故对任何 $x\in K$,$\mathrm{Re}(b-a,x-b)\geqslant 0$.

反之,若 $b\in K$,且对任何 $x\in K$,$\mathrm{Re}(b-a,x-b)\geqslant 0$,则对任何 $x\in K$,有

$$\|x-a\|^2-\|a-b\|^2=$$
$$(x-a,x-a)-(a-b,a-b)=$$
$$(x,x)-(x,b)-(b,x)+(b,b)+$$
$$[(b,x)-(b,b)-(a,x)+(a,a)]+$$
$$[(x,b)-(x,a)-(b,b)+(b,a)]=$$
$$\|x-b\|^2+[(b-a,x-b)+(x-b,b-a)]=$$
$$\|x-b\|^2+2\mathrm{Re}(b-a,x-b)\geqslant 0$$

即对任何 $x\in K$,有

$$\|x-a\|\geqslant\|a-b\|$$

故有

$$\min_{x \in K} \| \boldsymbol{x} - \boldsymbol{a} \| = \| \boldsymbol{b} - \boldsymbol{a} \|$$

由引理 2 及逼近映射的定义易知下面的引理 3 成立.

引理 3　设 K 是复希尔伯特空间的闭凸集，p 是关于 K 的逼近映射，则对任意 $\boldsymbol{a} \in X$，任意 $\boldsymbol{x} \in K$，有

$$\mathrm{Re}(p\boldsymbol{a} - \boldsymbol{a}, \boldsymbol{x} - p\boldsymbol{a}) \geqslant 0$$

定理 1　设 K_1, K_2 是复希尔伯特空间 X 的两个闭凸子集；p_1, p_2 是分别关于 K_1, K_2 的逼近映射；$p_1 p_2$ 表示 p_1, p_2 的合成映射，则 $\boldsymbol{x} = p_1 p_2 \boldsymbol{x}$ 的充要条件为

$$\min_{\substack{u \in K_1 \\ v \in K_2}} \| \boldsymbol{u} - \boldsymbol{v} \| = \| \boldsymbol{x} - p_2 \boldsymbol{x} \| \quad (\boldsymbol{x} \in K_1)$$

证　设 $\boldsymbol{x}$ 是 $p_1 p_2$ 的不动点，即 $p_1 p_2 \boldsymbol{x} = \boldsymbol{x}$.令 $\boldsymbol{y} = p_2 \boldsymbol{x}$，则 $\boldsymbol{y} \in K_2$，又 $p_1 \boldsymbol{y} = \boldsymbol{x}$，故 $\boldsymbol{x} \in K_1$，若 $\boldsymbol{x} = \boldsymbol{y}$，则结论显然成立.故可设 $\boldsymbol{x} \neq \boldsymbol{y}$，此时 $\boldsymbol{x} \notin K_2$，$\boldsymbol{y} \notin K_1$.因 $\boldsymbol{x} = p_1 \boldsymbol{y}$，由引理 3，对任何 $\boldsymbol{u} \in K_1$，有

$$\mathrm{Re}(\boldsymbol{x} - \boldsymbol{y}, \boldsymbol{u} - \boldsymbol{x}) \geqslant 0$$

又由 $p_2 \boldsymbol{x} = \boldsymbol{y}$，故对任何 $\boldsymbol{v} \in K_2$，有

$$\mathrm{Re}(\boldsymbol{y} - \boldsymbol{x}, \boldsymbol{v} - \boldsymbol{y}) \geqslant 0$$

故

$$(\boldsymbol{u} - \boldsymbol{x}, \boldsymbol{x} - \boldsymbol{y}) + \overline{(\boldsymbol{u} - \boldsymbol{x}, \boldsymbol{x} - \boldsymbol{y})} \geqslant 0$$

$$(\boldsymbol{v} - \boldsymbol{y}, \boldsymbol{y} - \boldsymbol{x}) + \overline{(\boldsymbol{v} - \boldsymbol{y}, \boldsymbol{y} - \boldsymbol{x})} \geqslant 0$$

$$(\boldsymbol{u}, \boldsymbol{x} - \boldsymbol{y}) - (\boldsymbol{x}, \boldsymbol{x} - \boldsymbol{y}) + \overline{(\boldsymbol{u}, \boldsymbol{x} - \boldsymbol{y})} - \overline{(\boldsymbol{x}, \boldsymbol{x} - \boldsymbol{y})} \geqslant 0 \tag{4.1}$$

$$(\boldsymbol{v}, \boldsymbol{y} - \boldsymbol{x}) - (\boldsymbol{y}, \boldsymbol{y} - \boldsymbol{x}) + \overline{(\boldsymbol{v}, \boldsymbol{y} - \boldsymbol{x})} - \overline{(\boldsymbol{y}, \boldsymbol{y} - \boldsymbol{x})} \geqslant 0 \tag{4.2}$$

(4.1) + (4.2) 得

$$(\boldsymbol{u} - \boldsymbol{v}, \boldsymbol{x} - \boldsymbol{y}) - (\boldsymbol{x} - \boldsymbol{y}, \boldsymbol{x} - \boldsymbol{y}) +$$

$$\overline{(u-v,x-y)}-\overline{(x-y,x-y)}\geqslant 0$$

则

$$(u-v,x-y)+\overline{(u-v,x-y)}\geqslant$$
$$2(x-y,x-y)=2\|x-y\|^2$$

又

$$2\|x-y\|^2\leqslant(u-v,x-y)+\overline{(u-v,x-y)}\leqslant$$
$$2|(u-v,x-y)|\leqslant$$
$$2\|u-v\|\ \|x-y\|$$

故 $\|x-y\|\leqslant\|u-v\|$ 对任意 $u\in K_1, v\in K_2$ 成立，即 $\min\limits_{\substack{u\in K_1\\ v\in K_2}}\|u-v\|=\|x-y\|$.

反之，如果存在 $x\in K_1, y\in K_2$，使

$$\min_{\substack{u\in K_1\\ v\in K_2}}\|u-v\|=\|x-y\|$$

那么

$$\min_{v\in K_2}\|x-v\|=\|x-y\|, p_2x=y$$

故对任何 $z\in K_1$，有

$$\|x-p_2x\|\leqslant\|z-p_2z\| \tag{4.3}$$

令

$$z_0=p_1p_2x$$

则

$$\|z_0-p_2z_0\|\leqslant\|z_0-p_2x\|$$

由 $z_0=p_1(p_2x)$，z_0 是 K_1 中到 p_2x 最近的点，而 $x\in K_1$，故得

$$\|z_0-p_2x\|\leqslant\|x-p_2x\|$$

且

$$\|z_0-p_2z_0\|\leqslant\|z_0-p_2x\|\leqslant$$
$$\|x-p_2x\|$$

由(4.3)得

$$\| \boldsymbol{x} - p_2\boldsymbol{x} \| \leqslant \| \boldsymbol{z}_0 - p_2\boldsymbol{z}_0 \|$$

从而

$$\| \boldsymbol{z}_0 - p_2\boldsymbol{z}_0 \| \leqslant \| \boldsymbol{z}_0 - p_2\boldsymbol{x} \| \leqslant \| \boldsymbol{x} - p_2\boldsymbol{x} \| \leqslant \| \boldsymbol{z}_0 - p_2\boldsymbol{z}_0 \|$$

所以

$$\| \boldsymbol{z}_0 - p_2\boldsymbol{x} \| = \| \boldsymbol{x} - p_2\boldsymbol{x} \|$$

由 $\boldsymbol{z}_0 = p_1(p_2\boldsymbol{x})$ 知 $\boldsymbol{z}_0$ 是 K_1 中到 $p_2\boldsymbol{x}$ 距离最近的唯一点,故

$$\boldsymbol{x} = \boldsymbol{z}_0, \boldsymbol{x} = p_1p_2\boldsymbol{x}$$

$\boldsymbol{x}$ 是 p_1p_2 的不动点.

定理2　设 p 是复希尔伯特空间 X 中一个闭凸集 K 上的逼近映射,则 p 满足李普希兹条件

$$\| p\boldsymbol{x} - p\boldsymbol{y} \| \leqslant \| \boldsymbol{x} - \boldsymbol{y} \|$$

当且仅当

$\mathrm{Re}(p\boldsymbol{y} - p\boldsymbol{x}, p\boldsymbol{x} - \boldsymbol{x}) = 0$;$\mathrm{Re}(p\boldsymbol{x} - p\boldsymbol{y}, p\boldsymbol{y} - \boldsymbol{y}) = 0$

存在 $\lambda > 0$,当 $p\boldsymbol{y} - p\boldsymbol{x} = \lambda(\boldsymbol{y} - \boldsymbol{x})$ 时,$\| p\boldsymbol{x} - p\boldsymbol{y} \| = \| \boldsymbol{x} - \boldsymbol{y} \|$ 成立.

证　(1) 若 $\boldsymbol{x} \in K, \boldsymbol{y} \in K$,则等式成立.

(2) 若 $\boldsymbol{x} \notin K, \boldsymbol{y} \in K$,因

$$(\boldsymbol{x} - p\boldsymbol{x}, \boldsymbol{x} - p\boldsymbol{x}) \geqslant 0$$

可得

$$(\boldsymbol{x}, \boldsymbol{x}) \geqslant (p\boldsymbol{x}, \boldsymbol{x}) - (p\boldsymbol{x}, p\boldsymbol{x}) + (\boldsymbol{x}, p\boldsymbol{x})$$

从而

$\| \boldsymbol{x} - \boldsymbol{y} \|^2 - \| p\boldsymbol{x} - \boldsymbol{y} \|^2 =$

$(\boldsymbol{x}, \boldsymbol{x}) - (\boldsymbol{x}, \boldsymbol{y}) - (\boldsymbol{y}, \boldsymbol{x}) -$

$(p\boldsymbol{x}, p\boldsymbol{x}) + (p\boldsymbol{x}, \boldsymbol{y}) + (\boldsymbol{y}, p\boldsymbol{x}) \geqslant$

$(\boldsymbol{y},p\boldsymbol{x})-(\boldsymbol{y},\boldsymbol{x})-(p\boldsymbol{x},p\boldsymbol{x})+(p\boldsymbol{x},\boldsymbol{x})+$
$(p\boldsymbol{x},\boldsymbol{y})-(p\boldsymbol{x},p\boldsymbol{x})-(\boldsymbol{x},\boldsymbol{y})+(\boldsymbol{x},p\boldsymbol{x})=$
$2\mathrm{Re}(\boldsymbol{y}-p\boldsymbol{x},p\boldsymbol{x}-\boldsymbol{x})$
由 $\boldsymbol{x}\notin K,\boldsymbol{y}\in K$,故由引理3,$\mathrm{Re}(\boldsymbol{y}-p\boldsymbol{x},p\boldsymbol{x}-\boldsymbol{x})\geqslant 0$,有

$$\|\boldsymbol{x}-\boldsymbol{y}\|^2-\|p\boldsymbol{x}-p\boldsymbol{y}\|^2=$$
$$\|\boldsymbol{x}-\boldsymbol{y}\|^2-\|p\boldsymbol{x}-\boldsymbol{y}\|^2\geqslant 0$$

即得

$$\|p\boldsymbol{x}-p\boldsymbol{y}\|\leqslant\|\boldsymbol{x}-\boldsymbol{y}\|$$

对 $\boldsymbol{x}\in K,\boldsymbol{y}\notin K$,上式也显然成立.

(3) 设 $\boldsymbol{x}\notin K,\boldsymbol{y}\notin K$,不妨设 $p\boldsymbol{x}\neq p\boldsymbol{y}$.由

$$(\boldsymbol{x}+\boldsymbol{y},\boldsymbol{x}+\boldsymbol{y})=(\boldsymbol{x},\boldsymbol{x})+2\mathrm{Re}(\boldsymbol{x},\boldsymbol{y})+(\boldsymbol{y},\boldsymbol{y})$$

得

$$\mathrm{Re}(\boldsymbol{x},\boldsymbol{y})=\frac{1}{2}[\|\boldsymbol{x}+\boldsymbol{y}\|^2-\|\boldsymbol{x}\|^2-\|\boldsymbol{y}\|^2]$$

由 $\boldsymbol{x}\notin K,\boldsymbol{y}\notin K$,故

$$0\leqslant\mathrm{Re}(p\boldsymbol{y}-p\boldsymbol{x},p\boldsymbol{x}-\boldsymbol{x})$$
$$0\leqslant\mathrm{Re}(p\boldsymbol{x}-p\boldsymbol{y},p\boldsymbol{y}-\boldsymbol{y})$$

故

$$0\leqslant\mathrm{Re}(p\boldsymbol{y}-p\boldsymbol{x},p\boldsymbol{x}-\boldsymbol{x})+\mathrm{Re}(p\boldsymbol{x}-p\boldsymbol{y},p\boldsymbol{y}-\boldsymbol{y})=$$
$$\frac{1}{2}[\|p\boldsymbol{y}-\boldsymbol{x}\|^2-\|p\boldsymbol{y}-p\boldsymbol{x}\|^2-\|p\boldsymbol{x}-\boldsymbol{x}\|^2]+$$
$$\frac{1}{2}[\|p\boldsymbol{x}-\boldsymbol{y}\|^2-\|p\boldsymbol{x}-p\boldsymbol{y}\|^2-\|p\boldsymbol{y}-\boldsymbol{y}\|^2]=$$
$$\frac{1}{2}[\|p\boldsymbol{y}-\boldsymbol{x}\|^2-2\|p\boldsymbol{y}-p\boldsymbol{x}\|^2-$$
$$\|p\boldsymbol{x}-\boldsymbol{x}\|^2+\|p\boldsymbol{x}-\boldsymbol{y}\|^2-\|p\boldsymbol{y}-\boldsymbol{y}\|^2]$$

又

$$\|p\boldsymbol{y}-p\boldsymbol{x}\|^2\leqslant$$

$$\frac{1}{2}[\|p\boldsymbol{y}-\boldsymbol{x}\|^2-\|p\boldsymbol{x}-\boldsymbol{x}\|^2+$$
$$\|p\boldsymbol{x}-\boldsymbol{y}\|^2-\|p\boldsymbol{y}-\boldsymbol{y}\|^2]=$$
$$\frac{1}{2}[(p\boldsymbol{y},p\boldsymbol{y})-(p\boldsymbol{y},\boldsymbol{x})-(\boldsymbol{x},p\boldsymbol{y})+$$
$$(\boldsymbol{x},\boldsymbol{x})-(p\boldsymbol{x},p\boldsymbol{x})+(p\boldsymbol{x},\boldsymbol{x})+$$
$$(\boldsymbol{x},p\boldsymbol{x})-(\boldsymbol{x},\boldsymbol{x})+(p\boldsymbol{x},p\boldsymbol{x})-$$
$$(p\boldsymbol{x},\boldsymbol{y})-(\boldsymbol{y},p\boldsymbol{x})+(\boldsymbol{y},\boldsymbol{y})-$$
$$(p\boldsymbol{y},p\boldsymbol{y})+(p\boldsymbol{y},\boldsymbol{y})+(\boldsymbol{y},p\boldsymbol{y})-(\boldsymbol{y},\boldsymbol{y})]=$$
$$\frac{1}{2}[-(p\boldsymbol{y},\boldsymbol{x})-(\boldsymbol{x},p\boldsymbol{y})+(p\boldsymbol{x},\boldsymbol{x})+$$
$$(\boldsymbol{x},p\boldsymbol{x})-(p\boldsymbol{x},\boldsymbol{y})-(\boldsymbol{y},p\boldsymbol{x})+$$
$$(p\boldsymbol{y},\boldsymbol{y})+(\boldsymbol{y},p\boldsymbol{y})]=$$
$$\frac{1}{2}[(p\boldsymbol{y},\boldsymbol{y}-\boldsymbol{x})+(p\boldsymbol{x},\boldsymbol{x}-\boldsymbol{y})+$$
$$(\boldsymbol{x}-\boldsymbol{y},-p\boldsymbol{y})+(\boldsymbol{x}-\boldsymbol{y},p\boldsymbol{x})]=$$
$$\frac{1}{2}[(p\boldsymbol{x}-p\boldsymbol{y},\boldsymbol{x}-\boldsymbol{y})+$$
$$(\boldsymbol{x}-\boldsymbol{y},p\boldsymbol{x}-p\boldsymbol{y})]=$$
$$\frac{1}{2}\,|(p\boldsymbol{x}-p\boldsymbol{y},\boldsymbol{x}-\boldsymbol{y})+$$
$$(\boldsymbol{x}-\boldsymbol{y},p\boldsymbol{x}-p\boldsymbol{y})|\leqslant$$
$$|(p\boldsymbol{x}-p\boldsymbol{y},\boldsymbol{x}-\boldsymbol{y})|\leqslant$$
$$\|p\boldsymbol{x}-p\boldsymbol{y}\|\,\|\boldsymbol{x}-\boldsymbol{y}\| \tag{4.4}$$

所以

$$\|p\boldsymbol{x}-p\boldsymbol{y}\|\leqslant\|\boldsymbol{x}-\boldsymbol{y}\|$$

注意到

$$\mathrm{Re}(p\boldsymbol{y}-p\boldsymbol{x},p\boldsymbol{x}-\boldsymbol{x})\geqslant 0$$
$$\mathrm{Re}(p\boldsymbol{x}-p\boldsymbol{y},p\boldsymbol{y}-\boldsymbol{y})\geqslant 0$$

故在式(4.4)中第1个不等式要变为等式,当且仅当

$$\mathrm{Re}(p\boldsymbol{y}-p\boldsymbol{x},p\boldsymbol{x}-\boldsymbol{x})=0$$

$$\mathrm{Re}(p\boldsymbol{x}-p\boldsymbol{y},p\boldsymbol{y}-\boldsymbol{y})=0$$

当且仅当$(p\boldsymbol{x}-p\boldsymbol{y},\boldsymbol{x}-\boldsymbol{y})$为实数时,式(4.4)中第2个不等式为等式,又

$$\mathrm{Re}(p\boldsymbol{x}-p\boldsymbol{y},\boldsymbol{x}-\boldsymbol{y})\geqslant\|p\boldsymbol{y}-p\boldsymbol{x}\|^2\geqslant 0$$

故当且仅当$(p\boldsymbol{x}-p\boldsymbol{y},\boldsymbol{x}-\boldsymbol{y})\geqslant 0$时,式(4.4)中第2个不等式变为等式.

式(4.4)中第3个不等式是由施瓦兹不等式得来的,故当且仅当$p\boldsymbol{y}-p\boldsymbol{x}=\lambda(\boldsymbol{y}-\boldsymbol{x}),\lambda\neq 0$时,第3个不等式为等式($\lambda=0$,要求$\|p\boldsymbol{x}-p\boldsymbol{y}\|=\|\boldsymbol{x}-\boldsymbol{y}\|$成立,此时$p\boldsymbol{y}=p\boldsymbol{x}$,且$\boldsymbol{y}=\boldsymbol{x}$,因此$\lambda=0,p\boldsymbol{y}-p\boldsymbol{x}=\boldsymbol{0}$,虽然施瓦兹不等式变为等式,但要求

$$\|p\boldsymbol{x}-p\boldsymbol{y}\|=\|\boldsymbol{x}-\boldsymbol{y}\|$$

必须$\boldsymbol{x}=\boldsymbol{y}$,这时可归为$\lambda\neq 0$的情形).但由

$$p\boldsymbol{y}-p\boldsymbol{x}=\lambda(\boldsymbol{y}-\boldsymbol{x})$$

及

$$(\boldsymbol{x}-\boldsymbol{y},p\boldsymbol{x}-p\boldsymbol{y})\geqslant 0$$

则得

$$\lambda(\boldsymbol{x}-\boldsymbol{y},\boldsymbol{x}-\boldsymbol{y})\geqslant 0$$

故要求$\lambda>0$,而由$\lambda>0,p\boldsymbol{y}-p\boldsymbol{x}=\lambda(\boldsymbol{y}-\boldsymbol{x})$,必保证$(\boldsymbol{x}-\boldsymbol{y},p\boldsymbol{x}-p\boldsymbol{y})\geqslant 0$.因此

$$\|p\boldsymbol{x}-p\boldsymbol{y}\|=\|\boldsymbol{x}-\boldsymbol{y}\|$$

成立的充要条件是

$$\mathrm{Re}(p\boldsymbol{y}-p\boldsymbol{x},p\boldsymbol{x}-\boldsymbol{x})=0$$

$$\mathrm{Re}(p\boldsymbol{x}-p\boldsymbol{y},p\boldsymbol{y}-\boldsymbol{y})=0$$

并存在$\lambda>0$,使$p\boldsymbol{y}-p\boldsymbol{x}=\lambda(\boldsymbol{y}-\boldsymbol{x})$.

定理3 设p是复希尔伯特空间X中闭凸集K上

的逼近映射,若

$$\| px - py \| = \| x - y \|$$

则

$$\| px - x \| = \| py - y \|$$

证　由定理 2,必有

$$\mathrm{Re}(py - px, px - x) = 0$$

$$\mathrm{Re}(px - py, py - y) = 0$$

及存在 $\lambda > 0$,使

$$py - px = \lambda(y - x)$$

故又可得

$$\mathrm{Re}(y - x, py - y) = 0$$

$$\mathrm{Re}(y - x, px - x) = 0$$

而对任意的 x, y,总有

$$\begin{aligned}
&\mathrm{Re}(px - py, py - y) - \mathrm{Re}(py - px, px - x) + \\
&\mathrm{Re}(y - x, py - y) + \mathrm{Re}(y - x, px - x) = \\
&(px - py, py - y) + (py - y, px - py) - \\
&(py - px, px - x) - (px - x, py - px) + \\
&(y - x, py - y) + (py - y, y - x) + \\
&(y - x, px - x) + (px - x, y - x) = \\
&(px, py) - (px, y) - (py, py) + (py, y) + \\
&(py, px) - (py, py) - (y, px) + (y, py) - \\
&(py, px) + (py, x) + (px, px) - (px, x) - \\
&(px, py) + (px, px) + (x, py) - (x, px) + \\
&(y, py) - (x, py) - (y, y) + (x, y) + \\
&(py, y) - (py, x) - (y, y) + (y, x) + \\
&(y, px) - (y, x) - (x, px) + (x, x) + \\
&(px, y) - (px, x) - (x, y) + (x, x) = \\
&-2(py, py) + 2(py, y) + 2(y, py) + 2(px, px) -
\end{aligned}$$

$$2(p\boldsymbol{x},\boldsymbol{x})-2(\boldsymbol{y},\boldsymbol{y})-2(\boldsymbol{x},p\boldsymbol{x})+2(\boldsymbol{x},\boldsymbol{x})=$$
$$2(\|p\boldsymbol{x}-\boldsymbol{x}\|^2-\|p\boldsymbol{y}-\boldsymbol{y}\|^2) \tag{4.5}$$

所以

$$\|p\boldsymbol{x}-\boldsymbol{x}\|=\|p\boldsymbol{y}-\boldsymbol{y}\|$$

但是,如果 $\|p\boldsymbol{x}-\boldsymbol{x}\|=\|p\boldsymbol{y}-\boldsymbol{y}\|$,由式(4.5)可推出

$$\operatorname{Re}(p\boldsymbol{x}-p\boldsymbol{y},p\boldsymbol{y}-\boldsymbol{y})-\operatorname{Re}(p\boldsymbol{y}-p\boldsymbol{x},p\boldsymbol{x}-\boldsymbol{x})+$$
$$\operatorname{Re}(\boldsymbol{y}-\boldsymbol{x},p\boldsymbol{y}-\boldsymbol{y})+\operatorname{Re}(\boldsymbol{y}-\boldsymbol{x},p\boldsymbol{x}-\boldsymbol{x})=0$$

而不能进一步得出定理 2 中所提到的 $\|p\boldsymbol{x}-p\boldsymbol{y}\|=\|\boldsymbol{x}-\boldsymbol{y}\|$ 成立的充要条件.

定理 4 设 K_1,K_2 是复希尔伯特空间 X 中的两个闭凸集;p_1,p_2 分别是关于 K_1,K_2 的逼近映射;p_1,p_2 的合成映射 $Q=p_1p_2$.如果(1)K_1 是紧集,或(2)K_1 是有限维的,且这两个集的距离可达,即存在 $\boldsymbol{x}\in K_1$,$\boldsymbol{y}\in K_2$,使

$$\min_{\substack{\boldsymbol{u}\in K_1\\ \boldsymbol{v}\in K_2}}\|\boldsymbol{u}-\boldsymbol{v}\|=\|\boldsymbol{x}-\boldsymbol{y}\|$$

则对任一 $\boldsymbol{x}\in K_1$,序列$\{Q^n\boldsymbol{x}\}$ 收敛于 Q 的不动点.

证 由定理 2 知希尔伯特空间中闭凸子集的逼近映射满足李普希兹条件,故

$$\begin{aligned}\|Q\boldsymbol{x}-Q\boldsymbol{y}\|=\|p_1(p_2\boldsymbol{x})-p_1(p_2\boldsymbol{y})\|&\leqslant\\ \|p_2\boldsymbol{x}-p_2\boldsymbol{y}\|&\leqslant\\ \|\boldsymbol{x}-\boldsymbol{y}\|&\end{aligned}$$

我们把 Q 看作距离空间 $K_1\to K_1$ 的映射,故 Q 满足引理 1 的条件(1).如果

$$\boldsymbol{y}\equiv Q(\boldsymbol{x})\neq\boldsymbol{x}\in K_1$$
$$\boldsymbol{y}=p_1(p_2\boldsymbol{x})\in K_1$$

$p_2\boldsymbol{y}$ 是 K_2 中最接近于 $\boldsymbol{y}$ 的点,而 $p_2\boldsymbol{x}\in K_2$,故

$$\| \boldsymbol{y} - p_2 \boldsymbol{y} \| \leqslant \| \boldsymbol{y} - p_2 \boldsymbol{x} \| = \| p_1(p_2 \boldsymbol{x}) - p_2 \boldsymbol{x} \|$$

$\boldsymbol{y} = p_1(p_2\boldsymbol{x})$ 是 K_1 中最接近于 $p_2\boldsymbol{x}$ 的点，而 $\boldsymbol{x} \neq \boldsymbol{y}$，$\boldsymbol{x} \in K_1, \boldsymbol{y} \in K_1$，由 $\boldsymbol{y}$ 的唯一性，故

$$\| p_1(p_2 \boldsymbol{x}) - p_2 \boldsymbol{x} \| < \| \boldsymbol{x} - p_2 \boldsymbol{x} \|$$

从而

$$\| \boldsymbol{y} - p_2 \boldsymbol{y} \| < \| \boldsymbol{x} - p_2 \boldsymbol{x} \|$$

由定理2及定理3可知

$$\| p_2 \boldsymbol{x} - p_2 \boldsymbol{y} \| < \| \boldsymbol{x} - \boldsymbol{y} \|$$

所以

$$\begin{aligned} \| Q\boldsymbol{x} - Q\boldsymbol{y} \| = \| p_1 p_2 \boldsymbol{x} - p_1 p_2 \boldsymbol{y} \| &\leqslant \\ \| p_2 \boldsymbol{x} - p_2 \boldsymbol{y} \| &< \\ \| \boldsymbol{x} - \boldsymbol{y} \| \end{aligned}$$

这就证明了当 $\boldsymbol{x} \neq Q\boldsymbol{x} \equiv \boldsymbol{y}, \boldsymbol{x} \in K_1$ 时，必有

$$\begin{aligned} \| Q\boldsymbol{x} - Q^2 \boldsymbol{x} \| = \| Q\boldsymbol{x} - Q\boldsymbol{y} \| &< \\ \| \boldsymbol{x} - \boldsymbol{y} \| &= \\ \| \boldsymbol{x} - Q\boldsymbol{x} \| \end{aligned}$$

引理1的条件(2)也满足.(1)若 K_1 为紧集，则对每个 $\boldsymbol{x} \in K_1$，$\{Q^n\boldsymbol{x}\}$ 有收敛子列，故引理1的条件(3)也满足.由引理1，$\{Q^n\boldsymbol{x}\}$ 收敛于 Q 的不动点 $\boldsymbol{y} = Q\boldsymbol{y} \in K_1$；(2)若 K_1 是有限维的，且 K_1, K_2 的距离 $d(K_1, K_2) = \inf\limits_{\substack{\boldsymbol{u} \in K_1 \\ \boldsymbol{v} \in K_2}} d(\boldsymbol{u}, \boldsymbol{v})$ 可达，则由定理1，Q 有不动点 $\boldsymbol{y} \in K_1$，$p_1 p_2 \boldsymbol{y} = \boldsymbol{y}$.而

$$\begin{aligned} \| Q^n \boldsymbol{x} \| \leqslant \| Q^n \boldsymbol{x} - Q^n \boldsymbol{y} \| + \| Q^n \boldsymbol{y} \| &= \\ \| Q^n \boldsymbol{x} - Q^n \boldsymbol{y} \| + \| \boldsymbol{y} \| &\leqslant \\ \| \boldsymbol{x} - \boldsymbol{y} \| + \| \boldsymbol{y} \| \end{aligned}$$

即对任意 $\boldsymbol{x} \in K_1$，$\{Q^n\boldsymbol{x}\}$ 为 K_1 中的有界集.又 K_1 为有限维的，故 $\{Q^n\boldsymbol{x}\}$ 有收敛子列，从而引理1的条件

(3)也满足.故对每个 $x \in K_1$,$\{Q^n x\}$ 收敛于 Q 的不动点.

若 K_2 为紧集或 K_2 是有限维空间,且 K_1,K_2 的距离可达,则令 $Q' = p_2 p_1$,用 Q' 代替 Q,用 K_2 代替 K_1,则由上面的讨论,Q' 满足引理1的所有条件,故对任意 $x \in K_2$,$\{Q'^n x\}$ 收敛于 Q' 的不动点 $y \in K_2$,$Q'y = y$,$p_2 p_1 y = y$,$p_1 p_2(p_1 y) = p_1 y$,所以 $p_1 y$ 为 Q 的不动点,由定理2知 p_1 是连续映射,故

$$p_1 Q'^n x \to p_1 y$$

即得

$$Q^n p_1 x \to p_1 y$$

至此我们把相关文献[①]的主要结论推广到复希尔伯特空间.

§5 用Sigmoidal函数的叠合逼近希尔伯特空间中的连续泛函[②]

1989年,Cybenko[③] 证明了下述定理.

定理1 设 $\sigma(x)$ 是一个连续的Sigmoidal函数,则下述形式

$$\sum_{j=1}^{N} \alpha_j \sigma(x \cdot y_j + \theta_j)$$

的函数全体在 $C(I^n)$ 中是稠密的,其中 $y_j \in \mathbf{R}^n$,$x \in$

---

① CHENEY W, GOLDSTEIN A A.Proximity maps for convex sets[J].Proceedings of the American Mathematical Society,1959,10(3):448-450.

② 本节摘编自《科学通报》,1992(13):1167-1169.

③ CYBENKO G. Approximation by superpositions of a Sigmoidal function [J].Mathematics of Control,Math. Control Signals Systems,1989,2(4):303-314.

I^n，$\boldsymbol{x}\cdot\boldsymbol{y}$ 是 $\boldsymbol{x}$ 与 $\boldsymbol{y}$ 的内积，α_j，θ_j 分别为实数，$I^n=[0,1]^n$.

上述结果不仅回答了关于用单个隐层的前馈神经网络(Feedforward neural network)的表示问题，而且在数学上也是很有意义的.早年，柯尔莫哥洛夫解决了希尔伯特第 13 问题，证明了 $C(I^n)$ 上的连续函数可用有限个单变量函数的有限次复合及叠合精确表示.而定理 1 表明，$C(I^n)$ 上的连续函数可用单个 Sigmoidal 函数的有限次叠合以任意精度逼近.

但在相关文献[1]中，有些证明不够确切，证明也不是构造性的，因此，我们给出了一个构造性的证明，并指出 $\sigma(\boldsymbol{x})$ 的连续性是不必要的，起本质作用的是它的有界性[2].我们给出了如下定理.

定理 2　设 $\sigma(\boldsymbol{x})$ 是一个有界的 Sigmoidal 函数，则

$$\sum_{j=1}^{N}\alpha_j\sigma(\boldsymbol{x}\cdot\boldsymbol{y}_j+\theta_j)$$

在 $C(I^n)$ 中稠密.

---

① CHEN T P, CHEN H, LIU R W. A constructive proof of Cybenko's theorem and its extensions[C]. Computing Science and Statistics Lepuge and Page(Eds) In Proc. 22nd Symp. Interface, East Lansing, Michigan, 1990:163-168.

② CHEN T P, CHEN H, LIU R W. A constructive proof of Cybenko's theorem and its extensions[C]. Computing Science and Statistics Lepuge and Page(Eds) In Proc. 22nd Symp. Interface, East Lansing, Michigan, 1990:163-168.

我们还指出[1]，如用 B－样条、Schoenberg Cardinal 样条以及小波(Wavelet)来代替 Sigmoidal 函数，定理 2 也成立.

复旦大学数学系的陈天平教授 1991 年讨论了希尔伯特空间中紧集上的连续函数用 Sigmoidal 函数叠合的逼近问题.

定义 1 若 $\sigma(x)$ 是 $\mathbf{R}\to\mathbf{R}$ 的一个函数，且满足

$$\lim_{x\to+\infty}\sigma(x)=1,\ \lim_{x\to-\infty}\sigma(x)=0$$

则称 $\sigma(x)$ 是一个 Sigmoidal 函数.

设 H 是一个希尔伯特空间. 当 $\boldsymbol{x},\boldsymbol{y}\in H$ 时，用 $\langle\boldsymbol{x},\boldsymbol{y}\rangle$ 表示它们的内积，$\|\boldsymbol{x}\|=\langle\boldsymbol{x},\boldsymbol{x}\rangle^{\frac{1}{2}}$ 表示 $\boldsymbol{x}$ 的模.

定理 3 设 $\sigma(\boldsymbol{x})$ 是一个有界 Sigmoidal 函数，H 为一个希尔伯特空间，$U\subset H$ 是 H 中的一个紧集，f 为定义在 U 上的一个连续泛函，则在 U 中存在可列个元素 $\{\boldsymbol{x}_1,\boldsymbol{x}_2,\cdots,\boldsymbol{x}_n,\cdots\}$，使对 $\forall\varepsilon>0$，存在正整数 M,N，使

$$\left|\sum_{j=1}^{N}\alpha_j\sigma(\langle\boldsymbol{x},\boldsymbol{u}_j\rangle+\theta_j)-f(\boldsymbol{x})\right|<\varepsilon$$

对一切 $\boldsymbol{x}\in U$ 成立，其中 $\alpha_j,\theta_j\in\mathbf{R},\boldsymbol{u}_j\in\operatorname{span}\{\boldsymbol{x}_1,\boldsymbol{x}_2,\cdots,\boldsymbol{x}_M\},j=1,2,\cdots,N$.

首先给出几个引理.

引理 1 设 U 是 $\mathbf{R}^n$ 中的一个紧集，$\sigma(\boldsymbol{x})$ 是一个有界 Sigmoidal 函数，则

---

① CHEN T P, CHEN H, LIU R W. A constructive proof of Cybenko's theorem and its extensions[C]. Computing Science and Statistics Lepuge and Page(Eds) In Proc. 22nd Symp. Interface, East Lansing, Michigan, 1990:163-168.

$$\sum_{j=1}^{N}\alpha_j\sigma(\boldsymbol{x}\cdot\boldsymbol{y}_j+\theta_j)$$

在 $C(U)$ 中稠密,其中 $\boldsymbol{x}\in U,\boldsymbol{y}_j\in\mathbf{R}^n,\alpha_j,\theta_j\in\mathbf{R}$.

证　首先,我们可将 U 上的连续函数延拓成包含 U 的 n 维立方体上的一个连续函数,然后通过平移压缩可将其归结为定理 2.

引理 2　设 U 是 H 中的一个紧集,则在 U 中存在可列个元素 $\boldsymbol{x}_1,\boldsymbol{x}_2,\cdots$ 在 U 中稠密.

引理 3　在引理 2 的假设下,存在一组可列的规范正交向量 $\boldsymbol{y}_1,\boldsymbol{y}_2,\cdots,\boldsymbol{y}_n,\cdots$,使 $\boldsymbol{y}_i\in\mathrm{span}\{\boldsymbol{x}_1,\boldsymbol{x}_2,\cdots,\boldsymbol{x}_i\},i=1,2,\cdots$,且 U 是 $\widetilde{H}_1=\mathrm{span}\{\boldsymbol{y}_1,\cdots\}$ 中的一个紧集.

引理 4　U 为 $\widetilde{H}$ 中的一个紧集的充要条件是 U 在 $\widetilde{H}_1$ 中是有界闭的以及对 $\forall\varepsilon>0$,存在正整数 M 和 $A>0$,使

$$\left(\sum_{i=M+1}^{\infty}|\langle\boldsymbol{x},\boldsymbol{y}_i\rangle|^2\right)^{\frac{1}{2}}<\varepsilon$$

对一切 $\boldsymbol{x}\in U$ 成立.同时

$$U^M=\left\{\boldsymbol{x}^M:\boldsymbol{x}^M=\sum_{i=1}^{M}\langle\boldsymbol{x},\boldsymbol{y}_i\rangle\boldsymbol{y}_i,\boldsymbol{x}\in U\right\}$$

是 $H^M=\mathrm{span}\{\boldsymbol{y}_1,\boldsymbol{y}_2,\cdots,\boldsymbol{y}_M\}$ 中的一个紧集.

引理 2 ~ 4 可在一般泛函分析书中找到.

引理 5[①]　设 f 是定义在 U 上的一个连续泛函,则它可延拓成 $\widetilde{H}_1$ 上的一个连续泛函.

引理 5 可由著名的 Urilson 定理或 Tietze 定理得知.

---

① АЛЕКСАНДРОВ Д С. Введение в общую Теорию Иномесмв в функции[M].1948.

定理 3 的证明　首先，把 f 延拓成 $\widetilde{H}_1$ 上的一个连续泛函，因此一开始就可假定 f 的定义域为 $\widetilde{H}_1$.

令 $\widetilde{U}$ 是 U 及一切 $U^M(M=1,2,\cdots)$ 的并集，则由引理 4 可证 $\widetilde{U}$ 是 $\widetilde{H}_1$ 中的一个紧集.

由于 f 是 $\widetilde{U}$ 上的一个连续泛函，对 $\forall\varepsilon>0$，存在 $\delta>0$，使对 $\forall\boldsymbol{x}',\boldsymbol{x}''\in\widetilde{U}$，当 $\|\boldsymbol{x}'-\boldsymbol{x}''\|<\delta$ 时

$$|f(\boldsymbol{x}')-f(\boldsymbol{x}'')|<\frac{\varepsilon}{2}$$

又由引理 3，对 $\delta>0$，存在正整数 M，使

$$\left\|\boldsymbol{x}-\sum_{i=1}^{M}\langle\boldsymbol{x},\boldsymbol{y}_i\rangle\boldsymbol{y}_i\right\|<\delta$$

对一切 $\boldsymbol{x}\in U$ 成立.从而对一切 $\boldsymbol{x}\in U$，下式成立

$$\left|f(\boldsymbol{x})-f\left(\sum_{i=1}^{M}\langle\boldsymbol{x},\boldsymbol{y}_i\rangle\boldsymbol{y}_i\right)\right|<\frac{\varepsilon}{2}$$

或写成

$$|f(\boldsymbol{x})-f(\boldsymbol{x}^M)|<\frac{\varepsilon}{2}\tag{$*$}$$

这里 $\boldsymbol{x}^M\in U^M$，而 U^M 是 $\mathrm{span}\{\boldsymbol{y}_1,\boldsymbol{y}_2,\cdots,\boldsymbol{y}_M\}$ 中的一个紧集. 利用引理 1，存在正整数 N，以及 $\boldsymbol{u}_j\in\mathrm{span}\{\boldsymbol{y}_1,\boldsymbol{y}_2,\cdots,\boldsymbol{y}_M\}$，$\alpha_j,\theta_j\in\mathbf{R}$，$j=1,2,\cdots,N$，使

$$\left|f(\boldsymbol{x}^M)-\sum_{j=1}^{N}\alpha_j\sigma(\langle\boldsymbol{x}^M,\boldsymbol{u}_j\rangle+\theta_j)\right|<\frac{\varepsilon}{2}\tag{$**$}$$

对一切 $\boldsymbol{x}^M\in U^M$ 成立.

由 U^M，$\boldsymbol{x}^M$ 的定义，对 $\forall\boldsymbol{x}\in U$，$\boldsymbol{u}_j\in\mathrm{span}\{\boldsymbol{y}_1,\boldsymbol{y}_2,\cdots,\boldsymbol{y}_M\}$，$\langle\boldsymbol{x},\boldsymbol{u}_j\rangle=\langle\boldsymbol{x}^M,\boldsymbol{u}_j\rangle$，从而结合式($*$)及($**$)，对 $\forall\boldsymbol{x}\in U$，有

$$\left| f(\boldsymbol{x}) - \sum_{j=1}^{N} \alpha_j \sigma(\langle \boldsymbol{x}, \boldsymbol{u}_j \rangle + \theta_j) \right| < \varepsilon$$

因为 $\boldsymbol{u}_j \in \mathrm{span}\{\boldsymbol{y}_1, \boldsymbol{y}_2, \cdots, \boldsymbol{y}_M\} \subset \mathrm{span}\{\boldsymbol{x}_1, \boldsymbol{x}_2, \cdots, \boldsymbol{x}_M\}$,故得证.

我们可以把上述结果推广到定义在距离空间中的连续泛函.

设 U 是距离空间 X 中的一个紧集,由于 U 是紧的(本身是一个可分度量空间),由 Urilson 定理,存在一个同胚映射 T,把 U 映成希尔伯特空间 l_2 中的一个紧集.因此,我们有如下定理成立.

定理 4　设 U 是距离空间 X 中的一个紧集,f 为 U 上的一个连续泛函,则在 U 中存在可列个元素 $\boldsymbol{x}_1, \boldsymbol{x}_2, \cdots, \boldsymbol{x}_n, \cdots$,使对 $\forall \varepsilon > 0$,存在正整数 $N, M, \alpha_j, d_{i,j}, \theta_j \in \mathbf{R}, j = 1, 2, \cdots, N, i = 1, 2, \cdots, M$,下式

$$\left| f(\boldsymbol{x}) - \sum_{j=1}^{N} \alpha_j \sigma\left(\sum_{i=1}^{M} d_{i,j} \langle T\boldsymbol{x}, T\boldsymbol{x}_i \rangle + \theta_j \right) \right| < \varepsilon$$

对一切 $\boldsymbol{x} \in U$ 成立,其中 T 是把 U 映入 l_2 中的同胚映射.

注 1　正如相关文献[①]中指出的,定理中的 Sigmoidal 函数可用 B－样条,小波,Schoenberg Cardinal 样条以及其他函数代替,结论依然成立.

注 2　本节结果表明,任何希尔伯特空间中紧集上的连续函数可用单个特定一元函数的叠合及复合以任意精度来逼近,同时也表明用一个隐层的前馈神经

---

① CHEN T P,CHEN H,LIU R W.A constructive proof of Cybenko's theorem and its extensions[C]. Computing Science and Statistics Lepuge and Page(Eds) In Proc. 22nd Symp. Interface, East Lansing, Michigan, 1990:163-168.

网络可逼近希尔伯特空间中紧集上的连续函数.

§6　希尔伯特空间的最佳逼近特征[①]

扬州大学师范学院数学系的姚林 1994 年给出了希尔伯特空间的最佳逼近的特征性质,它是一个实巴拿赫空间为希尔伯特空间的充分必要条件.

1.Introduction

Let X be a real Banach space with norm $\|\ \|$, $B(\boldsymbol{x},r)$ be the closed ball in X defined by

$$B(\boldsymbol{x},r)=\{\boldsymbol{z}\in X:\|\boldsymbol{z}-\boldsymbol{x}\|\leqslant r\}$$

We know from related articles[②③], the following properties are equivalent when the dimension of space X is more than two:

(a)For any two balls $B(\boldsymbol{x},r)$ and $B(\boldsymbol{y},s)$ in X which satisfy

$$\max\{r,s\}<d\leqslant r+s,d=\|\boldsymbol{y}-\boldsymbol{x}\|$$

there exists a ball $B(\boldsymbol{z},t)$ in X such that $B(\boldsymbol{z},t)\supset B(\boldsymbol{x},r)\cap B(\boldsymbol{y},s)$, where $\boldsymbol{z}=\lambda\boldsymbol{x}+(1-\lambda)\boldsymbol{y}(0<\lambda<1),t<\min\{r,s\}$.

(b)For any $\boldsymbol{x},\boldsymbol{y}\in X$ which satisfy $\|\boldsymbol{x}\|<\|\boldsymbol{y}\|$, there exists $\alpha\in[0,1]$ such that $\|\boldsymbol{x}-$

① 本节摘编自《扬州师院学报(自然科学版)》,1994,14(4):13-17.

② YAO L. Another characterization of Hilbert spaces[J].Journal of Engineering Mathematics,1991,8(2):119-122.

③ YOU Z Y,XU Z B,LIU K K.Generalized theory and some specializations of region contraction algorithm I-Ball operation[J]. Lecture Notes in Computer Science,1985,212:209-223.

$\alpha \boldsymbol{y} \| < \| \boldsymbol{x} - \boldsymbol{y} \|$.

(c) T is nonexpansive, where T is a radial projection mapping defined by

$$T\boldsymbol{x} = \boldsymbol{x}, \text{if } \| \boldsymbol{x} \| \leqslant 1$$

and

$$T\boldsymbol{x} = \frac{\boldsymbol{x}}{\| \boldsymbol{x} \|}, \text{if } \| \boldsymbol{x} \| > 1$$

(d) X is a Hilbert space.

In related article[①], You Zhaoyong, Xu Zongben and Lin Kunkun proved that X has property (a) if X is a Hilbert space. Based on this fact, they proposed the general Region Contraction Algorithm for solving nonlinear operator equations.

If X has dimension two, then when X has property (a), we can't conclude that X is a Hilbert space.

EXAMPLE 1 Norm $\| \quad \|$ of X is defined by

$$\| \boldsymbol{x} \| = \begin{cases} 2 | \zeta | / \sqrt{3}, & | \zeta | \geqslant \sqrt{3} | \eta | \\ | \zeta | / \sqrt{3} + | \eta |, & | \zeta | < \sqrt{3} | \eta | \end{cases}$$

where $\boldsymbol{x} = (\zeta, \eta)$.

The unit circle of X is a regular 6-gon. Obviously X is not a Hilbert space. It can be proved that X has property (a).

When dim $X = 2$, we can conclude: (a) → (b) →

---

① YOU Z Y, XU Z B, LIU K K. Generalized theory and some specializations of region contraction algorithm I-Ball operation[J]. Lecture Notes in Computer Science, 1985, 212: 209-223.

(c). When X is also a uniformly convex Banach space, (c) → (a) is true①. It is necessary to point out that even if X is a uniformly convex Banach space and (c) is true we can not induce that X is an Euclidean space.

In this section, we give a characteristic of Hilbert space in terms of Best Approximation when $\dim X \geqslant 3$. In case of $\dim X = 2$, an inverse example is also given.

2.Main Results

For convenience, we first give the following definitions and notations.

Let M be a subset of Banach space X, and $\boldsymbol{x} \in X$. An element $\boldsymbol{y}$ in M is called a best approximation element in M for $\boldsymbol{x}$, if

$$\| \boldsymbol{x} - \boldsymbol{y} \| = d(\boldsymbol{x}, M) = \inf_{\boldsymbol{u} \in M} \| \boldsymbol{x} - \boldsymbol{u} \|$$

If for any $\boldsymbol{x}$ in X there always exists a best approximation element in M, then we call M a proximinal set. Moreover, M is said to be a Chebyshev set if for any $\boldsymbol{x} \in X$, there always exists a unique best approximation element in M. The unique best approximation element in M for $\boldsymbol{x}$ will be denoted by $P_M \boldsymbol{x}$.

Lemma 1 If every one-dimensional subspace of a Banach space X is a Chebyshev set and for any $\boldsymbol{x} \in$

① YAO L. Another characterization of Hilbert spaces[J].Journal of Engineering Mathematics, 1991, 8(2): 119-122.

X, $\| P_L \boldsymbol{x} \| \leqslant \| \boldsymbol{x} \|$ for any one-dimensional subspace L, then for any $\boldsymbol{x}, \boldsymbol{y} \in X$ satisfying

$$\| \boldsymbol{y} \| \geqslant 1 \geqslant \| \boldsymbol{x} \|$$

the following inequality holds

$$\left\| \boldsymbol{x} - \frac{\boldsymbol{y}}{\| \boldsymbol{y} \|} \right\| \leqslant \| \boldsymbol{x} - \boldsymbol{y} \|$$

Proof Let $\boldsymbol{x}, \boldsymbol{y} \in X$ satisfy $\| \boldsymbol{y} \| \geqslant 1 \geqslant \| \boldsymbol{x} \|$ and $L = \mathrm{span}\{\boldsymbol{y}\}$. From the given condition, we have

$$\| P_L \boldsymbol{x} \| \leqslant \| \boldsymbol{x} \|, P_L \boldsymbol{x} = c\boldsymbol{y}$$

Hence we have

$$| c | \leqslant \frac{\| \boldsymbol{x} \|}{\| \boldsymbol{y} \|} \leqslant \frac{1}{\| \boldsymbol{y} \|}$$

then

$$c \leqslant \frac{1}{\| \boldsymbol{y} \|} \leqslant 1$$

Since $P_L \boldsymbol{x}$ is the best approximation element in L for $\boldsymbol{x}$, we have

$$\| \boldsymbol{x} - c\boldsymbol{y} \| \leqslant \| \boldsymbol{x} - \boldsymbol{y} \|$$

Now let $\varphi(t) = \| \boldsymbol{x} - t\boldsymbol{y} \|$, we have

$$\varphi(c) \leqslant \| \boldsymbol{x} - \boldsymbol{y} \|, \varphi(1) = \| \boldsymbol{x} - \boldsymbol{y} \|$$

Since $c \leqslant \frac{1}{\| \boldsymbol{y} \|} \leqslant 1$ and the convexity of $\varphi(t)$, thus we derive that

$$\varphi\left(\frac{1}{\| \boldsymbol{y} \|}\right) \leqslant \| \boldsymbol{x} - \boldsymbol{y} \|$$

i.e.

$$\left\| \boldsymbol{x} - \frac{\boldsymbol{y}}{\| \boldsymbol{y} \|} \right\| \leqslant \| \boldsymbol{x} - \boldsymbol{y} \|$$

Theorem 1 A necessary and sufficient condition

for a real Banach space $X(\dim X \geqslant 3)$ to be a Hilbert space is that every one-dimensional subspace L of X is a Chebyshev set and for any $\boldsymbol{x} \in X$, and every one-dimensional subspace L, $\| P_L \boldsymbol{x} \| \leqslant \| \boldsymbol{x} \|$. The equality holds only when $\boldsymbol{x} \in L$.

Proof Necessity is obvious.

Sufficiency: We define a radially projective mapping $T: X \to X$ by

$$T\boldsymbol{x} = \begin{cases} \boldsymbol{x}, & \| \boldsymbol{x} \| \leqslant 1 \\ \dfrac{\boldsymbol{x}}{\| \boldsymbol{x} \|}, & \| \boldsymbol{x} \| > 1 \end{cases}$$

Now we show that T is a non-extension mapping.

For any $\boldsymbol{x}, \boldsymbol{y} \in X$, if $\| \boldsymbol{y} \| \geqslant 1 \geqslant \| \boldsymbol{x} \|$, by the lemma 1 we have

$$\| T\boldsymbol{x} - T\boldsymbol{y} \| = \| \boldsymbol{x} - \frac{\boldsymbol{y}}{\| \boldsymbol{y} \|} \| \leqslant \| \boldsymbol{x} - \boldsymbol{y} \|$$

If $\| \boldsymbol{y} \| \geqslant \| \boldsymbol{x} \| \geqslant 1$, let $\boldsymbol{x}' = \dfrac{\boldsymbol{x}}{\| \boldsymbol{x} \|}$ and $\boldsymbol{y}' = \dfrac{\boldsymbol{y}}{\| \boldsymbol{y} \|}$, then

$$\| \boldsymbol{y}' \| \geqslant 1 = \| \boldsymbol{x}' \|$$

By the lemma 1

$$\| \boldsymbol{x}' - \frac{\boldsymbol{y}'}{\| \boldsymbol{y}' \|} \| \leqslant \| \boldsymbol{x}' - \boldsymbol{y}' \|$$

it follows that

$$\| \frac{\boldsymbol{x}}{\| \boldsymbol{x} \|} - \frac{\boldsymbol{y}}{\| \boldsymbol{y} \|} \| \leqslant \frac{1}{\| \boldsymbol{x} \|} \| \boldsymbol{x} - \boldsymbol{y} \| \leqslant \| \boldsymbol{x} - \boldsymbol{y} \|$$

Namely $\| T\boldsymbol{x} - T\boldsymbol{y} \| \leqslant \| \boldsymbol{x} - \boldsymbol{y} \|$.

If $1 \geqslant \| \boldsymbol{y} \| \geqslant \| \boldsymbol{x} \|$, $\| T\boldsymbol{x} - T\boldsymbol{y} \| \leqslant \| \boldsymbol{x} - \boldsymbol{y} \|$ is obvious.

Noticing that the inequality is symmetric with respect to $\boldsymbol{x}$ and $\boldsymbol{y}$, we have also shown that

$$\| T\boldsymbol{x} - T\boldsymbol{y} \| \leqslant \| \boldsymbol{x} - \boldsymbol{y} \|$$

for any $\boldsymbol{x}, \boldsymbol{y} \in X$. This means that T is a non-extension mapping. Hence, by related article[①], X is a Hilbert space when $\dim X \geqslant 3$.

Theorem 2 A necessary and sufficient condition for a real Banach space $X(\dim X \geqslant 3)$ to be a Hilbert space is that every straight line L in X is a Chebyshev set and for any $\boldsymbol{x} \in X$ and any $\boldsymbol{y} \in L$, $\| P_L\boldsymbol{x} - \boldsymbol{y} \| \leqslant \| \boldsymbol{x} - \boldsymbol{y} \|$. The equality holds only when $\boldsymbol{x} \in L$ is true.

Transforming $\boldsymbol{x}' = \boldsymbol{x} - \boldsymbol{y}$, then applying theorem 1 we can conclude that theorem 2 is true.

Theorem 3 A necessary and sufficient condition for a real Banach space $X(\dim X \geqslant 3)$ to be a Hilbert space is that every closed convex set M in X is a Chebyshev set and for any $\boldsymbol{x} \in X$ and any $\boldsymbol{y} \in M$, $\| P_M\boldsymbol{x} - \boldsymbol{y} \| \leqslant \| \boldsymbol{x} - \boldsymbol{y} \|$. The equality holds only when $\boldsymbol{x} \in M$.

Proof The proof of sufficiency is obvious, according to theorem 1.

---

① YAO L. Another characterization of Hilbert spaces[J]. Journal of Engineering Mathematics, 1991, 8(2): 119-122.

Necessity. Since X is a real Hilbert space and M is a closed convex set in X, M is a Chebyshev set.

For any $\boldsymbol{y} \in M$, if $\boldsymbol{y} = P_M\boldsymbol{x}$ or $\boldsymbol{x} \in M$, then the conclusion is true.

Suppose $\boldsymbol{x} \notin M$, and $\boldsymbol{y} \neq P_M\boldsymbol{x}$. Let the straight line decided by $\boldsymbol{y}$ and $P_M\boldsymbol{x}$ be L.

Since M is a convex set and $\boldsymbol{y} \in M, P_M\boldsymbol{x} \in M$, if

$$\| \boldsymbol{y} - P_L\boldsymbol{x} \| < \| \boldsymbol{y} - P_M\boldsymbol{x} \|$$

We know that $P_L\boldsymbol{x} \notin M$, and $\boldsymbol{y}$ lies within the line of $P_L\boldsymbol{x}$ and $P_M\boldsymbol{x}$.

Let $\boldsymbol{y} = tP_L\boldsymbol{x} + (1-t)P_M\boldsymbol{x} (0 < t < 1)$, thus

$$\begin{aligned}
&\| \boldsymbol{x} - \boldsymbol{y} \| = \| \boldsymbol{x} - tP_L\boldsymbol{x} - (1-t)P_M\boldsymbol{x} \| = \\
&\| t\boldsymbol{x} + (1-t)\boldsymbol{x} - tP_L\boldsymbol{x} - (1-t)P_M\boldsymbol{x} \| \leqslant \\
&t \| \boldsymbol{x} - P_L\boldsymbol{x} \| + (1-t) \| \boldsymbol{x} - P_M\boldsymbol{x} \| \leqslant \\
&\max\{ \| \boldsymbol{x} - P_L\boldsymbol{x} \|, \| \boldsymbol{x} - P_M\boldsymbol{x} \| \} = \\
&\| \boldsymbol{x} - P_M\boldsymbol{x} \|
\end{aligned}$$

Since M is a Chebyshev set, $\boldsymbol{y} = P_M\boldsymbol{x}$, this contradicts the assumption of $\boldsymbol{y} \neq P_M\boldsymbol{x}$.

Thus

$$\| \boldsymbol{y} - P_M\boldsymbol{x} \| \leqslant \| \boldsymbol{y} - P_L\boldsymbol{x} \|$$

From theorem 2

$$\| \boldsymbol{y} - P_L\boldsymbol{x} \| \leqslant \| \boldsymbol{x} - \boldsymbol{y} \|$$

therefore we have

$$\| P_M\boldsymbol{x} - \boldsymbol{y} \| \leqslant \| \boldsymbol{x} - \boldsymbol{y} \|$$

3.The Two-dimensional Case

Let X be a real Banach space. We say that X has property (a), if:

(Ⅰ)Every straight line L in X is a Chebyshev set.

(Ⅱ)For any straight line L, any $A \in X$ and $B \in L$, $\| P_L A - B \| \leqslant \| A - B \|$.

Suppose that real Banach space X satisfies (Ⅰ), the line of L and L' contained in X intersect at c.If there exists, a point A:$A \in L'$,$A \notin L$ satisfying $P_L A = c$, we call L' perpendicular to L, and denote $L' \perp L$.

Apparently, if $L' \perp L$, then $P_L A' = P_L A$ for any $A' \in L'$.

Theorem 4 Let real Banach space X satisfy (Ⅰ), then X satisfies (Ⅱ) if and only if that $L' \perp L$ implies $L \perp L'$.

Proof Necessity.Let $L' \perp L$, then from (Ⅱ), $\| P_L A - B \| \leqslant \| A - B \|$ for any $A \in L'$ and any $B \in L$.

From the definition of best approximation element, we have $P_{L'} B = P_L A$, so $L \perp L'$.

Sufficiency. Let $A \in X$, $L \subset X$ be a straight line, if $A \in L$, then (Ⅱ) is true; if $A \notin L$, denote the line through A and $P_L A$ as L', then $L' \perp L$.

From the conditions we get $L \perp L'$, and $P_{L'} B = P_L A$ for any $B \in L$. Hence we have $\| P_L A - B \| \leqslant \| A - B \|$ for any $B \in L$. So (Ⅱ) is true.

The following is an example of two-dimensional real Banach space which has property (a), but it is not an Euclidean space.

Let real Banach space $X=\{(x,y):x\in\mathbf{R},y\in\mathbf{R}\}$. Norm $\|\quad\|$ of X is defined by

$$\|P\|=\begin{cases}(x^3+y^3)^{\frac{1}{3}},xy\geqslant 0\\(x^{\frac{3}{2}}+y^{\frac{3}{2}})^{\frac{2}{3}},xy<0\end{cases}$$

where $P=(x,y)$.

Apparently X is not an Euclidean space. We will prove that X has property (a).First we prove (Ⅰ).

If we denote the curve of unit circle as c, then c is symmetric to the center.It is made up by $|x|^3+|y|^3=1(xy\geqslant 0)$ and $|x|^{\frac{3}{2}}+|y|^{\frac{3}{2}}=1(xy<0)$, and it is a smooth curve.

Suppose that L is a tangent line of c through P, then P is the best approximation element in L for origin O, so L is a Chebyshev set. We can conclude easily from this that all the lines paralleled to L are Chebyshev set.

Because the gradients of all tangent lines of points in c vary continuously, all lines in X are Chebyshev set and X satisfies (Ⅰ).

Now we prove that X satisfies (Ⅱ).

Suppose that $P_0(x_0,y_0)(x_0>0,y_0>0)$ is a point of c, the tangent line L of c passes through P_0, then P_0 is the best approximate point from O to L and $OP_0\perp L$.

The following is to prove $L\perp OP_0$.

Since $x^3+y^3=1$, we know that the slope of L is $K_L=-\frac{x_0^2}{y_0^2}$. We scribe OP_1 which satisfies $OP_1 /\!/ L$

and intersects c at point $P_1(x_1, y_1)$ in the second quadrant, then $y_1 = -\left(\frac{x_0^2}{y_0^2}\right)x$. Scribe the line L, which is tangent to c and passes through P_1, then $OP_1 \perp L_1$.

From $x^{\frac{3}{2}} + y^{\frac{3}{2}} = 1$ we get the slope of the tangent line L_1:

$$K_{L_1} = \left(-\frac{x_1}{y_1}\right)^{\frac{1}{2}} = \left(\frac{y_0^2}{x_0^2}\right)^{\frac{1}{2}} = \frac{y_0}{x_0}$$

Therefore we have $L_1 \mathbin{/\mkern-5mu/} OP_0$.

Since $OP_1 \mathbin{/\mkern-5mu/} L$ and $OP_1 \perp L_1$, we know that $L \perp L_1$, so $L \perp OP_0$. Similarly, we can prove that the conclusion is true when $P(x, y)$ lies in the other quadrant.

Now let straight lines $L \subset X, L' \subset X, L' \perp L$. We scribe OP which satisfies $OP \mathbin{/\mkern-5mu/} L'$ and intersects L at point P. Let straight OP intersect c at point P_0, we scribe the line L_1 which $L_1 \mathbin{/\mkern-5mu/} L$ and passes through P_0, then $OP_0 \perp L_1$. By above results, we have $L_1 \perp OP_0$. Since $L_1 \mathbin{/\mkern-5mu/} L, OP_0 \mathbin{/\mkern-5mu/} L'$, hence $L \perp L'$. Thus X satisfies (Ⅱ).

The above example shows that when $\dim X = 2$ even if X is a uniformly convex Banach space, and X satisfies property (a), we can not conclude that X is an Euclidean space.

§7　希尔伯特空间和 L_p 空间中最佳逼近的强唯一性[①]

1.引言和基本引理

设 Y 是赋范线性空间，X 是 Y 的子集，$\boldsymbol{y}\in Y$，若 $\boldsymbol{x}_0\in X$ 满足

$$\|\boldsymbol{y}-\boldsymbol{x}_0\|=\inf_{x\in X}\|\boldsymbol{y}-\boldsymbol{x}\|$$

则称 $\boldsymbol{x}_0$ 是子集 X 对 $\boldsymbol{y}$ 的最佳逼近元.在相关文献[②]中，Smarzewski 提出了如下的概念：

定义 1　称 $\boldsymbol{x}_0\in X$ 是 X 对 $\boldsymbol{y}\in Y$ 的强唯一最佳逼近元，若存在正常数 K 和严格递增的连续函数 ψ：$(0,+\infty)=\mathbf{R}_+\to\mathbf{R}_+$，满足 $\psi(0)=0$，且

$$\psi(\|\boldsymbol{y}-\boldsymbol{x}_0\|)\leqslant\psi(\|\boldsymbol{y}-\boldsymbol{x}\|)-K\psi(\|\boldsymbol{x}-\boldsymbol{x}_0\|)\quad(\forall\boldsymbol{x}\in X)\tag{7.1}$$

1986 年 Smarzewski[③] 得到了：若 X 是实希尔伯特空间或实 $L_p(2\leqslant p<\infty)$ 空间中的闭子空间，则对该空间中的任一元 $\boldsymbol{y}$，存在唯一的 $\boldsymbol{x}_0\in X$，满足

$$\|\boldsymbol{y}-\boldsymbol{x}_0\|^p\leqslant\|\boldsymbol{y}-\boldsymbol{x}\|^p-\frac{1}{2^{p-2}}\|\boldsymbol{x}-\boldsymbol{x}_0\|^p\quad(\forall\boldsymbol{x}\in X)\tag{7.2}$$

希尔伯特空间时，在不等式中取 $p=2$.

---

① 本节摘编自《山东科学》，1996，9(1)：22-25.

② SMARZEWSKI R.Strongly unique best approximation in Banach spaces[J]. J.Approx.Theory，1986，47(3)：184-194.

③ SMARZEWSKI R.Strongly unique best approximation in Banach spaces[J]. J.Approx.Theory，1986，47(3)：184-194.

山东工业大学的张改荣教授1996年在保持常数 K 和函数 ψ 不变的情况下，将上述结果推广到 X 是闭仿射子集的情况.为此要用到Lezanski① 提出的下述引理：

基本引理　设 $f:X\to\mathbf{R}$ 是满足下面两个条件的泛函：

(1) 存在递增的连续函数 $d:\mathbf{R}_+\to\mathbf{R}_+$，使得若

$$\|\boldsymbol{x}_i\|\leqslant r\quad(\boldsymbol{x}_i\in X,i=1,2)$$

则有

$$|f(\boldsymbol{x}_1)-f(\boldsymbol{x}_2)|\leqslant d(r)\|\boldsymbol{x}_1-\boldsymbol{x}_2\|$$

(2) 对任意 $t\in(0,1)$ 和 $\boldsymbol{x},\boldsymbol{h}\in X$，有

$$g(t;\boldsymbol{x},\boldsymbol{h})=tf(\boldsymbol{x}+\boldsymbol{h})+(1-t)f(\boldsymbol{x})-f(\boldsymbol{x}+\boldsymbol{h})\geqslant C(t,\|\boldsymbol{h}\|)$$

这里 $C(t,s)=tb((1-t)s)+(1-t)b(ts),0\leqslant t\leqslant 1$ 和 $s\geqslant 0,b(s)=\int_0^s a(t)\mathrm{d}t,s\geqslant 0$，且 $a:\mathbf{R}_+\to\mathbf{R}_+$ 是一个连续的、严格递增的函数，满足 $a(0)=0$ 和 $\lim\limits_{s\to\infty}a(s)=+\infty$.

那么，存在唯一的元素 $\boldsymbol{z}\in X$，使得对每个 $\boldsymbol{x}\in X$ 有 $f(\boldsymbol{z})\leqslant f(\boldsymbol{x})$ 且 $\|\boldsymbol{x}-\boldsymbol{z}\|\leqslant b^{-1}(f(\boldsymbol{x})-f(\boldsymbol{z}))$.

2.主要结果

定理1　设 X 是实希尔伯特空间 H 的闭仿射子集，则对任意 $\boldsymbol{y}\in H$，存在唯一的元素 $\boldsymbol{x}_0\in X$，使得

$$\|\boldsymbol{y}-\boldsymbol{x}_0\|^2\leqslant\|\boldsymbol{y}-\boldsymbol{x}\|^2-\|\boldsymbol{x}-\boldsymbol{x}_0\|^2\quad(\forall\boldsymbol{x}\in X)\tag{7.3}$$

① LEZANSKI T.Sur le minimum des fonctionnelles dans les espaces de Banach[J].Studia Math.,1980,68(1):49-66.

证 先考察 X 是闭子空间的情况.设 $f(\boldsymbol{x})=\|\boldsymbol{y}-\boldsymbol{x}\|^2$,$a(s)=2s$,基本引理中 $d(r)=2(r+\|\boldsymbol{y}\|)$.此时 $b(s)=s^2$,且 $C(t,s)=t(1-t)s^2$.故当 $\boldsymbol{x}_i\in X$ 且 $\|\boldsymbol{x}_i\|\leqslant r(i=1,2)$ 时,有

$$|f(\boldsymbol{x}_1)-f(\boldsymbol{x}_2)|=|(2\boldsymbol{y}-\boldsymbol{x}_2-\boldsymbol{x}_1,\boldsymbol{x}_2-\boldsymbol{x}_1)|\leqslant d(r)\|\boldsymbol{x}_1-\boldsymbol{x}_2\|$$

又对 $\forall t\in(0,1)$ 和 $\boldsymbol{x},\boldsymbol{h}\in X$,有

$$g(t;\boldsymbol{x},\boldsymbol{h})=t(1-t)\|\boldsymbol{h}\|^2=C(t,\|\boldsymbol{h}\|)$$

因此,基本引理中的条件(1),(2) 都满足.由此可推断出:存在唯一的 $\boldsymbol{x}_0\in X$,使得

$$\|\boldsymbol{y}-\boldsymbol{x}_0\|^2\leqslant\|\boldsymbol{y}-\boldsymbol{x}\|^2-\|\boldsymbol{x}-\boldsymbol{x}_0\|^2\quad(\forall\boldsymbol{x}\in X)$$

再考察 X 是闭仿射子集的情况.此时,因 X 也是闭凸集,故 X 对 $\boldsymbol{y}$ 的最佳逼近元存在且唯一,设为 $\boldsymbol{x}_0$.因 $X-\{\boldsymbol{x}_0\}$ 为闭子空间,且 $\boldsymbol{\theta}$ 元是 $X-\{\boldsymbol{x}_0\}$ 对 $\boldsymbol{y}-\boldsymbol{x}_0$ 的唯一最佳逼近元,由上面所证的结果,有

$$\|\boldsymbol{y}-\boldsymbol{x}_0-\boldsymbol{\theta}\|^2\leqslant\|\boldsymbol{y}-\boldsymbol{x}_0-(\boldsymbol{x}-\boldsymbol{x}_0)\|^2-\|(\boldsymbol{x}-\boldsymbol{x}_0)-\boldsymbol{\theta}\|^2\quad(\forall\boldsymbol{x}\in X)$$

即

$$\|\boldsymbol{y}-\boldsymbol{x}_0\|^2\leqslant\|\boldsymbol{y}-\boldsymbol{x}\|^2-\|\boldsymbol{x}-\boldsymbol{x}_0\|^2\quad(\forall\boldsymbol{x}\in X)$$

证毕.

设$(S,\sum,\mu)$是一个正测定空间.为了证明当 X 是 $Y=L_p=L_p(S,\sum,\mu)(2\leqslant p<\infty)$ 中的闭仿射子集时,强唯一最佳逼近的存在性,先列出相关文献①中的两个辅助引理:

① SMARZEWSKI R.Strongly unique best approximation in Banach spaces[J]. J.Approx.Theory,1986,47(3):184-194.

引理 1　若 $0 \leqslant u_i \leqslant m(i=1,2,m>0)$,则

$$|u_1^p - u_2^p| \leqslant pm^{p-1}|u_1 - u_2| \quad (1 \leqslant p < \infty) \tag{7.4}$$

引理 2　若 $t \in [0,1], u, v \in \mathbf{R}$ 且 $2 \leqslant p < \infty$,则

$$t|u+v|^p + (1-t)|u|^p - |u+tv|^p \geqslant W(t)|v|^p \tag{7.5}$$

其中

$$W(t) = 2^{2-p}[t(1-t)^p + (1-t)t^p]$$

定理 2　设 X 是实 $L_p(2 \leqslant p < \infty)$ 空间中的闭仿射子集,则对任意 $\boldsymbol{y} \in L_p$,存在唯一的元素 $\boldsymbol{x}_0 \in X$,使得

$$\|\boldsymbol{y} - \boldsymbol{x}_0\|^p \leqslant \|\boldsymbol{y} - \boldsymbol{x}\|^p - 2^{2-p}\|\boldsymbol{x} - \boldsymbol{x}_0\|^p \quad (\forall \boldsymbol{x} \in X) \tag{7.6}$$

证　先考虑 X 是闭子空间的情况,设

$$f(\boldsymbol{x}) = \|\boldsymbol{y} - \boldsymbol{x}\|^p \quad (\boldsymbol{x} \in X)$$

$$a(s) = p2^{2-p}s^{p-1}, d(r) = p(r + \|\boldsymbol{y}\|)^{p-1}$$

则

$$b(s) = 2^{2-p}s^p$$

及

$$C(t,s) = W(t)s^p$$

这里 $W(t)$ 如引理 2 所示.

现在,若 $\boldsymbol{x}_i \in X(\|\boldsymbol{x}_i\| \leqslant r, i=1,2)$,取引理 1 中的 $u_i = \|\boldsymbol{y} - \boldsymbol{x}_i\| \leqslant r + \|\boldsymbol{y}\|$,则可得

$$|f(\boldsymbol{x}_1) - f(\boldsymbol{x}_2)| = |u_1^p - u_2^p| \leqslant p(r + \|\boldsymbol{y}\|)^{p-1} |\|\boldsymbol{x}_1 - \boldsymbol{y}\| - \|\boldsymbol{y} - \boldsymbol{x}_2\|| \leqslant d(r)\|\boldsymbol{x}_1 - \boldsymbol{x}_2\|$$

这样基本引理中的条件(1) 被满足了.

为了验证基本引理中的条件(2),在不等式(7.5)中,令 $u=y(s)-x(s)$ 和 $v=-h(s)$,并积分两边,便得到不等式

$$
\begin{aligned}
g(t;\boldsymbol{x},\boldsymbol{h}) = t\|\boldsymbol{y}-\boldsymbol{x}-\boldsymbol{h}\|^p + &\\
(1-t)\|\boldsymbol{y}-\boldsymbol{x}\|^p - &\\
\|\boldsymbol{y}-\boldsymbol{x}-t\boldsymbol{h}\|^p \geqslant &\\
W(t)\|\boldsymbol{h}\|^p = &\\
C(t,\|\boldsymbol{h}\|) &
\end{aligned}
$$

其中 $\forall t \in (0,1)$ 和 $\boldsymbol{x},\boldsymbol{h} \in X$.

由此,利用基本引理即得:存在唯一的 $\boldsymbol{x}_0 \in X$,满足

$$\|\boldsymbol{y}-\boldsymbol{x}_0\|^p \leqslant \|\boldsymbol{y}-\boldsymbol{x}\|^p$$

且

$$\|\boldsymbol{x}-\boldsymbol{x}_0\| \leqslant b^{-1}\{\|\boldsymbol{y}-\boldsymbol{x}\|^p - \|\boldsymbol{y}-\boldsymbol{x}_0\|^p\}$$

即

$$\|\boldsymbol{y}-\boldsymbol{x}_0\|^p \leqslant \|\boldsymbol{y}-\boldsymbol{x}\|^p - 2^{2-p}\|\boldsymbol{x}-\boldsymbol{x}_0\|^p \quad (\forall \boldsymbol{x} \in X)$$

下面考虑 X 是闭仿射子集的情况.因 X 是闭凸集,故 X 是 L_p 中的切比雪夫集,由此 X 对 $\boldsymbol{y}$ 的最佳逼近元存在且唯一,记为 $\boldsymbol{x}_0$.因 $X-\{\boldsymbol{x}_0\}$ 为闭子空间,且 $\boldsymbol{\theta}$ 元是 $X-\{\boldsymbol{x}_0\}$ 对 $\boldsymbol{y}-\boldsymbol{x}_0$ 唯一的最佳逼近元,利用上面所证的结果,有

$$
\begin{aligned}
\|\boldsymbol{y}-\boldsymbol{x}_0-\boldsymbol{\theta}\|^p \leqslant \|\boldsymbol{y}-\boldsymbol{x}_0-(\boldsymbol{x}-\boldsymbol{x}_0)\|^p - &\\
2^{2-p}\|(\boldsymbol{x}-\boldsymbol{x}_0)-\boldsymbol{\theta}\|^p &\\
(\forall \boldsymbol{x} \in X) &
\end{aligned}
$$

即

$$\|\boldsymbol{y}-\boldsymbol{x}_0\|^p \leqslant \|\boldsymbol{y}-\boldsymbol{x}\|^p - 2^{2-p}\|\boldsymbol{x}-\boldsymbol{x}_0\|^p \quad (\forall \boldsymbol{x} \in X)$$

证毕.

3.其他推论

1990年郭元明在相关文献[①]中从子集$X \subset Y$是太阳集的角度讨论了最佳逼近的强唯一性，得到若干结果.利用这些结论我们还可获得下述有用的推论.

定理3[②]　设X是希尔伯特空间H的闭凸集，则对任意$\boldsymbol{y} \in H$，存在唯一的$\boldsymbol{x}_0 \in X$，满足

$$\| \boldsymbol{y} - \boldsymbol{x}_0 \|^2 \leqslant \| \boldsymbol{y} - \boldsymbol{x} \|^2 - \frac{1}{2} \| \boldsymbol{x} - \boldsymbol{x}_0 \|^2 \quad (\forall \boldsymbol{x} \in X) \tag{7.7}$$

此时，闭凸集X对$\boldsymbol{y} \in H$的强唯一最佳逼近元$\boldsymbol{x}_0$称为$\boldsymbol{y}$在X上的投影，并记此投影算子为$P\boldsymbol{y} = \boldsymbol{x}_0$，算子$P$：$H \to X$不一定是线性的.但若$X$含有$\boldsymbol{\theta}$元，则可推出下面两个推论：

推论1　对每一个$\boldsymbol{y} \in H$，均有

$$\| P\boldsymbol{y} \|^2 \leqslant 2(\| \boldsymbol{y} \|^2 - \| \boldsymbol{y} - P\boldsymbol{y} \|^2) \tag{7.8}$$

证　在式(7.7)中取$\boldsymbol{x} = \boldsymbol{\theta}$即可得证.

推论2　若投影P是由$H \to X$的线性投影，则

$$1 \leqslant \| P \| \leqslant \sqrt{2}$$

证　由推论1可直接推出.

定理4[③]　设X是$L_p(2 \leqslant p < \infty)$中的闭凸集，则对任意$\boldsymbol{y} \in L_p$，存在唯一的$\boldsymbol{x}_0 \in X$，满足

---

① 郭元明.最佳逼近的强唯一性[J].高等学校计算数学学报，1990(1):38-41.

② 郭元明.最佳逼近的强唯一性[J].高等学校计算数学学报，1990(1):38-41.

③ 郭元明.最佳逼近的强唯一性[J].高等学校计算数学学报，1990(1):38-41.

$$\| \boldsymbol{y}-\boldsymbol{x}_0 \|^p \leqslant \| \boldsymbol{y}-\boldsymbol{x} \|^p - 2^{1-p} \| \boldsymbol{x}-\boldsymbol{x}_0 \|^p \quad (\forall \boldsymbol{x} \in X) \tag{7.9}$$

此时,称闭凸集 X 对 $\boldsymbol{y} \in L_p$ 的强唯一最佳逼近元 $\boldsymbol{x}_0$ 为 $\boldsymbol{y}$ 在 X 上的投影,并记此投影算子为

$$P\boldsymbol{y}=\boldsymbol{x}_0$$

若闭凸集 X 含有 $\boldsymbol{\theta}$ 元,则有下列的推论:

推论 1 对于 $L_p(2 \leqslant p < \infty)$ 中的每个 $\boldsymbol{y}$,均有

$$\| P\boldsymbol{y} \|^p \leqslant 2^{p-1}(\| \boldsymbol{y} \|^p - \| \boldsymbol{y}-P\boldsymbol{y} \|^p)$$

$$\| P\boldsymbol{y} \| \leqslant 2^{1-\frac{1}{p}} \| \boldsymbol{y} \|$$

和

$$\| \boldsymbol{y}-P\boldsymbol{y} \| \leqslant \| \boldsymbol{y} \|$$

推论 2 对 $L_p(2 \leqslant p < \infty)$ 中的球 $B(r)=\{\boldsymbol{y} \in L_p : \| \boldsymbol{y} \| \leqslant r\}$ 内的每对元素 $\boldsymbol{y}_1, \boldsymbol{y}_2$,有

$$\| P\boldsymbol{y}_1 - P\boldsymbol{y}_2 \| \leqslant k_r \| \boldsymbol{y}_1 - \boldsymbol{y}_2 \|^{\frac{1}{p}}$$

这里

$$k_r < b\sqrt[e]{e}\, r^{1-\frac{1}{p}}$$

即此时阶数为 $\dfrac{1}{p}$ 的局部李普希兹条件成立.

证 由式(7.9)可得

$$\| \boldsymbol{y}_1 - P\boldsymbol{y}_1 \|^p \leqslant \| \boldsymbol{y}_1 - P\boldsymbol{y}_2 \|^p - 2^{1-p} \| P\boldsymbol{y}_2 - P\boldsymbol{y}_1 \|^p$$

$$\| \boldsymbol{y}_2 - P\boldsymbol{y}_2 \|^p \leqslant \| \boldsymbol{y}_2 - P\boldsymbol{y}_1 \|^p - 2^{1-p} \| P\boldsymbol{y}_2 - P\boldsymbol{y}_1 \|^p$$

两式相加,得

$$\| \boldsymbol{y}_1 - P\boldsymbol{y}_1 \|^p + \| \boldsymbol{y}_2 - P\boldsymbol{y}_2 \|^p \leqslant \| \boldsymbol{y}_1 - P\boldsymbol{y}_2 \|^p + \| \boldsymbol{y}_2 - P\boldsymbol{y}_1 \|^p - 2 \cdot 2^{1-p} \| P\boldsymbol{y}_2 - P\boldsymbol{y}_1 \|^p$$

应用引理 1 可得

$$2^{1-p}\parallel P\boldsymbol{y}_2-P\boldsymbol{y}_1\parallel^p\leqslant$$

$$\frac{1}{2}(\parallel\boldsymbol{y}_1-P\boldsymbol{y}_2\parallel^p-\parallel\boldsymbol{y}_2-P\boldsymbol{y}_2\parallel^p)+$$

$$\frac{1}{2}(\parallel\boldsymbol{y}_2-P\boldsymbol{y}_1\parallel^p-\parallel\boldsymbol{y}_1-P\boldsymbol{y}_1\parallel^p)\leqslant$$

$$\frac{p}{x}[(1+2^{1-\frac{2}{p}})r]^{p-1}\parallel\boldsymbol{y}_1-\boldsymbol{y}_2\parallel$$

从而

$$\parallel P\boldsymbol{y}_1-P\boldsymbol{y}_2\parallel\leqslant k_r\parallel\boldsymbol{y}_1-\boldsymbol{y}_2\parallel$$

这里 $k_r<b\sqrt[\mathrm{e}]{\mathrm{e}}\,r^{1-\frac{1}{p}}$,证毕.

对 $L_p(1<p<2)$ 空间的讨论,相关文献①得出下述结果:

定理 5　设 X 是 $L_p(1<p<2)$ 中的闭凸集,则对任意 $\boldsymbol{y}\in L_p$,存在唯一的 $\boldsymbol{x}_0\in X$,满足

$$\parallel\boldsymbol{y}-\boldsymbol{x}_0\parallel^q\leqslant\parallel\boldsymbol{y}-\boldsymbol{x}\parallel^q-\frac{1}{2^q}\parallel\boldsymbol{x}-\boldsymbol{x}_0\parallel^q$$

$$(\forall\boldsymbol{x}\in X)$$

其中

$$\frac{1}{p}+\frac{1}{q}=1$$

---

① 郭元明.最佳逼近的强唯一性[J].高等学校计算数学学报,1990(1):38-41.

§8 实希尔伯特空间之闭子空间对闭区间的最佳同时逼近①

李红、潘文熙②于 1995 年得到实希尔伯特空间中点到有限余维子空间的最佳逼近(元)及距离公式,罗先发③于 1996 年将余维数从有限推广到无限的情形,并且给出的公式在余维数有限时也适合.本节在实希尔伯特空间中给出了闭子空间对闭区间的最佳同时逼近公式,因而本节是相关文献的发展.从 60 年代开始在赋范空间中进行同时逼近论的研究以来,研究内容无非是最佳同时逼近的特征、唯一性、强唯一性、一致强唯一性④,而求出一个集合对另一个有界集的最佳同时逼近的研究未见报道,故本节的研究是有意义的.

设 X 是赋范线性空间,$G,F\subset H$,且 F 有界,若存在 $\boldsymbol{g}_0\in G$,使

$$\sup_{f\in F}\|\boldsymbol{f}-\boldsymbol{g}_0\|=\inf_{g\in G}\sup_{f\in F}\|\boldsymbol{f}-\boldsymbol{g}\|$$

则称 $\boldsymbol{g}_0$ 是 G 对 F 的最佳同时逼近.若 F 是单点集,则最佳同时逼近化为经典的单元最佳逼近.

记 $\boldsymbol{f}$:以下总假定 H 是实希尔伯特空间,G 是真闭子空间,H 中的内积记为$(\cdot,\cdot)$,由内积导出的范数是

$$\|\boldsymbol{x}\|=\sqrt{(\boldsymbol{x},\boldsymbol{x})}$$

---

① 本节摘编自《吉首大学学报(自然科学版)》,1997,18(2):20-22.

② 李红,潘文熙.实希尔伯特空间中点到有限余维子空间的距离问题[J].应用数学,1995,8(3):358-362.

③ 罗先发.实希尔伯特空间中点到无穷余维子空间的距离[J].吉首大学学报,1996,17(2):32-34.

④ 李冲.有理同时 Chebyshev 逼近的一致强唯一性[J].数学学报,1992,35(4):460-471.

若 $(\boldsymbol{x},\boldsymbol{y})=0$，则称 $\boldsymbol{x}$ 与 $\boldsymbol{y}$ 正交并记为 $\boldsymbol{x}\perp\boldsymbol{y}$. 若 $\boldsymbol{x}\perp\boldsymbol{y}$，则成立勾股定理

$$\|\boldsymbol{x}+\boldsymbol{y}\|^2=\|\boldsymbol{x}\|^2+\|\boldsymbol{y}\|^2$$

设 $\boldsymbol{f}_1,\boldsymbol{f}_2\in H$，记

$$[\boldsymbol{f}_1,\boldsymbol{f}_2]=\{\lambda\boldsymbol{f}_1+(1-\lambda)\boldsymbol{f}_2:\lambda\in[0,1]\}$$

$$\Phi(\boldsymbol{g})=\sup_{\lambda\in[0,1]}\|\lambda\boldsymbol{f}_1+(1-\lambda)\boldsymbol{f}_2-\boldsymbol{g}\|\quad(\boldsymbol{g}\in G)$$

定理 1　H,G 如上所设，$\boldsymbol{f}_1,\boldsymbol{f}_2\in H$，$\boldsymbol{f}_1,\boldsymbol{f}_2$ 到 G 的投影是 $\boldsymbol{g}_1,\boldsymbol{g}_2$，$\|\boldsymbol{f}_1-\boldsymbol{g}_1\|\leqslant\|\boldsymbol{f}_2-\boldsymbol{g}_2\|$，则 G 对 $[\boldsymbol{f}_1,\boldsymbol{f}_2]$ 有唯一的最佳同时逼近 $\boldsymbol{g}_0=\lambda_0\boldsymbol{g}_1+(1-\lambda)\boldsymbol{g}_2$，其中

$$\lambda_0=\begin{cases}\dfrac{\|\boldsymbol{f}_1-\boldsymbol{g}_2\|^2-\|\boldsymbol{f}_2-\boldsymbol{g}_2\|^2}{2\|\boldsymbol{g}_1-\boldsymbol{g}_2\|^2}\in[0,\dfrac{1}{2}],\boldsymbol{g}_1\neq\boldsymbol{g}_2\\0,\boldsymbol{g}_1=\boldsymbol{g}_2\end{cases}$$

证　第一种情形：$\boldsymbol{g}_1\neq\boldsymbol{g}_2$. 下面分三步证明相应的结论.

(1) 存在 $\boldsymbol{g}_0\in G$，使 $\Phi(\boldsymbol{g}_0)=\|\boldsymbol{f}_2-\boldsymbol{g}_0\|$. 事实上，若 $\|\boldsymbol{f}_1-\boldsymbol{g}_2\|>\|\boldsymbol{f}_2-\boldsymbol{g}_2\|$，由方程

$$\begin{aligned}&\|\boldsymbol{f}_1-\lambda\boldsymbol{g}_1-(1-\lambda)\boldsymbol{g}_2\|=\\&\|\boldsymbol{f}_2-\lambda\boldsymbol{g}_1-(1-\lambda)\boldsymbol{g}_2\|\end{aligned}\tag{8.1}$$

得

$$\begin{aligned}&\|(\boldsymbol{f}_1-\boldsymbol{g}_1)+(1-\lambda)(\boldsymbol{g}_1-\boldsymbol{g}_2)\|^2=\\&\|(\boldsymbol{f}_2-\boldsymbol{g}_2)+\lambda(\boldsymbol{g}_2-\boldsymbol{g}_1)\|^2\end{aligned}$$

注意到

$$(\boldsymbol{f}_1-\boldsymbol{g}_1)\perp G,(\boldsymbol{f}_2-\boldsymbol{g}_2)\perp G$$

由上式得

$$\begin{aligned}&\|\boldsymbol{f}_1-\boldsymbol{g}_1\|^2+(1-\lambda)^2\|\boldsymbol{g}_1-\boldsymbol{g}_2\|^2=\\&\|\boldsymbol{f}_2-\boldsymbol{g}_2\|^2+\lambda^2\|\boldsymbol{g}_2-\boldsymbol{g}_1\|^2\end{aligned}\tag{8.2}$$

$$\lambda=\lambda_0\xlongequal{\Delta}\frac{\|\boldsymbol{f}_1-\boldsymbol{g}_1\|^2+\|\boldsymbol{g}_1-\boldsymbol{g}_2\|^2-\|\boldsymbol{f}_2-\boldsymbol{g}_2\|^2}{2\|\boldsymbol{g}_1-\boldsymbol{g}_2\|^2}=\frac{\|\boldsymbol{f}_1-\boldsymbol{g}_2\|^2-\|\boldsymbol{f}_2-\boldsymbol{g}_2\|^2}{2\|\boldsymbol{g}_1-\boldsymbol{g}_2\|^2}$$

其中最后一个等式我们用到勾股定理

$$\|\boldsymbol{f}_1-\boldsymbol{g}_2\|^2=\|(\boldsymbol{f}_1-\boldsymbol{g}_1)+(\boldsymbol{g}_1-\boldsymbol{g}_2)\|^2=\|\boldsymbol{f}_1-\boldsymbol{g}_1\|^2+\|\boldsymbol{g}_1-\boldsymbol{g}_2\|^2 \tag{8.3}$$

由假设和(8.3)有

$$\|\boldsymbol{f}_1-\boldsymbol{g}_2\|^2\leqslant\|\boldsymbol{f}_2-\boldsymbol{g}_2\|^2+\|\boldsymbol{g}_1-\boldsymbol{g}_2\|^2$$

故 $\lambda_0\leqslant\frac{1}{2}$;又由

$$\|\boldsymbol{f}_1-\boldsymbol{g}_2\|>\|\boldsymbol{f}_2-\boldsymbol{g}_2\|$$

知 $\lambda_0>0$,故 $\lambda_0\in(0,\frac{1}{2}]$.取 $\boldsymbol{g}_0=\lambda_0\boldsymbol{g}_1+(1-\lambda_0)\boldsymbol{g}_2$,则对 $\forall\lambda\in[0,1]$,有

$$\|\lambda\boldsymbol{f}_1+(1-\lambda)\boldsymbol{f}_2-\boldsymbol{g}_0\|\leqslant\lambda\|\boldsymbol{f}_1-\boldsymbol{g}_0\|+(1-\lambda)\|\boldsymbol{f}_2-\boldsymbol{g}_0\|\xlongequal{(8.1)}\|\boldsymbol{f}_1-\boldsymbol{g}_0\|=\|\boldsymbol{f}_2-\boldsymbol{g}_0\|$$

故

$$\Phi(\boldsymbol{g}_0)=\|\boldsymbol{f}_2-\boldsymbol{g}_0\|$$

若 $\|\boldsymbol{f}_1-\boldsymbol{g}_2\|\leqslant\|\boldsymbol{f}_2-\boldsymbol{g}_2\|$,取 $\lambda_0=0,\boldsymbol{g}_0=\boldsymbol{g}_2$,则对 $\forall\lambda\in[0,1]$,有

$$\|\lambda\boldsymbol{f}_1+(1-\lambda)\boldsymbol{f}_2-\boldsymbol{g}_0\|\leqslant\lambda\|\boldsymbol{f}_1-\boldsymbol{g}_2\|+(1-\lambda)\|\boldsymbol{f}_2-\boldsymbol{g}_2\|\leqslant\lambda\|\boldsymbol{f}_2-\boldsymbol{g}_2\|+(1-\lambda)\|\boldsymbol{f}_2-\boldsymbol{g}_2\|=\|\boldsymbol{f}_2-\boldsymbol{g}_0\|$$

故亦有

$$\Phi(\boldsymbol{g}_0)=\|\boldsymbol{f}_2-\boldsymbol{g}_0\|$$

(2) 当 $t\neq\lambda_0$ 时,$\boldsymbol{g}_t=t\boldsymbol{g}_1+(1-t)\boldsymbol{g}_2$ 满足 $\Phi(\boldsymbol{g}_t)>\Phi(\boldsymbol{g}_0)$.事实上,若 $t<\lambda_0$,由于 $\lambda_0<1$,故

$$1-t>1-\lambda_0>0$$

于是

$$\begin{aligned}\|\boldsymbol{f}_1-\boldsymbol{g}_t\|^2=&\|\boldsymbol{f}_1-t\boldsymbol{g}_1-(1-t)\boldsymbol{g}_2\|^2=\\&\|\boldsymbol{f}_1-\boldsymbol{g}_1+(1-t)(\boldsymbol{g}_1-\boldsymbol{g}_2)\|^2=\\&\|\boldsymbol{f}_1-\boldsymbol{g}_1\|^2+\\&(1-t)^2\|\boldsymbol{g}_1-\boldsymbol{g}_2\|^2>\\&\|\boldsymbol{f}_1-\boldsymbol{g}_1\|^2+\\&(1-\lambda_0)^2\|\boldsymbol{g}_1-\boldsymbol{g}_2\|^2\xlongequal{(8.2),(8.1)}\\&\|\boldsymbol{f}_2-\boldsymbol{g}_0\|^2=\\&[\Phi(\boldsymbol{g}_0)]^2\end{aligned}$$

故

$$\|\boldsymbol{f}_1-\boldsymbol{g}_t\|>\Phi(\boldsymbol{g}_0)$$

同理当 $t>\lambda_0$ 时,也有

$$\|\boldsymbol{f}_2-\boldsymbol{g}_t\|>\Phi(\boldsymbol{g}_0)$$

于是

$$\Phi(\boldsymbol{g}_t)>\Phi(\boldsymbol{g}_0)$$

(3) $\Phi(\boldsymbol{g})\geqslant\Phi(\boldsymbol{g}_0),\forall\boldsymbol{g}\in G$.事实上,取

$$t=\frac{(\boldsymbol{g}_2-\boldsymbol{g}_1,\boldsymbol{g}_2-\boldsymbol{g})}{\|\boldsymbol{g}_2-\boldsymbol{g}_1\|^2}$$

$$\boldsymbol{g}_t=t\boldsymbol{g}_1+(1-t)\boldsymbol{g}_2$$

则

$$\begin{aligned}(\boldsymbol{f}_1-\boldsymbol{g}_t,\boldsymbol{g}_t-\boldsymbol{g})=&(\boldsymbol{f}_1-\boldsymbol{g}_1+(1-t)(\boldsymbol{g}_1-\boldsymbol{g}_2),\\&t(\boldsymbol{g}_1-\boldsymbol{g})+(1-t)(\boldsymbol{g}_2-\boldsymbol{g}))=\\&(1-t)[t(\boldsymbol{g}_1-\boldsymbol{g}_2,\boldsymbol{g}_1-\boldsymbol{g})+\end{aligned}$$

$$
\begin{aligned}
&(1-t)(\boldsymbol{g}_1-\boldsymbol{g}_2,\boldsymbol{g}_2-\boldsymbol{g})]=\\
&(1-t)[t(\boldsymbol{g}_1-\boldsymbol{g}_2,\boldsymbol{g}_1-\boldsymbol{g})-\\
&t(\boldsymbol{g}_1-\boldsymbol{g}_2,\boldsymbol{g}_2-\boldsymbol{g})+\\
&(\boldsymbol{g}_1-\boldsymbol{g}_2,\boldsymbol{g}_2-\boldsymbol{g})]=\\
&(1-t)[t(\boldsymbol{g}_1-\boldsymbol{g}_2,\boldsymbol{g}_1-\boldsymbol{g}_2)+\\
&(\boldsymbol{g}_1-\boldsymbol{g}_2,\boldsymbol{g}_2-\boldsymbol{g})]=\\
&(1-t)[(\boldsymbol{g}_2-\boldsymbol{g}_1,\boldsymbol{g}_2-\boldsymbol{g})+\\
&(\boldsymbol{g}_1-\boldsymbol{g}_2,\boldsymbol{g}_2-\boldsymbol{g})]=0
\end{aligned}
$$

故$(\boldsymbol{f}_1-\boldsymbol{g}_t)\perp(\boldsymbol{g}_t-\boldsymbol{g})$.同理$(\boldsymbol{f}_2-\boldsymbol{g}_t)\perp(\boldsymbol{g}_t-\boldsymbol{g})$.于是

$$
\begin{aligned}
\|\boldsymbol{f}_1-\boldsymbol{g}\| &= \|(\boldsymbol{f}_1-\boldsymbol{g}_t)+(\boldsymbol{g}_t-\boldsymbol{g})\| = \\
&\sqrt{\|\boldsymbol{f}_1-\boldsymbol{g}_t\|^2+\|\boldsymbol{g}_t-\boldsymbol{g}\|^2} \geqslant \\
&\|\boldsymbol{f}_1-\boldsymbol{g}_t\| \qquad (8.4)
\end{aligned}
$$

$$
\begin{aligned}
\|\boldsymbol{f}_2-\boldsymbol{g}\| &= \|(\boldsymbol{f}_2-\boldsymbol{g}_t)+(\boldsymbol{g}_t-\boldsymbol{g})\| \geqslant \\
&\|\boldsymbol{f}_2-\boldsymbol{g}_t\| \qquad (8.5)
\end{aligned}
$$

故

$$
\begin{aligned}
\Phi(\boldsymbol{g}) &\geqslant \max(\|\boldsymbol{f}_1-\boldsymbol{g}\|,\|\boldsymbol{f}_2-\boldsymbol{g}\|) \geqslant \\
&\max(\|\boldsymbol{f}_1-\boldsymbol{g}_t\|,\|\boldsymbol{f}_2-\boldsymbol{g}_t\|) \geqslant \\
&\Phi(\boldsymbol{g}_0) \qquad (8.6)
\end{aligned}
$$

综上:当$\boldsymbol{g}_1\neq\boldsymbol{g}_2$时,$G$对$[\boldsymbol{f}_1,\boldsymbol{f}_2]$的最佳同时逼近是$\boldsymbol{g}_0$;注意到(8.4),(8.5)中的"$\geqslant$"成为"$=$",当且仅当$\boldsymbol{g}_t=\boldsymbol{g}$,(8.6)中的后一个"$\geqslant$"成为"$=$",当且仅当$t=\lambda_0$,故当$\boldsymbol{g}\neq\boldsymbol{g}_0$时$\Phi(\boldsymbol{g})>\Phi(\boldsymbol{g}_0)$,故$G$对$[\boldsymbol{f}_1,\boldsymbol{f}_2]$的最佳同时逼近唯一.第一种情形证毕.

第二种情形:$\boldsymbol{g}_1=\boldsymbol{g}_2=\boldsymbol{g}_0$.

易知$\Phi(\boldsymbol{g}_0)=\|\boldsymbol{f}_2-\boldsymbol{g}_0\|$,又对$\forall\boldsymbol{g}\in G,\boldsymbol{g}\neq\boldsymbol{g}_0$,有

$$
\|\boldsymbol{f}_2-\boldsymbol{g}\| = \|(\boldsymbol{f}_2-\boldsymbol{g}_0)+(\boldsymbol{g}_0-\boldsymbol{g})\| >
$$

$$\| f_2 - g_0 \| = \Phi(g_0)$$

故 G 对 $[f_1, f_2]$ 的唯一最佳同时逼近是 g_2.第二种情形证毕.

推论1　H, G 如前所设，$f_1, f_2 \in G$，则 G 对 $[f_1, f_2]$ 的唯一最佳同时逼近是 $\frac{1}{2}(f_1 + f_2)$.

推论2　设定点 $\theta \neq v \in H$，$\| v \| = 1$，$G = \{x : (x, v) = 0\}$，$f_1, f_2 \in H$，$|(f_1, v)| \leqslant |(f_2, v)|$，则 G 对 $[f_1, f_2]$ 的唯一最佳同时逼近是

$$g_0 = \lambda_0 [f_1 - (f_1, v)v] + (1 - \lambda_0)[f_2 - (f_2, v)v]$$

其中

$$\lambda_0 = \begin{cases} \frac{1}{2} \frac{\| f_2 \|^2 + \| f_1 \|^2 - 2(f_2, f_1) - 2(f_2, v)(f_2 - f_1, v)}{\| f_2 \|^2 + \| f_1 \|^2 - 2(f_2, f_1) - (f_2 - f_1, v)^2}, \\ f_2 - f_1 \text{ 不是 } v \text{ 的倍数} \\ 0, f_2 - f_1 \text{ 是 } v \text{ 的倍数} \end{cases}$$

证　易知 f_i 到 G 的投影是

$$g_i = f_i - (f_i, v)v$$

故

$$\| f_i - g_i \| = |(f_i, v)| \quad (i = 1, 2)$$

于是由假设有

$$\| f_1 - g_1 \| \leqslant \| f_2 - g_2 \|$$

又易验证 $g_2 = g_1$ 等价于 $f_2 - f_1$ 是 v 的倍数，于是由定理并做计算即可得 λ_0 的表达式.证毕.

推论2给出了余维数是1的闭子空间对 $[f_1, f_2]$ 的最佳同时逼近公式，由相关文献①我们可以给出余

① 罗先发.实希尔伯特空间中点到无穷余维子空间的距离[J].吉首大学学报，1996，17(2)：32-34.

维数是 $n(1<n\leqslant\infty)$ 的闭子空间对 $[\boldsymbol{f}_1,\boldsymbol{f}_2]$ 的最佳同时逼近公式.仍由定理,我们还给出具有标准正交基的闭子空间对闭区间的最佳同时逼近公式.由于公式推导中没有什么技巧,故均从略.

§9 希尔伯特空间中多面体约束最佳逼近的算法①

设 K 是希尔伯特空间 X 中有限个闭半空间的非空交集,江南学院数理部的许树声教授 1999 年给出了求定点 $\boldsymbol{x}\in X\backslash K$ 在 K 中的最佳逼近 $P_K(\boldsymbol{x})$ 的一种算法,由此算法产生的有限序列 $\boldsymbol{x}_0,\boldsymbol{x}_1,\cdots,\boldsymbol{x}_k$ 满足

$$\boldsymbol{x}_k=P_K(\boldsymbol{x})$$

且误差 $\|\boldsymbol{x}_j-P_K(\boldsymbol{x})\|$ 单调减少并有简单的上界估计.

关于求希尔伯特空间中点 $\boldsymbol{x}$ 在"多面体"中的最佳逼近问题的历史背景可见相关文献②.

设 X 为一个希尔伯特空间.对 $i=1,2,\cdots,r(r\geqslant 2)$,给定 $c_i\in\mathbf{R},\boldsymbol{f}_i\in X,\|\boldsymbol{f}_i\|=1$.记

$$H_i=\{\boldsymbol{x}\in X\mid\langle\boldsymbol{x},\boldsymbol{f}_i\rangle=c_i\}$$

$$K_i=\{\boldsymbol{x}\in X\mid\langle\boldsymbol{x},\boldsymbol{f}_i\rangle\leqslant c_i\}$$

$$K=\bigcap_{i=1}^{r}K_i$$

设各 H_i 互不重合,K 非空.由于 K 是一个凸闭集,对任意 $\boldsymbol{x}\in X$,必唯一地存在 $\boldsymbol{x}$ 在 K 中的最佳逼近

① 本节摘编自《江南学院学报》,1999,14(3):3-10.

② 许树声.多面体情况下 Dykstra 循环投影算法的收敛速度的估计[J].江南大学学报,1996,10(4):1-10.

$P_K(\boldsymbol{x})$.为方便起见,不妨设 $\boldsymbol{x}=\boldsymbol{O}$(只要作适当的平移即可),并设 $\boldsymbol{O}\notin K$.

设 $X_n=\mathrm{span}\{\boldsymbol{f}_i\}_{i=1}^r$ 的维数为 n.易见,当 $\boldsymbol{x}\in K$ 时,$\boldsymbol{x}$ 在 X_n 中的投影 $\boldsymbol{x}'$ 也属于 K,这是因为

$$\langle \boldsymbol{x}',\boldsymbol{f}_i\rangle=\langle \boldsymbol{x}'-\boldsymbol{x},\boldsymbol{f}_i\rangle+\langle \boldsymbol{x},\boldsymbol{f}_i\rangle\leqslant 0+c_i$$

$$(i\in\{1,2,\cdots,r\})$$

对 $\boldsymbol{x},\boldsymbol{y}\in X$,用$[\boldsymbol{x}\boldsymbol{y}]$表示集合

$$\{(1-\lambda)\boldsymbol{x}+\lambda\boldsymbol{y}:\lambda\in[0,1]\}$$

对 $I\subset\{1,2,\cdots,r\}$,记 I 中的元素个数为 $|I|$,并记

$$H(I)=\bigcap_{i\in I}H_i$$

$$K(I)=\bigcap_{i\in I}K_i$$

$$\boldsymbol{P}_I=P_{H(I)}(\boldsymbol{O})$$

又对 $\boldsymbol{x}\in X$,记

$$I(\boldsymbol{x})=\{i\in\{1,2,\cdots,r\}:\langle \boldsymbol{x},\boldsymbol{f}_i\rangle=c_i\}$$

根据下面的引理 2,当$\{\boldsymbol{f}_i\}_{i\in I}$ 线性无关时,$\boldsymbol{P}_I$ 可写为$\{\boldsymbol{f}_i\}_{i\in I}$ 的线性组合,因而可定义如下集合:$T(\boldsymbol{x})=\{I\subset I(\boldsymbol{x}):0<|I|<n,\{\boldsymbol{f}_i\}_{i\in I}$ 线性无关,且 $\boldsymbol{P}_I\neq\boldsymbol{O}$ 可表示为$\sum\limits_{i\in I}\alpha_i\boldsymbol{f}_i$,其中 $\alpha_i\leqslant 0,i\in I\}$.

定义 1　设 $k\geqslant 1,\boldsymbol{x}_0,\boldsymbol{x}_1,\cdots,\boldsymbol{x}_k\in K$,若 $\boldsymbol{x}_1=P_{K\cap[\boldsymbol{x}'_0\boldsymbol{O}]}(\boldsymbol{O})$,其中 $\boldsymbol{x}'_0$ 是 $\boldsymbol{x}_0$ 在 X_n 上的投影,且对 $j=1,2,\cdots,k-1$,存在 $I_j\in T(\boldsymbol{x}_i)$,使得

$$\boldsymbol{x}_{j+1}=P_{K\cap[\boldsymbol{x}_j\boldsymbol{P}_{I_j}]}(\boldsymbol{P}_{I_j})\neq\boldsymbol{x}_j\tag{9.1}$$

则称 $\boldsymbol{x}_0,\boldsymbol{x}_1,\cdots,\boldsymbol{x}_k$ 为 K 中趋向于 $\boldsymbol{O}$ 的一个逐次逼近序列.

定理 1　对 K 中任一点 $\boldsymbol{x}_0$,都存在一个 K 中趋向于 $\boldsymbol{O}$ 的逐次逼近序列 $\boldsymbol{x}_0,\boldsymbol{x}_1,\cdots,\boldsymbol{x}_k$,使得:

(1)$\boldsymbol{x}_k = P_K(\boldsymbol{O})$;

(2)

$$\begin{cases} \|\boldsymbol{x}_1\| \leqslant \|\boldsymbol{x}_0\| \\ \|\boldsymbol{x}_{j+1}\| < \|\boldsymbol{x}_j\|, 1 \leqslant j < k \end{cases} \tag{9.2}$$

$$0 < \|\boldsymbol{x}_{j+1}\| - \|P_K(\boldsymbol{O})\| < \|\boldsymbol{x}_{j+1}\| - \|\boldsymbol{P}_{I_j}\| \quad (1 \leqslant j < k-1) \tag{9.3}$$

$$\|\boldsymbol{x}_{j+1} - P_K(\boldsymbol{O})\| < \|\boldsymbol{x}_j - P_K(\boldsymbol{O})\| \quad (1 \leqslant j < k) \tag{9.4}$$

$$\|\boldsymbol{x}_{j+1} - P_K(\boldsymbol{O})\| < (\|\boldsymbol{x}_{j+1}\|^2 - \|\boldsymbol{P}_{I_j}\|^2)^{\frac{1}{2}} \quad (1 \leqslant j < k-1) \tag{9.5}$$

上述定理中的逐次逼近序列可以通过以下算法求得:

逐次逼近序列的算法　第0步:求给定点$\boldsymbol{x}_0 \in K$在X_n中的投影$\boldsymbol{x}'_0$,并求$\boldsymbol{O}$在$K \cap [\boldsymbol{x}'_0\boldsymbol{O}]$中的最佳逼近.令

$$\boldsymbol{x}_1 = P_{K\cap[\boldsymbol{x}'_0\boldsymbol{O}]}(\boldsymbol{O}), T_1 = T(\boldsymbol{x}_1), d_1 = 0$$

置$j=1$,转第j步.

第j步:逐一地对$I \in T_j$计算$\boldsymbol{P}_I$.若$\|\boldsymbol{P}_I\| > d_j$,则求$P_{K\cap[\boldsymbol{x}_j\boldsymbol{P}_I]}(\boldsymbol{P}_I)$.

情况j.1:若存在$I_j \in T_j$,使得

$$\|\boldsymbol{P}_{I_j}\| > d_j \tag{$*$}$$

并且

$$P_{K\cap[\boldsymbol{x}_j\boldsymbol{P}_{I_j}]}(\boldsymbol{P}_{I_j}) = \boldsymbol{P}_{I_j} \text{ 或} \neq \boldsymbol{x}_j \tag{$**$}$$

那么:

情况j.1.1:当$P_{K\cap[\boldsymbol{x}_j\boldsymbol{P}_{I_j}]}(\boldsymbol{P}_{I_j}) = \boldsymbol{P}_{I_j} = \boldsymbol{x}_j$时,令$k=j$并结束.

情况j.1.2:当$P_{K\cap[\boldsymbol{x}_j\boldsymbol{P}_{I_j}]}(\boldsymbol{P}_{I_j}) = \boldsymbol{P}_{I_j} \neq \boldsymbol{x}_j$时,令

$\boldsymbol{x}_{j+1}=P_{K\cap[\boldsymbol{x}_j\boldsymbol{P}_{I_j}]}(\boldsymbol{P}_{I_j})$，$k=j+1$ 并结束.

情况 j.1.3：当 $P_{K\cap[\boldsymbol{x}_j\boldsymbol{P}_{I_j}]}(\boldsymbol{P}_{I_j})\neq\boldsymbol{P}_{I_j}$ 时，令 $\boldsymbol{x}_{j+1}=P_{K\cap[\boldsymbol{x}_j\boldsymbol{P}_{I_j}]}(\boldsymbol{P}_{I_j})$ 以及

$$T_{j+1}=\{I\notin T_1\cup\cdots\cup T_j:I\in T(\boldsymbol{x}_{j+1})\}$$

$$d_{j+1}=\|\boldsymbol{P}_{I_j}\|$$

并置 $j\leftarrow j+1$，转第 j 步.

情况 j.2：若不存在 $I_j\in T_j$，使得（$*$）和（$**$）成立，则令 $k=j$ 并结束.

因为根据相关文献①的定理2.4.2不难求 $\boldsymbol{x}_0$ 在 X_n 中的投影 $\boldsymbol{x}'_0$，所以利用下面的引理1与引理2即可实施上述算法.

引理 1　对任意 $\boldsymbol{x}\in K$ 及 $\boldsymbol{y}\in X$，有

$$P_{K\cap[\boldsymbol{x}\boldsymbol{y}]}(\boldsymbol{y})=(1-\lambda)\boldsymbol{x}+\lambda\boldsymbol{y}$$

其中当 $\hat{I}=\{i\in\{1,2,\cdots,r\}:\langle\boldsymbol{y},\boldsymbol{f}_i\rangle>c_i\}$ 是空集时 λ 为1，否则

$$\lambda=\min\{\lambda_i:\lambda_i=\frac{c_i-\langle\boldsymbol{x},\boldsymbol{f}_i\rangle}{\langle\boldsymbol{y},\boldsymbol{f}_i\rangle-\langle\boldsymbol{x},\boldsymbol{f}_i\rangle},i\in\hat{I}\}$$

并且 $\lambda\in[0,1)$.

此引理证略.

引理 2　设 $I=\{i_1,i_2,\cdots,i_s\}\subset\{1,2,\cdots,r\}$，使 $\{\boldsymbol{f}_{i_j}\}_{j=1}^s$ 线性无关，则

$$\boldsymbol{P}_I=\sum_{j=1}^s\alpha_{i_j}\boldsymbol{f}_{i_j}$$

$$\|\boldsymbol{P}_I\|^2=\sum_{j=1}^s\sum_{m=1}^s\alpha_{i_j}\alpha_{i_m}\langle\boldsymbol{f}_{i_j},\boldsymbol{f}_{i_m}\rangle\qquad(9.6)$$

---

① LAURENT P J. Approximation et Optimisation [J]. Collection Enseignement des Sciences, Hermann, Paris, 1972, 13.

其中

$$\alpha_{i_j}=\frac{G_{i_j}(i_1,\cdots,i_s,(c_{i_1},\cdots,c_{i_s}))}{G(i_1,\cdots,i_s)}$$

$$G(i_1,\cdots,i_s)=\begin{vmatrix}\langle \boldsymbol{f}_{i_1},\boldsymbol{f}_{i_1}\rangle & \langle \boldsymbol{f}_{i_1},\boldsymbol{f}_{i_2}\rangle & \cdots & \langle \boldsymbol{f}_{i_1},\boldsymbol{f}_{i_s}\rangle \\ \langle \boldsymbol{f}_{i_2},\boldsymbol{f}_{i_1}\rangle & \langle \boldsymbol{f}_{i_2},\boldsymbol{f}_{i_2}\rangle & \cdots & \langle \boldsymbol{f}_{i_2},\boldsymbol{f}_{i_s}\rangle \\ \vdots & \vdots & & \vdots \\ \langle \boldsymbol{f}_{i_s},\boldsymbol{f}_{i_1}\rangle & \langle \boldsymbol{f}_{i_s},\boldsymbol{f}_{i_2}\rangle & \cdots & \langle \boldsymbol{f}_{i_s},\boldsymbol{f}_{i_s}\rangle\end{vmatrix}$$

$$G_{i_j}(i_1,\cdots,i_s,(c_{i_1},\cdots,c_{i_s}))=$$

$$\begin{vmatrix}\langle f_{i_1},f_{i_1}\rangle & \cdots & \langle f_{i_1},f_{i_{j-1}}\rangle & c_{i_1} & \langle f_{i_1},f_{i_{j+1}}\rangle & \cdots & \langle f_{i_1},f_{i_s}\rangle \\ \langle f_{i_2},f_{i_1}\rangle & \cdots & \langle f_{i_2},f_{i_{j-1}}\rangle & c_{i_2} & \langle f_{i_2},f_{i_{j+1}}\rangle & \cdots & \langle f_{i_2},f_{i_s}\rangle \\ \vdots & & \vdots & \vdots & \vdots & & \vdots \\ \langle f_{i_s},f_{i_1}\rangle & \cdots & \langle f_{i_s},f_{i_{j-1}}\rangle & c_{i_s} & \langle f_{i_s},f_{i_{j+1}}\rangle & \cdots & \langle f_{i_s},f_{i_s}\rangle\end{vmatrix}$$

证　设 $\boldsymbol{P}=\sum_{j=1}^{s}\alpha_{i_j}\boldsymbol{f}_{i_j}$.由克莱姆法则,我们有 $\langle \boldsymbol{P},\boldsymbol{f}_{i_j}\rangle=c_{i_j},j=1,2,\cdots,s$.因而 $\boldsymbol{P}\in H(I)$.

对任意 $\boldsymbol{x}\in H(I)$,由 $\langle \boldsymbol{x},\boldsymbol{f}_{i_j}\rangle=c_{i_j},j=1,2,\cdots,s$,我们得

$$\begin{aligned}\langle \boldsymbol{x}-\boldsymbol{P},\boldsymbol{P}\rangle &=\sum_{j=1}^{s}\alpha_{i_j}\langle \boldsymbol{x}-\boldsymbol{P},\boldsymbol{f}_{i_j}\rangle= \\ &\sum_{j=1}^{s}\alpha_{i_j}(\langle \boldsymbol{x},\boldsymbol{f}_{i_j}\rangle-\langle \boldsymbol{P},\boldsymbol{f}_{i_j}\rangle)=0\end{aligned}$$

于是

$$\begin{aligned}\|\boldsymbol{x}\|^2= &\|\boldsymbol{x}-\boldsymbol{P}+\boldsymbol{P},\boldsymbol{x}-\boldsymbol{P}+\boldsymbol{P}\|^2= \\ &\|\boldsymbol{x}-\boldsymbol{P}\|^2+2\langle \boldsymbol{x}-\boldsymbol{P},\boldsymbol{P}\rangle+\|\boldsymbol{P}\|^2\geqslant \\ &\|\boldsymbol{P}\|^2\end{aligned}$$

因此 $\boldsymbol{P}=\boldsymbol{P}_I$,且(9.6)显然成立.

为证明定理1,我们需要以下引理.特别地,当 $\boldsymbol{O}\in K$ 时引理3也成立.

引理3　$\boldsymbol{x}^* \in K$ 是最佳逼近 $P_K(\boldsymbol{O})$ 的充要条件是存在 $\alpha_i \leqslant 0, i \in I(\boldsymbol{x}^*)$ 满足 $\boldsymbol{x}^* = \sum\limits_{i \in I(\boldsymbol{x}^*)} \alpha_i \boldsymbol{f}_i$.

证　对任意 $S \subset X$，记 S 的闭包为 $\bar{S}$，并设

$$S^\circ = \{\boldsymbol{x} \in X : \langle \boldsymbol{x}, \boldsymbol{y} \rangle \leqslant 0, \forall \boldsymbol{y} \in S\}$$

$$\mathrm{cc}(S) = \{\boldsymbol{x} : \boldsymbol{x} = \sum_{i=1}^{m} \lambda_i \boldsymbol{y}_i, \boldsymbol{y}_i \in S, \lambda_i \geqslant 0, m \in \mathbf{N}_+\}$$

由相关文献①的命题(6.9.2)可得

$$S^{\circ\circ} = \overline{\mathrm{cc}(S)} \tag{9.7}$$

众所周知，$\boldsymbol{x}^* = P_K(\boldsymbol{O})$ 当且仅当 $-\boldsymbol{x}^* \in (K - \boldsymbol{x}^*)^\circ$，因此只要证明下式即可

$$(K - \boldsymbol{x}^*)^\circ = \mathrm{cc}\{\boldsymbol{f}_i : i \in I(\boldsymbol{x}^*)\} \tag{9.8}$$

事实上，(a) 若 $\boldsymbol{f} = \sum\limits_{i \in I(\boldsymbol{x}^*)} \lambda_i \boldsymbol{f}_i, \lambda_i \geqslant 0$，则对任意 $\boldsymbol{x} \in K - \boldsymbol{x}^*$，由 $\langle \boldsymbol{x}^* + \boldsymbol{x}, \boldsymbol{f}_i \rangle \leqslant c_i$ 及 $\langle \boldsymbol{x}^*, \boldsymbol{f}_i \rangle = c_i$，$i \in I(\boldsymbol{x}^*)$ 可得

$$\langle \boldsymbol{f}, \boldsymbol{x} \rangle = \sum_{i \in I(\boldsymbol{x}^*)} \lambda_i \langle \boldsymbol{f}_i, \boldsymbol{x} \rangle \leqslant 0$$

因此有 $\boldsymbol{f} \in (K - \boldsymbol{x}^*)^\circ$ 及

$$\mathrm{cc}\{\boldsymbol{f}_i : i \in I(\boldsymbol{x}^*)\} \subset (K - \boldsymbol{x}^*)^\circ \tag{9.9}$$

(b) 反之，设 $\boldsymbol{f} \in (K - \boldsymbol{x}^*)^\circ$. 设 $\boldsymbol{x}$ 是 $\bigcap\limits_{i \in I(\boldsymbol{x}^*)} (K_i - \boldsymbol{x}^*)$ 中的任意点，则对任意 $i \in I(\boldsymbol{x}^*)$，由 $\boldsymbol{x} \in K_i - \boldsymbol{x}^*$ 及 $I(\boldsymbol{x}^*)$ 的定义可得

$$\langle \boldsymbol{x}, \boldsymbol{f}_i \rangle = \langle \boldsymbol{x} + \boldsymbol{x}^*, \boldsymbol{f}_i \rangle - \langle \boldsymbol{x}^*, \boldsymbol{f}_i \rangle \leqslant c_i - c_i = 0$$

因而

---

① LAURENT P J. Approximation et Optimisation [J]. Collection Enseignement des Sciences, Hermann, Paris, 1972, 13.

$$\langle \boldsymbol{x}^* + \varepsilon \boldsymbol{x}, \boldsymbol{f}_i \rangle \leqslant c_i \quad (i \in I(\boldsymbol{x}^*), \varepsilon > 0) \tag{9.10}$$

由于对任意 $i \notin I(\boldsymbol{x}^*)$ 有 $\langle \boldsymbol{x}^*, \boldsymbol{f}_i \rangle < c_i$，故存在 $\varepsilon > 0$，使得

$$\langle \boldsymbol{x}^* + \varepsilon \boldsymbol{x}, \boldsymbol{f}_i \rangle \leqslant c_i \quad (i \notin I(\boldsymbol{x}^*))$$

结合(9.10)就得 $\varepsilon \boldsymbol{x} \in K - \boldsymbol{x}^*$，故

$$\langle \boldsymbol{f}, \boldsymbol{x} \rangle = \frac{1}{\varepsilon} \langle \varepsilon \boldsymbol{x}, \boldsymbol{f} \rangle \leqslant 0$$

此即

$$\boldsymbol{f} = [\bigcap_{i \in I(\boldsymbol{x}^*)} (K_i - \boldsymbol{x}^*)]^\circ \tag{9.11}$$

注意到 $\boldsymbol{y} \in [\mathrm{cc}\{\boldsymbol{f}_i : i \in I(\boldsymbol{x}^*)\}]^\circ$ 蕴涵 $\langle \boldsymbol{y}, \boldsymbol{f}_i \rangle \leqslant 0, i \in I(\boldsymbol{x}^*)$，从而

$$\boldsymbol{y} \in \bigcap_{i \in I(\boldsymbol{x}^*)} (K_i - \boldsymbol{x}^*)$$

我们有

$$[\mathrm{cc}\{\boldsymbol{f}_i : i \in I(\boldsymbol{x}^*)\}]^\circ \subset \bigcap_{i \in I(\boldsymbol{x}^*)} (K_i - \boldsymbol{x}^*)$$

由(9.11)，(9.7)并注意 $I(\boldsymbol{x}^*)$ 为有限集即可得到

$$\begin{aligned} \boldsymbol{f} \in [\bigcap_{i \in I(\boldsymbol{x}^*)} (K_i - \boldsymbol{x}^*)]^\circ \subset \\ [\mathrm{cc}\{\boldsymbol{f}_i : i \in I(\boldsymbol{x}^*)\}]^{\circ\circ} = \\ \overline{\mathrm{cc}\{\boldsymbol{f}_i : i \in I(\boldsymbol{x}^*)\}} = \\ \mathrm{cc}\{\boldsymbol{f}_i : i \in I(\boldsymbol{x}^*)\} \end{aligned}$$

结合(9.9)即得(9.8).

引理 4 若 $\boldsymbol{x} \in K, I \in T(\boldsymbol{x})$，则

$$K \subset K_I, H(I) \subset H_I \tag{9.12}$$

$$P_{K_I}(\boldsymbol{O}) = \boldsymbol{P}_I \tag{9.13}$$

其中

$$K_I = \{\boldsymbol{y} \in X : \langle \boldsymbol{y}, -\frac{\boldsymbol{P}_I}{\|\boldsymbol{P}_I\|} \rangle \leqslant -\|\boldsymbol{P}_I\|\}$$

$$H_I=\{\boldsymbol{y}\in X:\langle\boldsymbol{y},-\frac{\boldsymbol{P}_I}{\|\boldsymbol{P}_I\|}\rangle=-\|\boldsymbol{P}_I\|\}$$

证　根据 $T(\boldsymbol{x})$ 的定义易知

$$\boldsymbol{P}_I=\sum_{i\in I}\alpha_i\boldsymbol{f}_i\neq\boldsymbol{0}\quad(\alpha_i\leqslant 0)$$

因此由 $\boldsymbol{P}_I\in H(I)$ 可知,对任一 $\boldsymbol{y}\in K$ 有

$$\langle\boldsymbol{y},-\frac{\boldsymbol{P}_I}{\|\boldsymbol{P}_I\|}\rangle=\sum_{i\in I}\frac{-\alpha_i}{\|\boldsymbol{P}_I\|}\langle\boldsymbol{y},\boldsymbol{f}_i\rangle\leqslant$$
$$-\frac{1}{\|\boldsymbol{P}_I\|}\sum_{i\in I}\alpha_i c_i=$$
$$-\frac{1}{\|\boldsymbol{P}_I\|}\sum_{i\in I}\alpha_i\langle\boldsymbol{f}_i,\boldsymbol{P}_I\rangle=$$
$$-\|\boldsymbol{P}_I\|$$

因而 $K\subset K_I$.$H(I)\subset H_I$ 的证明类似.

又对任意 $\boldsymbol{y}\in K_I$,由 K_I 的定义可知

$$\langle\boldsymbol{y},-\boldsymbol{P}_I\rangle\leqslant-\langle\boldsymbol{P}_I,\boldsymbol{P}_I\rangle$$

即$\langle\boldsymbol{y}-\boldsymbol{P}_I,\boldsymbol{P}_I\rangle\geqslant 0$,故

$$\|\boldsymbol{y}\|^2=\|\boldsymbol{y}-\boldsymbol{P}_I\|^2+2\langle\boldsymbol{y}-\boldsymbol{P}_I,\boldsymbol{P}_I\rangle+$$
$$\|\boldsymbol{P}_I\|^2\geqslant\|\boldsymbol{P}_I\|^2$$

于是由 $\boldsymbol{P}_I\in H_I$ 即得(9.13).

引理 5　设 $\boldsymbol{x}^*=P_K(\boldsymbol{O})$,则存在 $I(\boldsymbol{x}^*)$ 的非空子集 I^*,使得$\{\boldsymbol{f}_i\}_{i\in I(\boldsymbol{x}^*)}$ 线性无关并存在$\{\alpha_i\}_{i\in I^*}$,使得

$$\boldsymbol{x}^*=\sum_{i\in I^*}\alpha_i\boldsymbol{f}_i\quad(\alpha_i\leqslant 0)\tag{9.14}$$

并且

$$\boldsymbol{x}^*=\boldsymbol{P}_{I^*}\tag{9.15}$$

证　由引理 3 可知存在 $I(\boldsymbol{x}^*)$ 的非空子集 I,使得 $\boldsymbol{x}^*$ 可写为$\{\boldsymbol{f}_i\}_{i\in I}$ 的负系数的线性组合.若满足这一条件的子集 I 不止一个,可以选其中元素个数最少

的一个记为 I',于是

$$x^{*}=\sum_{i\in I'}\alpha_{i}f_{i}\quad(\alpha_{i}<0,i\in I')$$

不难证明这时$\{f_{i}\}_{i\in I'}$线性无关.事实上,若有不全为零的系数$\{a_{i}\}_{i\in I'}$使$\sum_{i\in I'}a_{i}f_{i}=\mathbf{0}$,则对任意$\alpha\in\mathbf{R}$有

$$x^{*}=\sum_{i\in I'}(\alpha_{i}-\alpha a_{i})f_{i}\tag{9.16}$$

只要取$\alpha=\frac{\alpha_{i_0}}{a_{i_0}}$,其中$i_0\in I'$满足

$$\left|\frac{\alpha_{i_0}}{a_{i_0}}\right|=\min_{i\in I'}\left|\frac{\alpha_{i}}{a_{i}}\right|$$

则

$$|\alpha a_{i}|=\left|\frac{\alpha_{i}}{a_{i}}\right|\cdot|a_{i}|=|\alpha_{i}|\quad(i\in I')$$

于是式(9.16)右边的f_{i}的系数当$i=i_0$时为零,当$i\neq i_0$时不大于零,这与I'的假设矛盾.

取集合I^{*}使$I'\subset I^{*}\subset I(x^{*})$且$\{f_{i}\}_{i\in I^{*}}$是$\{f_{i}\}_{i\in I(x^{*})}$的一个最大无关组,于是(9.14)成立.

反设$x^{*}\neq P_{I^{*}}$,则由$x^{*}\in H(I^{*})$可得

$$\|P_{I^{*}}\|<\|x^{*}\|\tag{9.17}$$

容易证明对$i\in I(x^{*})$有

$$\langle P_{I^{*}},f_{i}\rangle=c_{i}=\langle x^{*},f_{i}\rangle\tag{9.18}$$

事实上,当$i\in I^{*}$时(9.18)显然成立,而当$i\in(x^{*})\backslash I^{*}$时,只要设$f_{i}=\sum_{j\in I^{*}}a_{j}f_{j}$,则

$$\langle P_{I^{*}},f_{i}\rangle=\sum_{j\in I^{*}}a_{j}\langle P_{I^{*}},f_{j}\rangle=\sum_{j\in I^{*}}a_{j}c_{j}=$$
$$\sum_{j\in I^{*}}a_{j}\langle x^{*},f_{j}\rangle=$$

$$\langle \boldsymbol{x}^*, \boldsymbol{f}_i \rangle = c_i$$

(9.18) 亦成立.由于$\langle \boldsymbol{x}^*, \boldsymbol{f}_i \rangle < c_i, i \notin I(\boldsymbol{x}^*)$,因而存在$\lambda > 0$,使得

$$\boldsymbol{x}_\lambda = (1-\lambda)\boldsymbol{x}^* + \lambda \boldsymbol{P}_{I^*} \in K_i \quad (i = 1, 2, \cdots, r)$$

并由(9.17) 可得$\| \boldsymbol{x}_\lambda \| < \| \boldsymbol{x}^* \|$,这与$\boldsymbol{x}^*$的定义矛盾.

引理6　设$\boldsymbol{x} \in K \cap X_n, \boldsymbol{O} \notin K(I(\boldsymbol{x}))$,若对任意$I \in T(\boldsymbol{x})$必有$P_{K \cap [\boldsymbol{x}\boldsymbol{P}_I]}(\boldsymbol{P}_I) = \boldsymbol{x}$,则$\boldsymbol{x} = P_K(\boldsymbol{O})$.

证　设$K(I(\boldsymbol{x}))$对$\boldsymbol{O}$的最佳逼近为$\boldsymbol{x}^*$,则$\boldsymbol{x}^* \neq \boldsymbol{O}$.应用引理5于$K(I(\boldsymbol{x}))$可得到一非空子集

$$I^* \subset I(\boldsymbol{x}^*) \cap I(\boldsymbol{x}) \tag{9.19}$$

使得$\{\boldsymbol{f}_i\}_{i \in I^*}$线性无关且(9.14) 与(9.15) 成立.

若$|I^*| < n$,则$I^* \in T(\boldsymbol{x})$并由假设可得

$$P_{K \cap [\boldsymbol{x}\boldsymbol{P}_{I^*}]}(\boldsymbol{P}_{I^*}) = P_{K \cap [\boldsymbol{x}\boldsymbol{x}^*]}(\boldsymbol{x}^*) = \boldsymbol{x}$$

因而由引理1可知,存在$\lambda \in [0,1]$使

$$(1-\lambda)\boldsymbol{x} + \lambda \boldsymbol{x}^* = \boldsymbol{x}$$

若$\lambda = 0$,则存在

$$i \in \hat{I} = \{i : \langle \boldsymbol{x}^*, \boldsymbol{f}_i \rangle \geqslant c_i\} \tag{9.20}$$

使

$$0 = \lambda = \lambda_i = \frac{c_i - \langle \boldsymbol{x}, \boldsymbol{f}_i \rangle}{\langle \boldsymbol{x}^*, \boldsymbol{f}_i \rangle - \langle \boldsymbol{x}, \boldsymbol{f}_i \rangle}$$

于是$\langle \boldsymbol{x}, \boldsymbol{f}_i \rangle = c_i$,故$i \in I(\boldsymbol{x})$,并由(9.20) 可知$\boldsymbol{x}^* \notin K(I(\boldsymbol{x}))$,这与$\boldsymbol{x}^*$的定义矛盾.因此我们得$\lambda \neq 0$,即

$$\boldsymbol{x} = \boldsymbol{x}^* \tag{9.21}$$

如果$|I^*| = n$,那么,由$\boldsymbol{x} \in X_n$,(9.19),(9.14) 及$\{\boldsymbol{f}_i\}_{i \in I^*}$线性无关可得

$$\boldsymbol{x} \in \left(\bigcap_{i \in I(\boldsymbol{x})} H_i\right) \cap X_n \subset \bigcap_{i \in I^*} (H_i \cap X_n) = \{\boldsymbol{x}^*\}$$

因而(9.21) 也成立.于是$\boldsymbol{x} = P_{K(I(\boldsymbol{x}))}(\boldsymbol{O})$,并由$K \subset$

$K(I(\boldsymbol{x}))$ 可得 $\boldsymbol{x}=P_K(\boldsymbol{O})$.

引理 7 设 $\boldsymbol{x}\in K, I'\in T(\boldsymbol{x})$ 使得

$$P_{K\cap[\boldsymbol{x}\boldsymbol{P}_{I'}]}(\boldsymbol{P}_{I'})\neq \boldsymbol{x}$$

则对任意 $I\in T(\boldsymbol{x})$ 有

$$\|\boldsymbol{P}_{I'}\|\geqslant\|\boldsymbol{P}_I\|$$

若又有 $\boldsymbol{P}_I\neq\boldsymbol{P}_{I'}$,则

$$\|\boldsymbol{P}_{I'}\|>\|\boldsymbol{P}_I\| \tag{9.22}$$

证 首先考虑 $I'=\{i'\}$ 与 $I=\{i\}$ 均为一元集的情况.设 $\langle\boldsymbol{P}_{I'},\boldsymbol{f}_i\rangle>c_i$.由于 $I=\{i\}\in T(\boldsymbol{x})$ 蕴涵 $i\in I(\boldsymbol{x})$,从而 $\langle\boldsymbol{x},\boldsymbol{f}_i\rangle=c_i$,故由条件及引理 1 易见存在 $\lambda\in(0,1]$ 使

$$\langle P_{K\cap[\boldsymbol{x}\boldsymbol{P}_{I'}]}(\boldsymbol{P}_{I'}),\boldsymbol{f}_i\rangle=\langle(1-\lambda)\boldsymbol{x}+\lambda\boldsymbol{P}_{I'},\boldsymbol{f}_i\rangle>c_i$$

这与 $P_{K\cap[\boldsymbol{x}\boldsymbol{P}_{I'}]}(\boldsymbol{P}_{I'})\in K$ 矛盾,故

$$\boldsymbol{P}_{I'}\in K_i \tag{9.23}$$

因为引理 2 及 $\|\boldsymbol{f}_i\|=1$ 说明 $\boldsymbol{P}_I=c_i\boldsymbol{f}_i$,所以由 $T(\boldsymbol{x})$ 的定义可得 $c_i<0$,从而将引理 3 用于 K_i 及 $\boldsymbol{P}_I$ 可知 $\boldsymbol{P}_I$ 是 K_i 对 $\boldsymbol{O}$ 的最佳逼近,并且由(9.23)可得 $\|\boldsymbol{P}_{I'}\|\geqslant\|\boldsymbol{P}_I\|$.若又有 $\boldsymbol{P}_I\neq\boldsymbol{P}_{I'}$,则由 K_i 对 $\boldsymbol{O}$ 的最佳逼近的唯一性可得(9.22).

其次,在一般情况下,由引理 4 可得

$$K\subset K_{I'}, K\subset K_I$$

$$\boldsymbol{x}\in H(I')\subset H_{I'}, \boldsymbol{x}\in H(I)\subset H_I$$

故将前面已证的结果用于

$$K=K_1\cap\cdots\cap K_r\cap K_{I'}\cap K_I$$

(即以 $-\dfrac{\boldsymbol{P}_I}{\|\boldsymbol{P}_I\|},-\|\boldsymbol{P}_I\|,K_I$ 分别代替 $\boldsymbol{f}_i,c_i,K_i$,以 $-\dfrac{\boldsymbol{P}_{I'}}{\|\boldsymbol{P}_{I'}\|},-\|\boldsymbol{P}_{I'}\|,K_{I'}$ 代 $\boldsymbol{f}_{i'},c_{i'},K_{i'}$)即可得本引

理的结论.

定理 1 的证明　容易验证,对由上文中算法所确定的 $\boldsymbol{x}_0,\cdots,\boldsymbol{x}_k$,式(9.1) 在 $1\leqslant j<k$ 时成立.事实上,由于当 $\boldsymbol{x}_{j+1}$ 在情况 $j.1.2$ 下产生时(9.1) 是显然的,而当 $\boldsymbol{x}_{j+1}$ 在情况 $j.1.3$ 下产生时由(* *) 可得 $\boldsymbol{x}_{j+1}\neq\boldsymbol{x}_j$,此即(9.1).因此 $\boldsymbol{x}_0,\cdots,\boldsymbol{x}_k$ 是一逐次逼近序列.

(1) 若算法在情况 $k.1.1$ 下结束,则 $\boldsymbol{x}_k=\boldsymbol{P}_{I_k}$,$I_k\in T_k$,于是由引理 3 得 $\boldsymbol{x}_k=P_K(\boldsymbol{O})$.当算法在情况 $(k-1).1.2$ 下结束时类似.

下设算法在情况 $k.2$ 下结束.如果 $\boldsymbol{O}\notin K(I(\boldsymbol{x}_k))$ 并且

$$P_{K\cap[\boldsymbol{x}_k\boldsymbol{P}_I]}(\boldsymbol{P}_I)=\boldsymbol{x}_k\quad(I\in T(\boldsymbol{x}_k))\tag{9.24}$$

那么由 $\{\boldsymbol{x}_j\}_{j=1}^k\subset X_n$ 及引理 6 可得 $\boldsymbol{x}_k=P_K(\boldsymbol{O})$.事实上,当 $k=1$ 时,由 $\boldsymbol{x}_1=P_{K\cap[\boldsymbol{x}'_0\boldsymbol{O}]}(\boldsymbol{O})$,$\boldsymbol{x}'_0\in K$ 及 $\boldsymbol{O}\notin K$ 可知存在一个 $i\in\{1,2,\cdots,r\}$ 使 $\boldsymbol{x}_1\in H_1$ 而 $\boldsymbol{O}\notin K_i$,因此 $\boldsymbol{O}\notin K(I(\boldsymbol{x}_1))$.当 $k>1$ 时,显然 $\boldsymbol{x}_k$ 是在情况$(k-1).1.3$ 下产生的,并且 $I_{k-1}\in T_{k-1}\subset T(\boldsymbol{x}_{k-1})$.根据 $T(\boldsymbol{x})$ 的定义,$\boldsymbol{P}_{I_{k-1}}\in K(I_{k-1})$ 以及引理 3(用于 $K(I_{k-1})$) 可得 $\boldsymbol{P}_{I_{k-1}}=P_{K(I_{k-1})}(\boldsymbol{O})$.但 $\boldsymbol{P}_{I_{k-1}}\neq\boldsymbol{O}$,因而 $\boldsymbol{O}\notin K(I_{k-1})$.由于

$$\boldsymbol{x}_{k-1},\boldsymbol{P}_{I_{k-1}}\in H(I_{k-1})$$

及

$$\boldsymbol{x}_k=P_{K\cap[\boldsymbol{x}_{k-1}\boldsymbol{P}_{I_{k-1}}]}(\boldsymbol{P}_{I_{k-1}})$$

蕴涵

$$I_{k-1}\subset I(\boldsymbol{x}_k)\tag{9.25}$$

因而有

$$K(\boldsymbol{x}_{k-1})\supset K(I(\boldsymbol{x}_k))\text{ 及 }\boldsymbol{O}\notin K(I(\boldsymbol{x}_k))$$

下面只需证明(9.24) 即可.反设存在

$$I_k \in T(\boldsymbol{x}_k) \tag{9.26}$$

使得

$$P_{K\cap[\boldsymbol{x}_k\boldsymbol{P}_{I_k}]}(\boldsymbol{P}_{I_k}) \neq \boldsymbol{x}_k \tag{9.27}$$

当 $k=1$ 时，由于 $T(\boldsymbol{x}_k)$ 的定义蕴涵 $\boldsymbol{P}_{I_k} \neq \boldsymbol{O}$，故由 $d_1=0$ 可得

$$\| \boldsymbol{P}_{I_k} \| > d_k \tag{9.28}$$

当 $k>1$ 时，类似于上述过程可知存在

$$I_{k-1} \in T_{k-1} \subset T(\boldsymbol{x}_{k-1})$$

使得(9.25) 成立，并由 $T(\boldsymbol{x})$ 的定义可得 $I_{k-1} \in T(\boldsymbol{x}_k)$.因而，如果能证明 $\boldsymbol{P}_{I_{k-1}} \neq \boldsymbol{P}_{I_k}$，那么由(9.26)，(9.27) 及引理 7 可以得到

$$\| \boldsymbol{P}_{I_k} \| > \| \boldsymbol{P}_{I_{k-1}} \| = d_k$$

此即(9.28).事实上，若 $\boldsymbol{P}_{I_{k-1}} = \boldsymbol{P}_{I_k}$，则由

$$\boldsymbol{x}_k = P_{K\cap[\boldsymbol{x}_{k-1}\boldsymbol{P}_{I_{k-1}}]}(\boldsymbol{P}_{I_{k-1}}) \neq \boldsymbol{P}_{I_{k-1}}$$

可知存在 $\lambda' \in [0,1)$，使得

$$\boldsymbol{x}_k = (1-\lambda')\boldsymbol{x}_{k-1} + \lambda'\boldsymbol{P}_{I_{k-1}} \tag{9.29}$$

并且

$$(1-\lambda)\boldsymbol{x}_{k-1} + \lambda\boldsymbol{P}_{I_{k-1}} \notin K \quad (\forall \lambda \in [\lambda',1]) \tag{9.30}$$

但根据(9.27) 我们有

$$P_{K\cap[\boldsymbol{x}_k\boldsymbol{P}_{I_k}]}(\boldsymbol{P}_{I_k}) = (1-\lambda'')\boldsymbol{x}_k + \lambda''\boldsymbol{P}_{I_{k-1}} \neq \boldsymbol{x}_k$$

其中 $\lambda''>0$.于是将(9.29) 代入上式即得

$$P_{K\cap[\boldsymbol{x}_k\boldsymbol{P}_{I_k}]}(\boldsymbol{P}_{I_k}) = (1-\lambda'')(1-\lambda')\boldsymbol{x}_{k-1} + [(1-\lambda'')\lambda' + \lambda'']P(I_{k-1}) \in K$$

这与(9.30) 矛盾.

若能证明 $I_k \in T_k$，则(9.27)，(9.28) 与情况 $k.2$ 的条件矛盾，这说明(9.24) 成立.

反设 $I_k \notin T_k$，则由(9.26) 及 T_k 的定义易见存在

$j \in \{1,2,\cdots,k-1\}$ 使 $I_k \in T_j$.由于存在 $I_j \in T_j$ 使第 j 步中情况 j.1.3 成立且

$$x_{j+1} = P_{K \cap [x_j P_{I_j}]}(P_{I_j}) \neq x_j$$

注意到 $I_k, I_j \in T_j \subset T(x_j)$ 并利用引理 7 可得

$$\| P_{I_j} \| \geqslant \| P_{I_k} \|$$

结合(9.28)及 $d_1 < d_2 < \cdots < d_k$ 可得

$$\| P_{I_k} \| > d_k \geqslant d_{j+1} = \| P_{I_j} \| \geqslant \| P_{I_k} \|$$

这一矛盾说明 $I_k \in T_k$,定理之(1)证毕.

(2)①(9.2)显然成立.

② 对 $j = 1,2,\cdots,k-2$,由算法易得

$$x_{j+1} = P_{K \cap [x_j P_{I_j}]}(P_{I_j}) \neq P_{I_j}$$

故由引理 4 可知 $P_{K_{I_j}}(O) = P_{I_j} \notin K$ 及 $P_K(O) \in K \subset K_{I_j}$,于是由 O 在 K_{I_j} 中的最佳逼近的唯一性,我们得

$$\| P_K(O) \| > \| P_{I_j} \| \tag{9.31}$$

即(9.3)成立.

③ 当 $j = k-1$ 时(9.4)显然成立.下设 $1 \leqslant j < k-1$.由于存在 $I_j \in T_j$ 使

$$x_{j+1} = P_{K \cap [x_j P_{I_j}]}(P_{I_j}) \neq P_{I_j}$$

由引理 1 可知存在 $\lambda \in [0,1)$ 使

$$x_{j+1} = (1-\lambda) x_j + \lambda P_{I_j} \tag{9.32}$$

根据引理 4 之(9.12),我们得

$$\langle x_k, -\frac{P_{I_j}}{\| P_{I_j} \|} \rangle \leqslant - \| P_{I_j} \|$$

即 $\langle x_k, P_{I_j} \rangle \geqslant \langle P_{I_j}, P_{I_j} \rangle$.记 x_k 在 H_{I_j} 上的投影为 P_1,P_1 在直线 $\{x : \alpha x_j + (1-\alpha) x_{j+1}, \alpha \in \mathbf{R}\}$ 上的投影为 P_2,则

$$\| x_k \|^2 = \| x_k - P_{I_j} \|^2 + 2\langle x_k - P_{I_j}, P_{I_j} \rangle + \| P_{I_j} \|^2 =$$

$$\begin{aligned}&\|\boldsymbol{x}_k-\boldsymbol{P}_1\|^2+\|\boldsymbol{P}_1-\boldsymbol{P}_{I_j}\|^2+\\&2(\langle\boldsymbol{x}_k,\boldsymbol{P}_{I_j}\rangle-\langle\boldsymbol{P}_{I_j},\boldsymbol{P}_{I_j}\rangle)+\|\boldsymbol{P}_{I_j}\|^2\geqslant\\&\|\boldsymbol{P}_1-\boldsymbol{P}_2\|^2+\|\boldsymbol{P}_2-\boldsymbol{P}_{I_j}\|^2+\|\boldsymbol{P}_{I_j}\|^2=\\&\|\boldsymbol{P}_1-\boldsymbol{P}_2\|^2+\|\boldsymbol{P}_2\|^2\geqslant\\&\|\boldsymbol{P}_2\|^2\end{aligned}\tag{9.33}$$

记

$$\boldsymbol{P}_2=\alpha_0\boldsymbol{x}_j+(1-\alpha_0)\boldsymbol{x}_{j+1}\tag{9.34}$$

若 $\alpha_0\geqslant 0$,则由(9.34)及(9.32)可得

$$\begin{aligned}&\|\boldsymbol{P}_2\|^2=\\&\|\boldsymbol{P}_{I_j}\|^2+\|\boldsymbol{P}_{I_j}-\boldsymbol{P}_2\|^2=\\&\|\boldsymbol{P}_{I_j}\|^2+\|\boldsymbol{P}_{I_j}-[\alpha_0\frac{\boldsymbol{x}_{j+1}-\lambda\boldsymbol{P}_{I_j}}{1-\lambda}+\\&(1-\alpha_0)\boldsymbol{x}_{j+1}]\|^2=\\&\|\boldsymbol{P}_{I_j}\|^2+(1+\frac{\lambda\alpha_0}{1-\lambda})^2\|\boldsymbol{P}_{I_j}-\boldsymbol{x}_{j+1}\|^2\geqslant\\&\|\boldsymbol{P}_{I_j}\|^2+\|\boldsymbol{P}_{I_j}-\boldsymbol{x}_{j+1}\|^2=\\&\|\boldsymbol{x}_{j+1}\|^2\end{aligned}$$

因而由(9.33)得到

$$\|\boldsymbol{x}_k\|\geqslant\|\boldsymbol{P}_2\|\geqslant\|\boldsymbol{x}_{j+1}\|$$

这与(9.2)矛盾.

由上可知,$\alpha_0<0$,于是由(9.34)得

$$\begin{aligned}\|\boldsymbol{x}_j-\boldsymbol{x}_k\|^2=&\|\boldsymbol{x}_j-\boldsymbol{P}_2\|^2+\|\boldsymbol{P}_2-\boldsymbol{x}_k\|^2=\\&\|\frac{1}{\alpha_0}\boldsymbol{P}_2-\frac{1-\alpha_0}{\alpha_0}\boldsymbol{x}_{j+1}-\boldsymbol{P}_2\|^2+\\&\|\boldsymbol{P}_2-\boldsymbol{x}_k\|^2=\\&\left(\frac{1-\alpha_0}{\alpha_0}\right)^2\|\boldsymbol{P}_2-\boldsymbol{x}_{j+1}\|^2+\\&\|\boldsymbol{P}_2-\boldsymbol{x}_k\|^2>\end{aligned}$$

$$\|\boldsymbol{P}_2-\boldsymbol{x}_{j+1}\|^2+\|\boldsymbol{P}_2-\boldsymbol{x}_k\|^2=$$
$$\|\boldsymbol{x}_{j+1}-\boldsymbol{x}_k\|^2$$

(9.4) 得证.

④ 由(1) 及引理 5 可知存在 $I^* \in I(\boldsymbol{x}_k)$ 使得 $\{\boldsymbol{f}_i\}_{i\in I^*}$ 线性无关并且(9.14) 与(9.15) 成立. 若 $|I^*|<n$,则

$$I^* \in T(\boldsymbol{x}_k)$$

并由引理 4 可得 $K\subset K_{I^*}$.但事实上在(9.12) 的证明中并不需要 $|I|<n$ 的假设,故 $K\subset K_{I^*}$ 当 $|I^*|=n$ 时也成立.因而就有

$$\langle \boldsymbol{x}_{j+1},\frac{-\boldsymbol{x}_k}{\|\boldsymbol{x}_k\|}\rangle \leqslant -\|\boldsymbol{x}_k\|$$

以及

$$\|\boldsymbol{x}_{j+1}-\boldsymbol{x}_k\|^2=$$
$$\|\boldsymbol{x}_{j+1}\|^2+2\langle \boldsymbol{x}_{j+1},-\boldsymbol{x}_k\rangle+\|\boldsymbol{x}_k\|^2\leqslant$$
$$\|\boldsymbol{x}_{j+1}\|^2-2\|\boldsymbol{x}_k\|^2+\|\boldsymbol{x}_k\|^2=$$
$$\|\boldsymbol{x}_{j+1}\|^2-\|\boldsymbol{x}_k\|^2$$

结合(9.31) 即得(9.5).

§10　希尔伯特空间中极大单调算子的逼近解及其应用[①]

设 H 是实希尔伯特空间,$T:H\to 2^H$ 为极大单调算子.军械工程学院应用数学与力学研究所的高改良、周海云、陈东青三位教授 2003 年用逼近技巧证明了迭代序列$\{\boldsymbol{x}_n\}$:$\boldsymbol{x}_{n+1}=\alpha_n\boldsymbol{x}+(1-\alpha_n)\boldsymbol{y}_n+\boldsymbol{e}_n,n=0,1,$

---

① 本节摘编自《河北师范大学学报(自然科学版)》,2003,27(1):19-23.

2,…(其中 $x_0=x\in H$,$\{\alpha_n\}$,$\{r_n\}$,$\{e_n\}$ 满足某条件 $\|y_n-J_{r_n}x_n\|\leqslant\delta_n$,$\sum_{n=0}^{\infty}\delta_n<\infty$,$J_{r_n}=(I+r_nT)^{-1}$)的强收敛定理,并且给出了其应用的实例.

设 H 是实希尔伯特空间,用 $\|\cdot\|$ 表示 H 中元素的范数,$\langle\cdot,\cdot\rangle$ 表示 H 中元素的内积,用 $\mathbf{N}$ 表示所有非负整数组成的集合.在 H 中,对 $\forall x,y\in H,\lambda\in[0,1]$,有

$$\|\lambda x+(1-\lambda)y\|^2=\lambda\|x\|^2+(1-\lambda)\|y\|^2-\lambda(1-\lambda)\|x-y\|^2 \tag{10.1}$$

H 满足 Opial 条件:

若序列 $\{x_n\}\subset H$ 弱收敛于 $y\in H$,则对 $\forall z\in H,z\neq y$,有

$$\liminf_{n\to\infty}\|x_n-y\|<\liminf_{n\to\infty}\|x_n-z\| \tag{10.2}$$

若对 $\forall x,y\in H$,有

$$\|Ux-Uy\|\leqslant\|x-y\| \tag{10.3}$$

则称算子 $U:H\to H$ 为非扩展的.设多值算子 $T:H\to 2^H$ 具有定义域

$$D(T)=\{z\in H:Tz\neq\varnothing\}$$

和值域

$$R(T)=\bigcup\{Tz:z\in D(T)\}$$

若对 $\forall x_i\in D(T)$,$\forall y_i\in Tx_i(i=1,2)$,均有

$$(x_1-x_2,y_1-y_2)\geqslant 0$$

则称 T 为单调算子.若 T 的图像 $G(T)=\{(x,y):y\in Tx\}$ 不真含于其他单调算子的图像中,则称单调算子 T 为极大单调的.

设 $I:H\to H$ 是恒等算子,$T:H\to 2^H$ 为极大单调算子,可以定义非扩展的单值算子 $J_r:H\to H$ 为

$$J_r = (I + rT)^{-1} \quad (\forall r > 0)$$

并称它为 T 的预解式.Yosida 近似 $A_r : H \to H$ 为 $A_r = \frac{I - J_r}{r}$.熟知

$$A_r \boldsymbol{x} \in TJ_r \boldsymbol{x}$$

$$\| A_r \boldsymbol{x} \| \leqslant \inf\{ \| \boldsymbol{y} \| : \boldsymbol{y} \in T\boldsymbol{x} \} \quad (\forall \boldsymbol{x} \in H)$$

容易证明

$$T^{-1}\boldsymbol{0} = F(J_r) \quad (\forall r > 0)$$

其中 $F(J_r)$ 是 J_r 的不动点集.

关于寻找方程 $\boldsymbol{0} \in T\boldsymbol{v}$ 的解 $\boldsymbol{v} \in H$ 的问题已被许多作者研究①②③④⑤.求解 $\boldsymbol{0} \in T\boldsymbol{v}$ 的流行算法为预解式迭代格式.

对 $\forall \boldsymbol{x}_0 = \boldsymbol{x} \in H$,序列 $\{\boldsymbol{x}_n\} \subset H$ 定义如下

$$\boldsymbol{x}_{n+1} = J_{r_n} \boldsymbol{x}_n \quad (n = 0, 1, 2, \cdots) \tag{10.4}$$

其中 $J_{r_n} = (I + r_n T)^{-1}$,$\{r_n\}$ 为正实数序列.

这个算法的优点是精度高,但 $J_{r_n}\boldsymbol{x}_n$ 的计算并非易事.笔者的构想是用 $J_{r_n}\boldsymbol{x}_n$ 的近似值取代之,这样必

---

① ZHANG S S,CHO Y J,ZHOU H Y. Iterative methods of solutions for nonlinear operator equations in Banach space[M].New York:Nova Sci Publisher Inc.,2002.

② TAKAHASHI W,UEDA Y.On Reich's strong convergence theorems for resolvents of accretive operators[J].J. Math. Anal. Appl.,1984,104(2):546-553.

③ JUNG J S,TAKAHASHI W.Dual convergence theorems for the infinite product of resolvents in Banach spaces[J].Kodai Math. J.,1991,14(3):358-364.

④ KHANG D B.On a class of accretive operators[J].Analysis,1990,10:1-16.

⑤ WITTMANN R.Approximation of fixed points of nonexpansive mappings[J].Arch. Math.,1992,58(5):486-491.

然产生一定的误差，这就是笔者研究带误差项的迭代格式的主要动机.

关于寻找非扩展算子的不动点的算法已有诸多研究.特别地，Wittmann[①] 讨论了寻找非扩展算子 U: $H \to H$ 的不动点的迭代格式

$$\boldsymbol{x}_{n+1}=\alpha_n \boldsymbol{x}+(1-\alpha_n)U\boldsymbol{x}_n \quad (n=0,1,2,\cdots) \tag{10.5}$$

其中 $\boldsymbol{x}_0=\boldsymbol{x} \in H$，$\{\alpha_n\}$ 是$[0,1]$中的序列.

Wittmann 证明了：若 U 的不动点集 $F(U)$ 是非空的，则由(10.5)迭代的序列 $\{\boldsymbol{x}_n\}$ 强收敛于某个 $\boldsymbol{z} \in F(U)$.

本节中，笔者通过改进 Wittmann 的方法研究了下面的迭代格式

$$\boldsymbol{x}_{n+1}=\alpha_n \boldsymbol{x}+(1-\alpha_n)\boldsymbol{y}_n+\boldsymbol{e}_n \quad (n=0,1,2,\cdots) \tag{10.6}$$

其中 $\boldsymbol{x}_0=\boldsymbol{x} \in H$，$\{\alpha_n\}$ 是$[0,1]$中的序列，$J_{r_n}=(I+r_nT)^{-1}$，$\{r_n\}$ 是正实数序列，$\{\boldsymbol{y}_n\}$ 和 $\{\boldsymbol{e}_n\}$ 为 H 中的序列，满足下列条件

$$\|\boldsymbol{y}_n-J_{r_n}\boldsymbol{x}_n\| \leqslant \delta_n$$

$$\sum_{n=0}^{\infty}\delta_n<\infty$$

$$\sum_{n=0}^{\infty}\|\boldsymbol{e}_n\|<\infty$$

本节主要证明了由(10.6)所定义的迭代序列 $\{\boldsymbol{x}_n\}$ 强收敛于某个 $\boldsymbol{v} \in T^{-1}\boldsymbol{0}$，并且，还给出了它对于 $T=\partial f$ 情形的应用，其中 $f:H \to (-\infty,+\infty)$ 是正则

---

① WITTMANN R.Approximation of fixed points of nonexpansive mappings[J].Arch. Math.,1992,58(5):486-491.

下半连续的凸函数，∂f 是 f 的次微分，定义如下

$$\partial f(\boldsymbol{x})=\{\boldsymbol{z}\in H: f(\boldsymbol{y})\geqslant f(\boldsymbol{x})+\langle\boldsymbol{z},\boldsymbol{y}-\boldsymbol{x}\rangle \quad \forall\boldsymbol{y}\in H\}\quad(\forall\boldsymbol{x}\in H)$$

$\partial f: H\to 2^H$ 为极大单调算子.

设 $T: H\to 2^H$ 为极大单调算子，$\forall r>0$，$J_r=(I+rT)^{-1}$ 为 T 的预解式，序列 $\{\boldsymbol{x}_n\}$ 迭代地定义为

$$\begin{cases}\boldsymbol{x}_0=\boldsymbol{x}\in H\\ \boldsymbol{y}_n\approx J_{r_n}\boldsymbol{x}_n\\ \boldsymbol{x}_{n+1}=\alpha_n\boldsymbol{x}+(1-\alpha_n)\boldsymbol{y}_n+\boldsymbol{e}_n, n\in\mathbf{N}\end{cases}\tag{10.7}$$

其中 $\{\alpha_n\}\subset[0,1]$，$J_{r_n}=(I+r_nT)^{-1}$，$\{r_n\}$ 是正实数序列，而 $\sum_{n=0}^{\infty}\|\boldsymbol{e}_n\|<\infty$.

在(10.7)中 $\boldsymbol{y}_n$ 的近似计算的准则为

$$\|\boldsymbol{y}_n-J_{r_n}\boldsymbol{x}_n\|\leqslant\delta_n\tag{10.8}$$

其中 $\sum_{i=0}^{\infty}\delta_i<\infty$.

引理1① 设 $\{a_n\}$，$\{b_n\}$ 和 $\{c_n\}$ 为3个非负数列，满足条件

$$a_{n+1}\leqslant(1-b_n)a_n+c_n+o(b_n)\quad(\forall n\geqslant0)$$

其中 $\sum_{n=0}^{\infty}c_n<\infty$，则 $\lim_{n\to\infty}a_n=0$.

定理1 设 $T: H\to 2^H$ 为极大单调算子，$\boldsymbol{x}\in H$. 序列 $\{\boldsymbol{x}_n\}$ 由(10.7)确定并满足(10.8)，其中 $\{\alpha_n\}\subset[0,1]$，$\lim_{n\to\infty}\alpha_n=0$，$\sum_{n=0}^{\infty}\alpha_n=\infty$，$\{r_n\}$ 是正实数序列且满足

---

① ZHANG S S, CHO Y J, ZHOU H Y. Iterative methods of solutions for nonlinear operator equations in Banach space[M]. New York: Nova Sci Publisher Inc., 2002.

$\lim\limits_{n\to\infty} r_n=\infty$.若 $T^{-1}\mathbf{0}\neq\varnothing$,则序列$\{\boldsymbol{x}_n\}$强收敛于某个 $P\boldsymbol{x}$,其中 $P:H\to T^{-1}\mathbf{0}$ 是度量投影.

证 由 $T^{-1}\mathbf{0}\neq\varnothing$ 知,存在 $\boldsymbol{u}\in T^{-1}\mathbf{0}$,使得 $J_s\boldsymbol{u}=\boldsymbol{u}$,$\forall s>0$,则有

$$\begin{aligned}&\|\boldsymbol{x}_1-\boldsymbol{u}\|=\|\alpha_0\boldsymbol{x}+(1-\alpha_0)\boldsymbol{y}_0+\boldsymbol{e}_0-\boldsymbol{u}\|\leqslant\\&\alpha_0\|\boldsymbol{x}-\boldsymbol{u}\|+(1-\alpha_0)\|\boldsymbol{y}_0-\boldsymbol{u}\|+\|\boldsymbol{e}_0\|\leqslant\\&\alpha_0\|\boldsymbol{x}-\boldsymbol{u}\|+(1-\alpha_0)(\delta_0+\|J_{r_0}\boldsymbol{x}_0-\boldsymbol{u}\|)+\|\boldsymbol{e}_0\|\leqslant\\&\alpha_0\|\boldsymbol{x}-\boldsymbol{u}\|+(1-\alpha_0)(\delta_0+\|\boldsymbol{x}_0-\boldsymbol{u}\|)+\|\boldsymbol{e}_0\|\leqslant\\&\|\boldsymbol{x}-\boldsymbol{u}\|+\delta_0+\|\boldsymbol{e}_0\|\end{aligned}$$

若对某个 $k\in\mathbf{N}$,有

$$\|\boldsymbol{x}_k-\boldsymbol{u}\|\leqslant\|\boldsymbol{x}-\boldsymbol{u}\|+\sum_{i=0}^{k-1}\delta_i+\sum_{i=0}^{k-1}\|\boldsymbol{e}_i\|$$

则类似可证

$$\|\boldsymbol{x}_{k+1}-\boldsymbol{u}\|\leqslant\|\boldsymbol{x}-\boldsymbol{u}\|+\sum_{i=0}^{k}(\delta_i+\|\boldsymbol{e}_i\|)$$

因为

$$\sum_{i=0}^{\infty}\delta_i<\infty,\sum_{i=0}^{\infty}\|\boldsymbol{e}_i\|<\infty$$

所以$\{\boldsymbol{x}_n\}$有界,从而$\{J_{r_n}\boldsymbol{x}_n\}$和$\{\boldsymbol{y}_n\}$也有界.设 $r>0$,由于

$$\begin{aligned}\|J_{r_n}\boldsymbol{x}_n-J_rJ_{r_n}\boldsymbol{x}_n\|=\|(I-J_r)J_{r_n}\boldsymbol{x}_n\|=&\\r\|A_rJ_{r_n}\boldsymbol{x}_n\|\leqslant&\\r\inf\{\|\boldsymbol{z}\|:\boldsymbol{z}\in TJ_{r_n}\boldsymbol{x}_n\}\leqslant&\\r\|A_{r_n}\boldsymbol{x}_n\|=&\\r\left\|\frac{\boldsymbol{x}_n-J_{r_n}\boldsymbol{x}_n}{r_n}\right\|&\end{aligned}$$

和 $r_n\to\infty$,从而 $J_{r_n}\boldsymbol{x}_n-J_rJ_{r_n}\boldsymbol{x}_n\to\mathbf{0}$.

下面要证明

$$\limsup_{n\to\infty}\langle \boldsymbol{x}-P\boldsymbol{x},\boldsymbol{y}_n-P\boldsymbol{x}\rangle\leqslant 0 \qquad (10.9)$$

其中 $P:H\to T^{-1}\boldsymbol{0}$ 是度量投影.因为 $\boldsymbol{y}_n-J_{r_n}\boldsymbol{x}_n\to\boldsymbol{0}$，所以只需证

$$\limsup_{n\to\infty}\langle \boldsymbol{x}-P\boldsymbol{x},J_{r_n}\boldsymbol{x}_n-P\boldsymbol{x}\rangle\leqslant 0$$

由上极限的定义知,存在子列 $\{\boldsymbol{x}_{n_i}\}\subset\{\boldsymbol{x}_n\}$,使得

$$\lim_{i\to\infty}\langle \boldsymbol{x}-P\boldsymbol{x},J_{r_{n_i}}\boldsymbol{x}_{n_i}-P\boldsymbol{x}\rangle=$$
$$\limsup_{n\to\infty}\langle \boldsymbol{x}-P\boldsymbol{x},J_{r_n}\boldsymbol{x}_n-P\boldsymbol{x}\rangle$$

因为 $\{J_{r_n}\boldsymbol{x}_n\}$ 有界,假设 $\{J_{r_{n_i}}\boldsymbol{x}_{n_i}\}$ 弱收敛于某个 $\boldsymbol{z}\in H$,所以必有 $\boldsymbol{z}\in T^{-1}\boldsymbol{0}$.事实上,若 $\boldsymbol{z}\notin T^{-1}\boldsymbol{0}$,则 $J_r\boldsymbol{z}\neq\boldsymbol{z}$.又因为 $J_{r_n}\boldsymbol{x}_n-J_rJ_{r_n}\boldsymbol{x}_n\to\boldsymbol{0}$ 和 H 满足 Opial 条件,所以有

$$\liminf_{i\to\infty}\|J_{r_{n_i}}\boldsymbol{x}_{n_i}-\boldsymbol{z}\|<$$
$$\liminf_{i\to\infty}\|J_{r_{n_i}}\boldsymbol{x}_{n_i}-J_r\boldsymbol{z}\|=$$
$$\liminf_{i\to\infty}\|J_rJ_{r_{n_i}}\boldsymbol{x}_{n_i}-J_r\boldsymbol{z}\|\leqslant$$
$$\liminf_{i\to\infty}\|J_{r_{n_i}}\boldsymbol{x}_{n_i}-\boldsymbol{z}\|$$

矛盾！从而 $\boldsymbol{z}\in T^{-1}\boldsymbol{0}$.因为 $P:H\to T^{-1}\boldsymbol{0}$ 是度量投影,所以

$$\limsup_{n\to\infty}\langle \boldsymbol{x}-P\boldsymbol{x},J_{r_n}\boldsymbol{x}_n-P\boldsymbol{x}\rangle=$$
$$\lim_{i\to\infty}\langle \boldsymbol{x}-P\boldsymbol{x},J_{r_{n_i}}\boldsymbol{x}_{n_i}-P\boldsymbol{x}\rangle=$$
$$\langle \boldsymbol{x}-P\boldsymbol{x},\boldsymbol{z}-P\boldsymbol{x}\rangle\leqslant 0$$

这样就得到了(10.9).

记

$$C=\sup\{2\|\boldsymbol{x}_n-P\boldsymbol{x}\|+\delta_n:n\geqslant 0\}$$

和

$$M=2\sup\{\|\boldsymbol{x}-P\boldsymbol{x}\|+\|\boldsymbol{y}_n-P\boldsymbol{x}\|:n\geqslant 0\}$$

定义

$$\sigma_n=\begin{cases}0,(\boldsymbol{x}-P\boldsymbol{x},\boldsymbol{y}_n-P\boldsymbol{x})<0\\(\boldsymbol{x}-P\boldsymbol{x},\boldsymbol{y}_n-P\boldsymbol{x}),(\boldsymbol{x}-P\boldsymbol{x},\boldsymbol{y}_n-P\boldsymbol{x})\geqslant 0\end{cases}$$

则对 $\forall\varepsilon>0$,存在 N,使得当 $n\geqslant N$ 时,必有 $0\leqslant\sigma_n<\varepsilon$,此即$\lim\limits_{n\to\infty}\sigma_n=0$.又因为

$$\begin{aligned}
&\|\boldsymbol{x}_{n+1}-P\boldsymbol{x}\|^2=\\
&\|\alpha_n\boldsymbol{x}+(1-\alpha_n)\boldsymbol{y}_n+\boldsymbol{e}_n-P\boldsymbol{x}\|^2=\\
&\|\alpha_n(\boldsymbol{x}-P\boldsymbol{x})+(1-\alpha_n)(\boldsymbol{y}_n-P\boldsymbol{x})+\boldsymbol{e}_n\|^2=\\
&\|\alpha_n(\boldsymbol{x}-P\boldsymbol{x})+(1-\alpha_n)(\boldsymbol{y}_n-P\boldsymbol{x})\|^2+\|\boldsymbol{e}_n\|^2+\\
&2(\boldsymbol{e}_n,\alpha_n(\boldsymbol{x}-P\boldsymbol{x})+(1-\alpha_n)(\boldsymbol{y}_n-P\boldsymbol{x}))\leqslant\\
&\alpha_n^2\|\boldsymbol{x}-P\boldsymbol{x}\|^2+(1-\alpha_n)^2\|\boldsymbol{y}_n-P\boldsymbol{x}\|^2+M\|\boldsymbol{e}_n\|+\\
&\|\boldsymbol{e}_n\|^2+2\alpha_n(1-\alpha_n)(\boldsymbol{x}-P\boldsymbol{x},\boldsymbol{y}_n-P\boldsymbol{x})\leqslant\\
&(1-\alpha_n)(\|(\boldsymbol{y}_n-J_{r_n}\boldsymbol{x}_n)+(J_{r_n}\boldsymbol{x}_n-P\boldsymbol{x})\|)^2+\\
&2\alpha_n\sigma_n+\alpha_n\cdot\alpha_n\|\boldsymbol{x}-P\boldsymbol{x}\|^2+\|\boldsymbol{e}_n\|(M+\|\boldsymbol{e}_n\|)\leqslant\\
&(1-\alpha_n)(\|\boldsymbol{x}_n-P\boldsymbol{x}\|^2+\delta_n^2+2\delta_n\|\boldsymbol{x}_n-P\boldsymbol{x}\|)+\\
&2\alpha_n\sigma_n+\alpha_n\cdot\alpha_n\|\boldsymbol{x}-P\boldsymbol{x}\|^2+\|\boldsymbol{e}_n\|(M+\|\boldsymbol{e}_n\|)\leqslant\\
&(1-\alpha_n)(\|\boldsymbol{x}_n-P\boldsymbol{x}\|)^2+C\delta_n+\\
&o(\alpha_n)+\|\boldsymbol{e}_n\|(M+\|\boldsymbol{e}_n\|)
\end{aligned}\tag{10.10}$$

令

$$a_n=\|\boldsymbol{x}_n-P\boldsymbol{x}\|^2,b_n=\alpha_n$$
$$c_n=C\delta_n+\|\boldsymbol{e}_n\|(M+\|\boldsymbol{e}_n\|)$$

则由(10.10)得

$$a_{n+1}\leqslant(1-b_n)a_n+c_n+o(b_n)\quad(\forall n\geqslant 0)\tag{10.11}$$

其中$\sum\limits_{n=0}^{\infty}c_n<\infty$.由引理1知$\lim\limits_{n\to\infty}a_n=0$,即序列$\{\boldsymbol{x}_n\}$强收敛于某个 $P\boldsymbol{x}$.

下面给出它对于 $T=\partial f$ 情形的应用,其中 f:$H\to(-\infty,+\infty)$是正则的下半连续的凸函数,∂f 是

f 的次微分,定义如下

$$\partial f(\boldsymbol{x})=\{\boldsymbol{z}\in H: f(\boldsymbol{y})\geqslant f(\boldsymbol{x})+\langle\boldsymbol{z},\boldsymbol{y}-\boldsymbol{x}\rangle,\forall\boldsymbol{y}\in H\}$$
$$(\forall\boldsymbol{x}\in H)$$

在(10.7)中令 $\boldsymbol{e}_n\equiv\boldsymbol{0}$,则(10.7)的迭代序列$\{\boldsymbol{x}_n\}$可简化为

$$\begin{cases}\boldsymbol{x}_0=\boldsymbol{x}\in H\\ \boldsymbol{y}_n\approx\arg\min\limits_{z\in H}\left\{f(\boldsymbol{z})+\dfrac{1}{2r_n}\|\boldsymbol{z}-\boldsymbol{x}_n\|^2\right\}\\ \boldsymbol{x}_{n+1}=\alpha_n\boldsymbol{x}+(1-\alpha_n)\boldsymbol{y}_n,n\in\mathbf{N}\end{cases}\tag{10.12}$$

其中$\{\alpha_n\}\subset[0,1]$,$J_{r_n}=(I+r_nT)^{-1}$,$\{r_n\}$是正实数序列.

考虑

$$d(\boldsymbol{0},S_n(\boldsymbol{y}_n))\leqslant\frac{\delta_n}{r_n}\tag{10.13}$$

其中$\sum\limits_{n=0}^{\infty}\delta_n<\infty$,$S_n(\boldsymbol{z})=\partial f(\boldsymbol{z})+\dfrac{\boldsymbol{z}-\boldsymbol{x}_n}{r_n}$,$d(\boldsymbol{0},A)=\inf\{\|\boldsymbol{x}\|:\boldsymbol{x}\in A\}$.此时(10.8)调整为

$$\|\boldsymbol{y}_n-J_{r_n}\boldsymbol{x}_n\|\leqslant\delta_n\tag{10.14}$$

其中$\sum\limits_{i=0}^{\infty}\delta_i<\infty$,$J_{r_n}=(I+r_n\partial f)^{-1}$.

定理2　设$f:H\to(-\infty,+\infty)$是正则的下半连续的凸函数,$\boldsymbol{x}\in H$和序列$\{\boldsymbol{x}_n\}$由(10.12)确定并满足(10.13)和(10.14),其中$\{\alpha_n\}\subset[0,1]$,$\lim\limits_{n\to\infty}\alpha_n=0$,$\sum\limits_{n=0}^{\infty}\alpha_n=\infty$,$\{r_n\}$是正实数序列,且$\lim\limits_{n\to\infty}r_n=\infty$.若$(\partial f)^{-1}\boldsymbol{0}\neq\varnothing$,则序列$\{\boldsymbol{x}_n\}$强收敛于某个$\boldsymbol{v}\in H$,并且

$f(\boldsymbol{v})=\min\limits_{z\in H}f(\boldsymbol{z})$.特别地,有

$$f(\boldsymbol{x}_{n+1})-f(\boldsymbol{v})\leqslant\alpha_n(f(\boldsymbol{x})-f(\boldsymbol{v}))+\frac{1-\alpha_n}{r_n}\|\boldsymbol{y}_n-\boldsymbol{v}\|(\delta_n+\|\boldsymbol{y}_n-\boldsymbol{x}_n\|)$$

证 记 $g_n(\boldsymbol{z})=f(\boldsymbol{z})+\dfrac{\|\boldsymbol{z}-\boldsymbol{x}_n\|^2}{2r_n}$,则有

$$\partial g_n(\boldsymbol{z})=\partial f(\boldsymbol{z})+\frac{\boldsymbol{z}-\boldsymbol{x}_n}{r_n}=S_n(\boldsymbol{z})$$

$\forall\boldsymbol{z}\in H$ 和 $J_{r_n}\boldsymbol{x}_n=(I+r_nT)^{-1}\boldsymbol{x}_n=\arg\min\limits_{z\in H}g_n(\boldsymbol{z})$.

由定理 1 和(10.14) 知,$\{\boldsymbol{x}_n\}$ 强收敛于 $\boldsymbol{v}\in H$,并且 $f(\boldsymbol{v})=\min\limits_{z\in H}f(\boldsymbol{z})$.

因 $\partial g_n(\boldsymbol{y}_n)$ 是非空闭凸子集,故可找到唯一的元素 $\boldsymbol{w}_n\in\partial g_n(\boldsymbol{y}_n)$ 最靠近原点,则有

$$\boldsymbol{w}_n-\frac{1}{r_n}(\boldsymbol{y}_n-\boldsymbol{x}_n)\in\partial f(\boldsymbol{y}_n)\text{ 和 }\|\boldsymbol{w}_n\|\leqslant\frac{\delta_n}{r_n}\tag{10.15}$$

由次微分场的定义得

$$f(\boldsymbol{v})\geqslant f(\boldsymbol{y}_n)+\langle\boldsymbol{v}-\boldsymbol{y}_n,\boldsymbol{w}_n-\frac{1}{r_n}(\boldsymbol{y}_n-\boldsymbol{x}_n)\rangle\tag{10.16}$$

由(10.13) 和(10.14),可得

$f(\boldsymbol{x}_{n+1})-f(\boldsymbol{v})=$

$f(\alpha_n\boldsymbol{x}+(1-\alpha_n)\boldsymbol{y}_n)-f(\boldsymbol{v})\leqslant$

$\alpha_n(f(\boldsymbol{x})-f(\boldsymbol{v}))+(1-\alpha_n)(f(\boldsymbol{y}_n)-f(\boldsymbol{v}))\leqslant$

$\alpha_n(f(\boldsymbol{x})-f(\boldsymbol{v}))+(1-\alpha_n)\langle\boldsymbol{y}_n-\boldsymbol{v},$

$\boldsymbol{w}_n-\dfrac{1}{r_n}(\boldsymbol{y}_n-\boldsymbol{x}_n)\rangle\leqslant$

$\alpha_n(f(\boldsymbol{x})-f(\boldsymbol{v}))+(1-\alpha_n)\|\boldsymbol{y}_n-$

$$\boldsymbol{v}\|(\|\boldsymbol{w}_n\|+\frac{1}{r_n}\|\boldsymbol{y}_n-\boldsymbol{x}_n\|)\leqslant$$

$$\alpha_n(f(\boldsymbol{x})-f(\boldsymbol{v}))+\frac{1-\alpha_n}{r_n}\|\boldsymbol{y}_n-$$

$$\boldsymbol{v}\|(\delta_n+\|\boldsymbol{y}_n-\boldsymbol{x}_n\|)$$

§11　一致凸希尔伯特空间乘积空间的最佳逼近元[①]

重庆交通学院的廖正琦、郑兴德两位教授2004年获得了一致凸希尔伯特空间乘积空间中的关于弱闭凸集最佳逼近元的存在与唯一性定理.

设 H 为希尔伯特空间,在 $H\times H$ 中引入通常的线性运算和适当内积,并定义范数

$$\|(\boldsymbol{x},\boldsymbol{y})\|_p=(\|\boldsymbol{x}\|^p+\|\boldsymbol{y}\|^p)^{\frac{1}{p}}$$

$$(1\leqslant p<+\infty,\forall(\boldsymbol{x},\boldsymbol{y})\in H\times H)\quad(11.1)$$

则 $H\times H$ 成为希尔伯特空间,记为 $(H\times H)_p$,其中 $\|\circ\|$ 是 H 的内积导出的范数.

设 $M,N\in(H\times H)_p$ 非空,对 $\forall(\boldsymbol{x},\boldsymbol{y})\in(H\times H)_p$,定义

$$d((\boldsymbol{x},\boldsymbol{y}),M\times N)=\inf\{\|(\boldsymbol{x},\boldsymbol{y})-(\bar{\boldsymbol{x}},\bar{\boldsymbol{y}})\|:(\bar{\boldsymbol{x}},\bar{\boldsymbol{y}})\in M\times N\}\quad(11.2)$$

称 $(\boldsymbol{x}^*,\boldsymbol{y}^*)\in M\times N$ 为 $(\boldsymbol{x},\boldsymbol{y})\in(H\times H)_p$ 关于 $M\times N$ 的最佳逼近元,如果

$$d((\boldsymbol{x},\boldsymbol{y}),M\times N)=\|(\boldsymbol{x},\boldsymbol{y})-(\boldsymbol{x}^*,\boldsymbol{y}^*)\|_p\quad(11.3)$$

① 本节摘编自《渝西学院学报(自然科学版)》,2004,3(4):5-6.

引理1[①] 设 H 是希尔伯特空间,则 $(H\times H)_p$ 为一致凸希尔伯特空间.

引理2[②] 设 H 是希尔伯特空间,$M\subset H$ 为非空凸集,$\forall\boldsymbol{x}\in H$,则集合

$$M^*=\{\boldsymbol{x}+\boldsymbol{y}:\boldsymbol{y}\in M\}$$

也是 H 中的凸集.

证 因为 M 为凸集,所以对 $\forall\lambda\in(0,1)$,$\forall\boldsymbol{y}_1,\boldsymbol{y}_2\in M$,有

$$\lambda\boldsymbol{y}_1+(1-\lambda)\boldsymbol{y}_2\in M$$

从而对 $\forall\lambda\in(0,1)$,$\forall\boldsymbol{x}\in H$,$\boldsymbol{x}+\boldsymbol{y}_1,\boldsymbol{x}+\boldsymbol{y}_2\in M^*$,有

$$\lambda(\boldsymbol{x}+\boldsymbol{y}_1)+(1-\lambda)(\boldsymbol{x}+\boldsymbol{y}_2)=$$
$$\boldsymbol{x}+[\lambda\boldsymbol{y}_1+(1-\lambda)\boldsymbol{y}_2]\in M^*$$

即 M^* 是凸集.

定理1 设 H 是一致凸希尔伯特空间,$M\times N\subset(H\times H)_p$ 为弱闭凸集,则对 $\forall(\boldsymbol{x},\boldsymbol{y})\in(H\times H)_p$,存在唯一的 $(\boldsymbol{x}^*,\boldsymbol{y}^*)\in M\times N$,使得

$$d((\boldsymbol{x},\boldsymbol{y}),M\times N)=$$
$$\inf\{\|(\boldsymbol{x},\boldsymbol{y})-(\bar{\boldsymbol{x}},\bar{\boldsymbol{y}})\|_p:(\bar{\boldsymbol{x}},\bar{\boldsymbol{y}})\in M\times N\}=$$
$$\|(\boldsymbol{x},\boldsymbol{y})-(\boldsymbol{x}^*,\boldsymbol{y}^*)\|_p$$

证 令 $V=M\times N$,$\forall(\boldsymbol{x},\boldsymbol{y})\in(H\times H)_p$,由下确界的定义,存在 $\{(\boldsymbol{x}_n,\boldsymbol{y}_n)\}\subset V$,使得

$$d((\boldsymbol{x},\boldsymbol{y}),M\times N)=d((\boldsymbol{x},\boldsymbol{y}),V)=$$
$$\lim_{n\to\infty}\|(\boldsymbol{x},\boldsymbol{y})-(\boldsymbol{x}_n,\boldsymbol{y}_n)\|_p$$

下面证明 $\{(\boldsymbol{x}_n,\boldsymbol{y}_n)\}$ 是 $(H\times H)_p$ 中的柯西列.

---

① 定光桂.Banach空间引论[M].北京:科学出版社,1984.

② LI C,WATSON G A.On approximation using a peaknorm[J].J.Approx.Theory,1994,77(3):266-275.

事实上，对 $\forall\{(x_{n_k},y_{n_k})\}$，$\{(x_{m_k},y_{m_k})\}\subset\{(x_n,y_n)\}$，由 V 的凸性（由 $M\times N$ 的凸性可知它是显然的）及引理 2 知

$\{(\bar{x},\bar{y})+(x,y):(x,y)\in(H\times H)_p,\forall(\bar{x},\bar{y})\in V\}$

是凸集，则

$$\left\|\frac{(x,y)-(x_{n_k},y_{n_k})}{\|(x,y)-(x_{n_k},y_{n_k})\|_p}+\frac{(x,y)-(x_{m_k},y_{m_k})}{\|(x,y)-(x_{m_k},y_{m_k})\|_p}\right\|_p\to 2\quad(k\to\infty)\tag{11.4}$$

由假设，根据引理 1，$(H\times H)_p$ 一致凸，利用 (11.4) 有

$$\left\|\frac{(x,y)-(x_{n_k},y_{n_k})}{\|(x,y)-(x_{n_k},y_{n_k})\|_p}-\frac{(x,y)-(x_{m_k},y_{m_k})}{\|(x,y)-(x_{m_k},y_{m_k})\|_p}\right\|_p\to 0\quad(k\to\infty)\tag{11.5}$$

由于

$$\lim_{k\to\infty}\|(x,y)-(x_{n_k},y_{n_k})\|_p=\lim_{k\to\infty}\|(x,y)-(x_{m_k},y_{m_k})\|_p=d((x,y),V)>0$$

故

$$\begin{cases}\|(x,y)-(x_{n_k},y_{n_k})\|_p=d((x,y)+V)+\alpha_k\quad(\alpha_k\to 0,k\to\infty)\\ \|(x,y)-(x_{m_k},y_{m_k})\|_p=d((x,y),V)+\beta_k\quad(\beta_k\to 0,k\to\infty)\end{cases}\tag{11.6}$$

利用(11.5)，(11.6) 两式易得

$$\|(x_{n_k},y_{n_k})-(x_{m_k},y_{m_k})\|_p=$$
$$\|[(x_{n_k},y_{n_k})-(x,y)]-[(x_{m_k},y_{m_k})-(x,y)]\|_p=$$
$$\left\|\frac{(x_{n_k},y_{n_k})-(x,y)}{\|(x_{n_k},y_{n_k})-(x,y)\|_p}(d((x,y),V)+\alpha_k)-\right.$$

$$\frac{(\boldsymbol{x}_{m_k},\boldsymbol{y}_{m_k})-(\boldsymbol{x},\boldsymbol{y})}{\|(\boldsymbol{x}_{m_k},\boldsymbol{y}_{m_k})-(\boldsymbol{x},\boldsymbol{y})\|_p}(d((\boldsymbol{x},\boldsymbol{y}),V)+\beta_k)\Big\|_p \leqslant$$

$$d((\boldsymbol{x},\boldsymbol{y}),V)\Big\|\frac{(\boldsymbol{x}_{n_k},\boldsymbol{y}_{n_k})-(\boldsymbol{x},\boldsymbol{y})}{\|(\boldsymbol{x}_{n_k},\boldsymbol{y}_{n_k})-(\boldsymbol{x},\boldsymbol{y})\|_p}-$$

$$\frac{(\boldsymbol{x}_{m_k},\boldsymbol{y}_{m_k})-(\boldsymbol{x},\boldsymbol{y})}{\|(\boldsymbol{x}_{m_k},\boldsymbol{y}_{m_k})-(\boldsymbol{x},\boldsymbol{y})\|_p}\Big\|_p+$$

$$\Big\|\frac{(\boldsymbol{x}_{n_k},\boldsymbol{y}_{n_k})-(\boldsymbol{x},\boldsymbol{y})}{\|(\boldsymbol{x}_{n_k},\boldsymbol{y}_{n_k})-(\boldsymbol{x},\boldsymbol{y})\|_p}\Big\|_p\alpha_k+$$

$$\Big\|\frac{(\boldsymbol{x}_{m_k},\boldsymbol{y}_{m_k})-(\boldsymbol{x},\boldsymbol{y})}{\|(\boldsymbol{x}_{m_k},\boldsymbol{y}_{m_k})-(\boldsymbol{x},\boldsymbol{y})\|_p}\Big\|_p\beta_k\to$$

$$0\quad(k\to\infty)$$

即

$$\|(\boldsymbol{x}_{n_k},\boldsymbol{y}_{n_k})-(\boldsymbol{x}_{m_k},\boldsymbol{y}_{m_k})\|\to 0\quad(k\to\infty)$$

注意到$\{(\boldsymbol{x}_{n_k},\boldsymbol{y}_{n_k})\}$,$\{(\boldsymbol{x}_{m_k},\boldsymbol{y}_{m_k})\}$的任意性即得$\{(\boldsymbol{x}_n,\boldsymbol{y}_n)\}$为$(H\times H)_p$中的柯西列,从而由$(H\times H)_p$的完备性及$V$的弱闭性知,存在$(\boldsymbol{x}^*,\boldsymbol{y}^*)\in V$,使得$\{(\boldsymbol{x}_n,\boldsymbol{y}_n)\}$弱收敛于$(\boldsymbol{x}^*,\boldsymbol{y}^*)$,于是

$$d((\boldsymbol{x},\boldsymbol{y}),V)=\lim_{n\to\infty}\|(\boldsymbol{x},\boldsymbol{y})-(\boldsymbol{x}_n,\boldsymbol{y}_n)\|_p=$$
$$\|(\boldsymbol{x},\boldsymbol{y})-(\boldsymbol{x}^*,\boldsymbol{y}^*)\|_p$$

现在证明上式中$(\boldsymbol{x}^*,\boldsymbol{y}^*)$的唯一性,若不然,存在$(\boldsymbol{x}_*,\boldsymbol{y}_*)\in V$,使得

$$\|(\boldsymbol{x},\boldsymbol{y})-(\boldsymbol{x}^*,\boldsymbol{y}^*)\|_p=$$
$$\|(\boldsymbol{x},\boldsymbol{y})-(\boldsymbol{x}_*,\boldsymbol{y}_*)\|_p=$$
$$d((\boldsymbol{x},\boldsymbol{y}),V)>0$$

利用V的凸性假设,根据引理2知,集合

$$V^*=\{(\boldsymbol{x},\boldsymbol{y})-(\bar{\boldsymbol{x}},\bar{\boldsymbol{y}}):(\boldsymbol{x},\boldsymbol{y})\in$$
$$(H\times H)_p,(\bar{\boldsymbol{x}},\bar{\boldsymbol{y}})\in V\}$$

是凸集,则

$$\frac{[(\boldsymbol{x},\boldsymbol{y})-(\boldsymbol{x}^*,\boldsymbol{y}^*)]+[(\boldsymbol{x},\boldsymbol{y})-(\boldsymbol{x}_*,\boldsymbol{y}_*)]}{2}\in V^*$$

并且

$$2\geqslant$$

$$\left\|\frac{(\boldsymbol{x},\boldsymbol{y})-(\boldsymbol{x}^*,\boldsymbol{y}^*)}{d((\boldsymbol{x},\boldsymbol{y}),V)}+\frac{(\boldsymbol{x},\boldsymbol{y})-(\boldsymbol{x}_*,\boldsymbol{y}_*)}{d((\boldsymbol{x},\boldsymbol{y}),V)}\right\|_p=$$

$$\frac{2}{d((\boldsymbol{x},\boldsymbol{y}),V)}\left\|\frac{[(\boldsymbol{x},\boldsymbol{y})-(\boldsymbol{x}^*,\boldsymbol{y}^*)]+[(\boldsymbol{x},\boldsymbol{y})-(\boldsymbol{x}_*,\boldsymbol{y}_*)]}{2}\right\|_p\geqslant$$

$$\frac{2}{d((\boldsymbol{x},\boldsymbol{y}),V)}\cdot d((\boldsymbol{x},\boldsymbol{y}),V)=2$$

即

$$\left\|\frac{(\boldsymbol{x},\boldsymbol{y})-(\boldsymbol{x}^*,\boldsymbol{y}^*)}{d((\boldsymbol{x},\boldsymbol{y}),V)}+\frac{(\boldsymbol{x},\boldsymbol{y})-(\boldsymbol{x}_*,\boldsymbol{y}_*)}{d((\boldsymbol{x},\boldsymbol{y}),V)}\right\|_p=2$$

从而再利用$(H\times H)_p$的一致凸性可知

$$\left\|\frac{(\boldsymbol{x},\boldsymbol{y})-(\boldsymbol{x}^*,\boldsymbol{y}^*)}{d((\boldsymbol{x},\boldsymbol{y}),V)}-\frac{(\boldsymbol{x},\boldsymbol{y})-(\boldsymbol{x}_*,\boldsymbol{y}_*)}{d((\boldsymbol{x},\boldsymbol{y}),V)}\right\|_p=$$

$$\frac{1}{d((\boldsymbol{x},\boldsymbol{y}),V)}\|(\boldsymbol{x}^*,\boldsymbol{y}^*)-(\boldsymbol{x}_*,\boldsymbol{y}_*)\|_p=0$$

即$(\boldsymbol{x}^*,\boldsymbol{y}^*)=(\boldsymbol{x}_*,\boldsymbol{y}_*)$.定理证毕.

注　该定理是相关文献①中第125页定理4和相关文献②③④相应结果在积空间的推广.

---

① 定光桂.Banach空间引论[M].北京:科学出版社,1984.

② LI C,WATSON G A.On approximation using a peaknorm[J].J.Approx.Theory,1994,77(3):266-275.

③ LI C,WATSON G A.On a class of best simultaneous approximation problems[J]. Comput. Math. Appl.,1996,31(10):45-53.

④ 张恭庆,林源渠.泛函分析讲义[M].2版.北京:北京大学出版社,2003:66-71.